U0742524

大模型
推荐系统实战

从预训练到智能代理部署

刘璐　张玉君 —————— 著

人民邮电出版社
北　京

图书在版编目（CIP）数据

大模型推荐系统实战：从预训练到智能代理部署 /
刘璐，张玉君著 . -- 北京：人民邮电出版社，2025.
（图灵原创）. -- ISBN 978-7-115-67556-9

Ⅰ．TP18

中国国家版本馆 CIP 数据核字第 2025DZ8208 号

内 容 提 要

本书深入探讨大模型时代推荐系统的核心技术、实战方法与前沿趋势，从推荐系统基础
与大模型原理出发，系统讲解大模型与推荐系统的三大结合方式：作为辅助模块、作为推荐
模型以及作为智能代理（Agent）。书中包含丰富的实战案例，涵盖提示工程、LangChain 部署、
联邦学习、隐私保护等关键场景，并针对可解释性、公平性等业界难题提供解决方案。本书
适合算法工程师、研究者及希望掌握下一代推荐技术的开发者，可助力构建高效、智能且可
信的推荐系统。

◆ 著　　　　刘　璐　张玉君
　　责任编辑　武芮欣
　　责任印制　胡　南

◆ 人民邮电出版社出版发行　　北京市丰台区成寿寺路11号
　　邮编　100164　　电子邮件　315@ptpress.com.cn
　　网址　https://www.ptpress.com.cn
　　北京市艺辉印刷有限公司印刷

◆ 开本：720×960　1/16
　　印张：18.75　　　　　　　　　2025 年 8 月第 1 版
　　字数：314 千字　　　　　　　2025 年 8 月北京第 1 次印刷

定价：99.80 元

读者服务热线：**(010)84084456-6009**　印装质量热线：**(010)81055316**
反盗版热线：**(010)81055315**

PREFACE
前言

推荐系统作为互联网时代的基础设施，已经渗透到了各类数字平台和应用场景中。自 1992 年概念提出以来，经过 30 余年的演进，推荐系统已从理论研究发展为兼具学术深度与商业价值的成熟技术领域。近年来，在数据爆炸式增长与计算能力跃升的双重驱动下，机器学习、深度学习等人工智能技术取得了突破性进展，推荐系统也迎来了前所未有的技术革新。特别是以大语言模型（如 OpenAI 的 GPT 系列、深度求索的 DeepSeek 等）为代表的新一代人工智能技术的崛起，不仅重构了推荐系统的技术范式，更在推荐精度、场景适应性和用户体验等方面带来了质的飞跃。

在传统推荐系统的研发过程中，工程师团队往往需要投入大量精力进行数据挖掘与算法优化：他们日复一日地分析用户行为特征，尝试各种机器学习与深度学习模型，通过反复训练和调参来提升推荐效果。这种"特征工程＋模型迭代"的模式虽然能在一定程度上维持系统的推荐精度和响应效率，为企业创造基础价值，但其局限性也日益凸显——面对快速变化的业务场景和海量异构数据，工程师不得不持续探索新的技术方案，却常常陷入边际效益递减的困境，难以实现质的突破。

在大语言模型（LLM）技术的推动下，传统推荐系统的方法论和工作模式正经历前所未有的挑战与重塑。以 DeepSeek 为代表的"技术平权"理念，使得中小企业能够通过本地化部署大模型[①]，以较低成本获得强大的推理与泛化能力，从而显著提

[①] 如无特殊说明，本书中"大模型"均指大语言模型。

升推荐系统的精准度与适应性。这一趋势不仅加速了推荐技术的迭代升级,更推动了行业范式的整体变革。

当前,颠覆性的人工智能技术正在重塑各行各业。作为推荐系统领域的从业者,我们不仅有机会紧跟大模型技术的发展浪潮,更能深度参与这场技术革命,推动企业降本增效,并为社会创造更大的价值。

因此,我们开启了本书的写作之旅。在本书中,我们将基于自己在大语言模型和推荐系统领域的经验积累,结合业界前沿的技术突破和落地实践案例,系统性地阐述如何将大语言模型技术应用于推荐系统的设计与实现。我们的目标是通过通俗易懂的讲解,帮助读者建立对大语言模型赋能推荐系统的完整认知框架,掌握技术升级的关键路径,并培养对行业未来发展的前瞻性判断力。

我们首先要特别感谢家人、朋友和同事在本书写作过程中给予我们的全力支持,正是你们无私的付出让我们能够专注于创作。同时,也要衷心感谢出版社编辑团队的专业指导和宝贵建议。最后,我们要向推动大语言模型与推荐系统融合创新的业界先驱致敬,你们的前沿探索为本书提供了丰富的理论支撑和实践参考。

刘　璐　张玉君

CONTENTS
目录

第 1 章

绪　　论

在信息爆炸的时代，我们被海量的商品、新闻、广告等信息所包围，个人用户的信息处理能力面临严重"超载"。正是在这一背景下，推荐系统应运而生，并成为互联网中不可或缺的一部分。

无论是面向消费者（2C）的电商购物、新闻门户、在线学习、影音娱乐等应用，还是面向企业（2B）的供应链优化、市场营销、客户关系管理、人才招聘等应用，推荐系统都在默默地为广大用户提供服务。通过分析用户的行为和偏好，推荐系统能够帮助业务系统在海量的信息中高效地找到用户真正需要的内容，极大地改善了用户体验。

1.1　无处不在的推荐系统

在信息过载的互联网时代，用户往往很难找到他们真正偏好的内容，推荐系统就成为解决用户在线使用问题的关键。这些系统旨在为在线产品和服务提供个性化的推荐服务，以提升用户的体验。

推荐系统在日常生活中无处不在，它的身影遍布各种在线平台，以下是一些推荐系统的典型应用场景。

- ❑ 在 2C 领域，推荐系统可服务于多类平台。比如音乐网站的推荐播放列表、电商平台的产品推荐、新闻客户端的资讯推送，以及在线教育平台的课程匹配等。

❑ 在 2B 领域，推荐系统可以为企业匹配优质供应商、挖掘潜在客户、优化企业营销策略、招聘合适的人才等。

推荐系统的基本原理是利用用户偏好、物品特征及两者的交互信息（如购买或点击），对海量的物品进行过滤和排序，最终在特定场景下向用户（user）推荐他们最可能喜欢的物品（item）。用户则通过推荐系统浏览物品，并进行选择和操作。因此，推荐系统可以作为连接生产者和消费者的"桥梁"。推荐系统的应用场景并不局限于互联网，但在信息丰富的互联网环境中，推荐系统的价值尤为显著。

推荐系统是一种强大而复杂的后台系统，涉及大量的数据处理、算法开发和业务逻辑实现。这些系统需要处理错综复杂的关系，包括用户之间、物品之间，以及用户与物品之间的相互作用。一个推荐系统一般由用户 / 物品特征建模、推荐召回和排序算法这几个模块组成。除此之外，推荐系统的工程实践还涉及复杂和高成本的架构迭代、实时和离线的算法模型迭代等。

推荐系统的主要任务包括以下几种。

❑ 降低信息过载，帮助用户从海量信息中快速获取有价值或感兴趣的内容。
❑ 帮助企业加深对用户的了解，为用户提供个性化内容或定制服务。
❑ 识别与用户偏好相符的新物品，帮助企业开拓市场，发展商机。
❑ 提高网站的点击率和转化率，增强用户黏性，从而为公司增加收入。

推荐系统不仅是用户高效获取偏好内容的"引擎"，也是互联网公司实现商业目标的"引擎"。这两者相辅相成，共同推动了互联网的个性化服务发展。

从用户的角度看，推荐系统的工作原理是通过分析用户的历史信息来"猜测"他们可能偏好的内容。用户的需求和偏好多种多样，有时他们需要一个明确的物品，但选择太多，无从下手；有时他们需要一个物品，但无法清晰描述，也不知道从何处可以获取该物品；又或者他们也不知道自己需要什么。在这些情况下，推荐系统便作为一个工具，帮助用户过滤信息，了解他们的偏好和需求。与需要用户主动使用的搜索引擎（用户会输入明确的搜索词）不同，推荐系统通常无须用户主动触发，而更多是依赖用户的历史信息，由系统自动推荐内容。

　　从企业的角度看，推荐系统可以帮助企业了解用户，并在特定时机尽可能地吸引和留住用户，降低用户使用成本、提升用户体验、提高用户活跃度、提升用户转化率，为企业创造商业机会，从而实现商业目标的持续增长。业务类型不同的平台一般会有不同的优化目标，例如，视频类平台更关注用户的观看时长和点播次数，电商类平台更关注用户的购买转化率和总收入，而新闻类平台则更倾向于提高用户的分享、评论等行为次数。

　　个性化是推荐系统的关键，实现个性化推荐系统需要依赖丰富的用户行为数据。大数据技术和人工智能技术的普及推动了个性化推荐的发展。以新闻推荐为例，过去用户主要通过传统门户网站（如新浪新闻）获取信息；如今，独立应用程序（如今日头条）已成为主流。这些应用程序根据用户的不同偏好，在首页推送定制化的新闻内容，推动了整个行业向个性化推荐的转型。所有的推荐系统都是围绕着用户、场景及物品这三个信息点进行一系列的运作。无论是资讯、视频、电商或是广告系统，都是在充分结合这三种信息的基础上实现各自的业务目标。

　　未来，随着大模型的持续发展，推荐系统将迎来更大的发展空间。大模型能够更深入地理解物品的详细信息，捕捉用户的长期偏好和动态变化，从而帮助推荐系统更精准地挖掘物品特征与用户需求的关系，并生成更符合用户偏好的推荐结果。这不仅使推荐系统更加智能，同时也为企业创造了更大的商业价值。

1.2　推荐系统的技术演变

　　从被推荐的用户数量来看，推荐系统可以分为两类：个性化推荐系统和群体推荐系统。个性化推荐系统是根据单个用户历史行为和偏好，预测用户偏好的下一个物品；而群体推荐系统则考虑特定用户群体的共同偏好。前者作为相关研究最多也最深入的类型，其重点是提升推荐系统的个性化程度，以满足个人用户的偏好，而这也是本书的主要关注点。个性化推荐系统主要采用协同过滤方法、基于内容的方法和混合方法来进行推荐，其中协同过滤是最常用的方法。

　　1992 年，Belkin 和 Croft 在 *Information Filtering and Information Retrieval: Two Sides of The Same Coin?*[1] 一文中指出推荐系统主要基于信息过滤，这为后续协同过

滤的发展奠定了基础。随后，Goldberg 等人在开发 Tapestry（最早的推荐系统之一）系统时首次提出了"协同过滤（collaborative filtering，CF）"[2]这一概念。在接下来的几年里，协同过滤算法被广泛应用于新闻、音乐、视频、电商、电影等领域，成为推荐系统领域应用和研究的主导技术。2006 年，Netflix Prize 竞赛启动后，矩阵分解技术因在竞赛中的优异表现被广泛关注。Koren 等人于 2009 年发表的论文系统阐述了这一算法[3]，推动了推荐系统评价标准的转变。

2007 年，Richardson 等人在 *Predicting clicks: estimating the click-through rate for new ads*[4] 一文中提出了逻辑斯谛回归（logistic regression，LR，以下简称逻辑回归）模型，显著提高了广告的点击率（click through rate，CTR）。自此，机器学习模型在推荐算法、特征工程等方面的应用研究进入了加速发展阶段。2010 年，Rendle 提出了因子分解机[5]（factorization machine，FM），实现了高效的特征组合。2016 年，Juan 等人在因子分解机的基础上，提出了特征域感知的因子分解机（fieldaware factorization machine，FFM）[6]。

随着机器学习模型在推荐系统领域的深入应用，业界也开始探索混合模型的创新设计。2014 年，Facebook（现改名 Meta）在 *Practical lessons from predicting clicks on ads at facebook* 一文中提出了基于梯度提升决策树（gradient boosting decision tree，GBDT）与逻辑回归的组合模型[8]，利用 GBDT 自动进行特征筛选和离散特征向量的组合生成，并作为 LR 模型输入，预估点击率，有效地解决了高维特征组合和筛选的问题。2017 年，阿里巴巴根据广告推荐领域的样本特点，结合逻辑回归与聚类的思想，提出了混合逻辑回归（mixed logistic regression，MLR）模型[7]，并应用于各类广告场景。

随着 AlphaGo 的横空出世，基于深度神经网络（deep neural network，DNN）的推荐模型开始受到广泛关注。深度神经网络作为深度学习的一种重要实现方式，具备强大的数据表示和特征学习能力。YouTube 通过深度神经网络[9] 提高了视频推荐的准确性，这一技术也迅速被百度、阿里巴巴、腾讯等各大互联网公司采纳。

在推荐系统领域，深度学习的重要应用之一是嵌入（embedding）向量模型，它能够将离散信息转换成连续数值表示。嵌入向量模型早期应用于自然语言处理领域，Mikolov 等人[10] 提出的 word2vec 算法为这一技术奠定了基础。嵌入向量模型以其简单有效的特点，很快被人们引入推荐系统。

　　深度学习在推荐系统中的应用，主要围绕特征工程的自动化和特征交叉能力的提升展开，先后经历了 DSSM[11]、Wide&Deep[12]、DeepFM[13] 等模型的演进。2018 年，推荐系统开始引入注意力机制，以更精确地对用户的偏好进行建模。SASRec[14] 是一种基于自注意力机制的序列推荐模型，能够学习用户历史行为中的长期和短期偏好。阿里巴巴也先后提出 DIN[15]、DIEN[16]、MIMN[17]、DSIN[18] 等模型，利用注意力机制来识别用户偏好的演变。

　　早期的推荐模型大多采用协同过滤和矩阵分解等算法，通常较为简单，且参数数量有限。随着深度神经网络的引入，这些模型逐渐具备更强的表示能力，性能也更加优越。例如，基于注意力的序列推荐模型能够从用户的大量物品交互序列中提取关键信息，提高推荐结果的准确性。近几年随着大模型的发展，单一模型可以执行多个推荐任务，适应不同的下游推荐场景，改变了传统业务的实现流程。

1.3　大模型概述

　　大语言模型（large language model，LLM），简称大模型，是由包含数百亿参数的深度神经网络构建的语言模型。大模型通常使用自监督学习方法，通过大量不同来源的无标注自然语言处理文本进行训练[19]。

　　自 Transformer[20] 问世以来，大模型在短短几年内迅速发展，截至 2024 年，国内外多家知名公司和研究机构，如 OpenAI、Google、Meta、百度、科大讯飞、阿里巴巴、华为等，都相继发布了多款大模型，并在自然语言处理任务中展现了出色的性能。其中，OpenAI 在 2022 年 11 月发布的 ChatGPT，更是引起了全世界各行各业的广泛关注，标志着大模型进入爆发式增长的阶段。用户可以使用自然语言与 ChatGPT 进行交互，完成问答、翻译、聊天甚至编程等任务，覆盖从理解到生成的各类需求。ChatGPT 的颠覆性在于，所有这些任务都由一个单一模型（如 GPT-3.5）完成。以 GPT 系列模型为代表的大模型，展现了生成式模型的无限前景，它们在许多任务上的表现甚至超越了针对单一任务训练的有监督算法。

传统的深度学习模型通常指参数较少、层数较浅的模型，这类模型训练效率高，且易于部署，所需的训练数据也较少，对计算资源需求较低。与传统模型相比，大模型的参数量级达到了数千万甚至数千亿。一般来说，模型越大、训练数据越多，其泛化性能越好，在各种特定领域的输出结果也越准确。而随着模型的训练数据和参数不断增加，当达到一定的临界规模后，大模型会表现出一些难以预测的、复杂的能力和特性，能够从原始训练数据中自动学习并发现新的、更高层次的特征和模式，这种能力被称为"涌现能力"（emergent ability）[21]。就像单个水分子不具备流动性，但大量水分子通过动态氢键网络形成协同作用后，整体表现出流体特性。有一种说法是，具备涌现能力的深度学习模型才是所谓的大模型，这也是它与传统模型最大的区别。

大模型不仅表现出对世界知识的掌握和对语言的深刻理解能力，且与传统的机器学习模型和深度学习模型相比，它们的表达能力更强，能够结合世界知识，挖掘数据中的潜在模式和关键信息，并根据业务场景和数据特点，适应多种任务和业务需求。

1.4　大模型与推荐系统结合

大模型的兴起，为自然语言处理领域带来颠覆性变革，业界纷纷利用大模型的能力来增强推荐系统的效果[22]。与传统的推荐系统相比，将大模型融入推荐系统的核心优势在于，它们能够提取高质量的文本特征表示，并且能够获取丰富的世界知识[23]。大模型擅长捕捉上下文信息，能够更深入地理解用户查询、订单评价、物品描述等文本数据[24]，从而提高推荐结果的准确性，提升用户满意度。

此外，基于大模型的零样本与少样本提示能力[25]可以解决历史交互数据稀疏情况下的冷启动问题，为推荐系统的应用实践带来新的可能性。

大模型的泛化能力使它能够对未见过的候选物品进行推荐，这是因为它们在预训练过程中积累了大量的事实信息、领域专业知识和常识推理知识，即使面对未接触过的用户或新物品，也能提供合理的推荐。

如今，推动大模型与推荐系统相结合已经成为学术界和工业界的重要研究方向。大模型在推荐系统的各个环节中广泛应用，包括物品召回、物品排序、特征工程以及冷启动推荐等。与此同时，在将大模型应用于推荐系统的过程中，人们仍然面临着可解释性、公平性、隐私性等一系列关键挑战。

参考文献

[1] Belkin N J, Croft W B. Information filtering and information retrieval: two sides of the same coin?[J]. Communications of the ACM, 1992,35(12):29-38.

[2] Goldberg D, Nichols D A, Oki B M, et al. Using collaborative filtering to weave an information TAPESTRY[J]. Communications of the ACM, 1992,35(12):61-70.

[3] Koren Y, Bell R, Volinsky C. Matrix Factorization Techniques for Recommender Systems[J]. Computer, 2009,42(8):30-37.

[4] Richardson M, Dominowska E, Ragno R. Predicting Clicks: Estimating the Click-Through Rate for New Ads: WWW2007;International world wide web conference[C], 2007.

[5] Rendle S. Factorization Machines[J]. IEEE, 2010.

[6] Juan Y, Zhuang Y, Chin W S, et al. Field-aware Factorization Machines for CTR Prediction: Conference on Recommender Systems[C], 2016.

[7] Gai K, Zhu X, Li H, et al. Learning Piece-wise Linear Models from Large Scale Data for Ad Click Prediction[J]. 2017.

[8] He X, Pan J, Jin O, et al. Practical Lessons from Predicting Clicks on Ads at Facebook[M]. Practical Lessons from Predicting Clicks on Ads at Facebook, 2014.

[9] Covington P, Adams J, Sargin E. Deep Neural Networks for YouTube Recommendations: the 10th ACM Conference[C], 2016.

[10] Mikolov T, Chen K, Corrado G, et al. Efficient Estimation of Word Representations in Vector Space[J]. Computer Science, 2013.

[11] Huang P S, He X, Gao J, et al. Learning deep structured semantic models for web search using clickthrough data: Conference on Information and Knowledge Management[C], 2013.

[12] Cheng H T, Koc L, Harmsen J, et al. Wide & Deep Learning for Recommender Systems[J]. ACM, 2016.

[13]　Guo H, Tang R, Ye Y, et al. DeepFM: An End-to-End Wide & Deep Learning Framework for CTR Prediction:

[14]　Kang W C, Mcauley J. Self-Attentive Sequential Recommendation: 2018 IEEE International Conference on Data Mining (ICDM)[C], 2018.

[15]　Zhou G, Song C, Zhu X, et al. Deep Interest Network for Click-Through Rate Prediction[J]. 2017.

[16]　Zhou G, Mou N, Fan Y, et al. Deep Interest Evolution Network for Click-Through Rate Prediction: National Conference on Artificial Intelligence[C], 2019.

[17]　Pi Q, Bian W, Zhou G, et al. Practice on Long Sequential User Behavior Modeling for Click-Through Rate Prediction[J]. ACM, 2019.

[18]　Feng Y, Lv F, Shen W, et al. Deep Session Interest Network for Click-Through Rate Prediction[J]. 2019.

[19]　Zhao W X, Zhou K, Li J, et al. A Survey of Large Language Models[J]. ArXiv, 2023,abs/2303.18223.

[20]　Vaswani A, Shazeer N M, Parmar N, et al. Attention is All you Need[C], 2017.

[21]　Wei J, Tay Y, Bommasani R, et al. Emergent Abilities of Large Language Models[J]. ArXiv, 2022,abs/2206.07682.

[22]　Chen J. A Survey on Large Language Models for Personalized and Explainable Recommendations[J]. ArXiv, 2023,abs/2311.12338.

[23]　Liu P, Zhang L, Gulla J A. Pre-train, Prompt, and Recommendation: A Comprehensive Survey of Language Modeling Paradigm Adaptations in Recommender Systems[J]. Transactions of the Association for Computational Linguistics, 2023,11:1553-1571.

[24]　Geng S, Liu S, Fu Z, et al. Recommendation as Language Processing (RLP): A Unified Pretrain, Personalized Prompt & Predict Paradigm (P5)[J]. Proceedings of the 16th ACM Conference on Recommender Systems, 2022.

[25]　Sileo D, Vossen W, Raymaekers R. Zero-Shot Recommendation as Language Modeling[C], 2021.

第2章

推荐系统基础

推荐系统是一个由多个交互模块组成的复杂系统。在设计推荐系统时,需要考虑算法选择、系统架构、用户与物品信息的处理等多个方面。

作为推荐系统的核心技术,推荐算法能够根据用户的行为和偏好,预测用户可能感兴趣的内容。然而,在实际应用场景中,推荐系统面临着许多限制和挑战。一个完整的推荐系统需要解决的问题是多种多样的,包括如何收集和处理数据、如何选择和处理特征、如何设计召回策略、如何提高实时性、如何处理冷启动问题等。只有当这些问题都得到有效解决,推荐系统才能真正发挥作用。

推荐系统是一个既复杂又充满挑战的领域,涉及许多难题。本章旨在为设计、实现和评估个性化推荐系统提供指导,并探讨设计过程中需要考虑的各个方面。为方便理解,本章将首先介绍推荐算法,再讨论推荐系统构建过程中的工程设计和实现问题。

2.1 基本推荐算法概览

推荐算法包括两个关键步骤:计算用户与物品的相似性,根据相似性排序生成推荐结果。个性化推荐系统的分类方法和分类角度多样,这些算法各有特点,适用于推荐系统的不同场景。本节主要介绍基于协同过滤、基于特征和基于序列的推荐方法,这三者之间存在一定的递进关系,也代表了推荐算法的主要发展脉络。

基于协同过滤的推荐方法是最经典的方法之一,它根据其他用户的行为来进行推荐,包括基于物品的协同过滤(ItemCF)和基于用户的协同过滤(UserCF)。这两种方法因其简单直接地利用用户的行为和偏好进行推荐而被广泛应用，但它们也存在头部效应较明显、无法处理稀疏数据、泛化能力较弱的问题。矩阵分解在协同过滤算法的基础上，将隐向量的概念引入"共现矩阵"，增强了模型对稀疏矩阵的处理能力，从而解决了协同过滤的部分局限。

基于特征的推荐方法主要通过训练一个复杂的数学模型来预测用户可能偏好的内容及其点击率。这种方法利用用户或物品的数据来预测用户对物品的评分，然后根据用户的实时信息进行预测，将评分最高的物品推荐给用户。同时，该方法可以在模型设计中融入更多的信息，比如用户偏好和物品属性，结合特征选择和特征交叉等方法，大大提高了个性化推荐的准确性。基于特征的推荐方法可以进一步细分为基于机器学习模型和基于深度学习模型两大类。基于机器学习模型的方法包括 LR、FM 和 GBDT 等，基于深度学习模型的典型方法包括 DSSM、Wide&Deep、DeepFM 等。随着特征数量和维度的增加，深度学习模型在推荐系统中扮演着不可替代的角色。

上述的推荐方法主要关注历史信息和特征，往往忽略了用户行为和特征序列的重要性。与以上根据用户和物品静态特征进行建模的方式不同，基于序列的推荐方法通过分析用户的行为序列（例如不同物品的交互顺序）来学习用户的兴趣变化，从而预测用户未来的行为。

接下来，我们将对以上三种推荐方法依次展开介绍。

2.2　基于协同过滤的推荐方法

基于协同过滤的推荐方法是一种典型的依赖于用户和物品交互数据的推荐技术。协同过滤可以根据历史数据捕捉用户的行为模式和偏好，同时处理大量数据，在个性化推荐中具有重要价值。在推荐系统建设初期，缺乏深入的业务分析和特征工程的情况下，协同过滤是实现推荐系统的首选方法。

2.2.1　协同过滤

协同过滤依赖用户的历史行为数据，如浏览过的网页、购买过的商品、听过的歌曲等。用户的反馈分为显式（如评分）和隐式（如交互行为）两种。协同过滤的主要算法包括基于物品的协同过滤（ItemCF）和基于用户的协同过滤（UserCF）。

ItemCF 的理念是"物以类聚"，即用户偏好的物品往往具有相似的特征。因此，系统可以向目标用户推荐与之偏好物品相似的物品。ItemCF 通过计算用户对不同物品的偏好程度来得出所有物品之间的相似度。对于目标用户最偏好的物品，找出与之相似度最高的 n 个物品，然后将这些物品推荐给用户。

UserCF 的理念是"人以群分"，即目标用户与其相似用户的偏好往往也会相似。因此，系统可以向目标用户推荐其相似用户所偏好的物品。UserCF 通过计算用户对物品的偏好来得出所有用户之间的相似度，并选出与目标用户最相似的 k 个用户，然后将这些用户偏好的物品推荐给目标用户。

以电影推荐系统为例，在获取所有用户对电影的偏好后，就可以将用户与电影评分转换为共现矩阵（co-occurrence matrix）的形式。图 2-1 展示了一个用户 - 电影共现矩阵。在左图的矩阵中，行代表用户，列代表电影，矩阵中的数字为用户对相应电影的评分（1 到 5），"？"代表用户没有看过该电影。在实际应用中，共现矩阵一般是稀疏的，我们通常使用填充法补全缺失值，例如将 0 填入"？"所对应的位置。

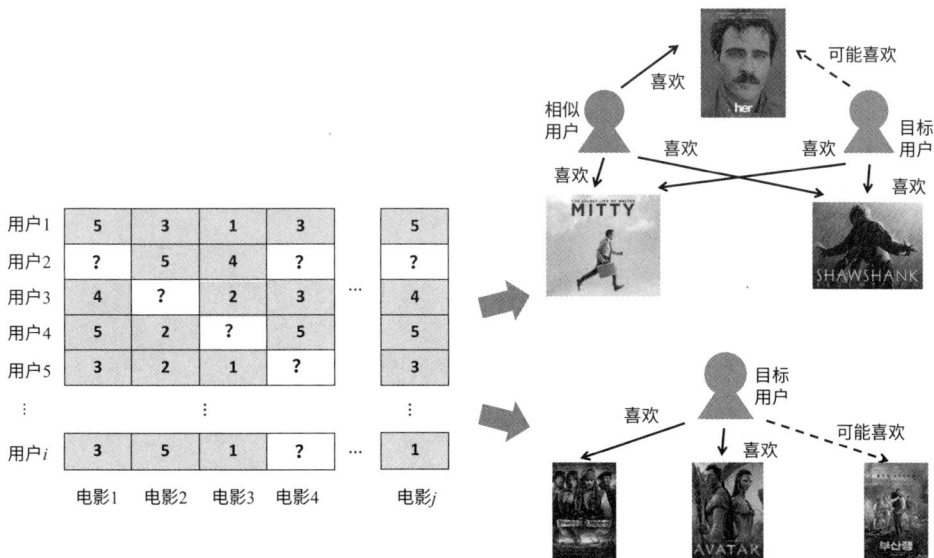

图 2-1　用户 - 电影共现矩阵

相似度计算是协同过滤算法的关键。常用的相似度计算方法包括余弦相似度（cosine similarity）、皮尔逊相关系数（Pearson correlation coefficient）、欧氏距离（Euclidean distance）、曼哈顿距离（Manhattan distance）等。本节将以余弦相似度的计算方法为例，对协同过滤算法展开介绍。

(1) UserCF 的相似度计算

对于用户 A 和 B，其相似度计算公式如下：

$$\text{sim}_{\text{user}}(A,B) = \cos(\boldsymbol{a},\boldsymbol{b}) = \frac{\boldsymbol{a} \cdot \boldsymbol{b}}{\|\boldsymbol{a}\| \cdot \|\boldsymbol{b}\|}$$

其中，a 和 b 分别表示用户 A 和 B 的特征向量。

在计算得出用户相似度并找到与目标用户最相似的 k 个用户之后，就可以根据这些相似用户的已知评分来预测目标用户的偏好。通过计算用户相似度和相似用户的偏好程度（评分）的加权平均，获得目标用户对物品的偏好预测。

(2) ItemCF 的相似度计算

对于物品 C 和 D，其相似度计算公式如下：

$$\text{sim}_{\text{item}}(C,D) = \cos(\boldsymbol{c},\boldsymbol{d}) = \frac{\boldsymbol{c} \cdot \boldsymbol{d}}{\|\boldsymbol{c}\| \cdot \|\boldsymbol{d}\|}$$

其中，c 和 d 分别表示物品 C 和 D 的特征向量。

在计算得出物品相似度并找到与目标物品最相似的 n 个物品之后，就可以根据用户对这些相似物品的已知评分来预测目标用户的偏好。通过计算物品相似度和用户评分的加权平均，获得用户对目标物品的偏好预测。

用户对物品偏好的计算公式如下：

$$P = \sum(\text{sim} \cdot \text{score})$$

UserCF 与 ItemCF 各有侧重，需要根据场景选择合适的算法。在实际场景中，随着用户量和物品量的增长，共现矩阵往往变得非常庞大，导致计算难度急剧上升。此外，协同过滤还面临着头部效应明显、泛化能力弱、冷启动问题等挑战。

2.2.2　矩阵分解

矩阵分解（matrix factorization，MF）[1]的提出，旨在解决上述协同过滤算法的头部效应明显且泛化能力弱的问题。矩阵分解通过将用户－物品评分的共现矩阵分解为两个低秩矩阵，有效缓解了这些问题。矩阵分解过程如图 2-2 所示，分解共现矩阵后可以得到用户和物品的隐因子向量，也就是图中的用户矩阵和物品矩阵。用户矩阵与物品矩阵的内积则反映了用户对物品的偏好程度。

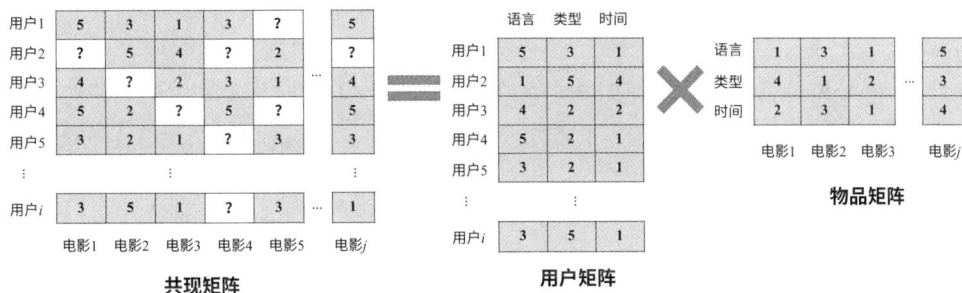

图 2-2　矩阵分解过程

在实际推荐算法计算中，矩阵分解对目标用户偏好的预测过程就是计算用户和物品隐因子向量的乘积。假设用户数量为 m，物品数量为 n，则用户－物品共现矩阵 M 为 $m \times n$ 的矩阵。经过矩阵分解后，得到用户矩阵 U 和物品矩阵 V，矩阵分解可以用乘积形式表示为：

$$M_{m \times n} \approx U_{m \times k} V_{n \times k}^{\mathrm{T}}$$

其中，k 是隐因子向量的维度数，表示用户对一个物品的偏好程度主要由 k 个因素决定。在电影推荐系统中，k 可以是电影的语言、时间、类型等（如图 2-3 所示）。k 的取值需要根据实际情况设定，以平衡推荐效果和计算开销。矩阵分解的常见扩展方法包括基础矩阵分解、正则化矩阵分解、基础奇异值分解（singular value decomposition，SVD）、增强的奇异值分解（SVD++）等。

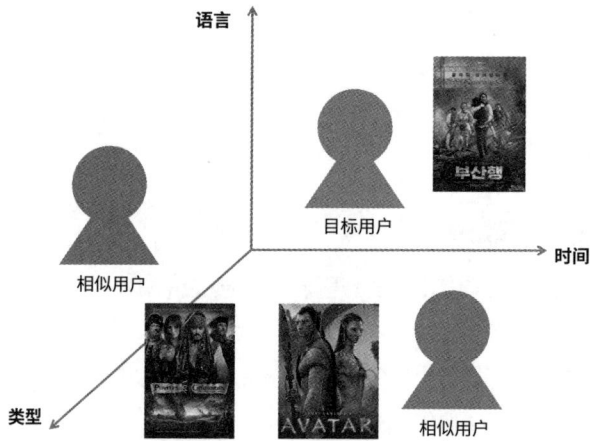

图 2-3　用户 – 电影共现矩阵的矩阵分解

　　矩阵分解的目标是令矩阵 M 分解所得的用户矩阵 U 和物品矩阵 V 的乘积尽可能接近真实的用户偏好，尽量保持共现矩阵的原始信息，从而实现对用户偏好的预测。矩阵分解的目标函数可以表示为：

$$\min_{U^*, V^*} \sum_{(u,k) \in S} \left(U_u V_k^{\mathrm{T}} - \mathrm{score}(u,k) \right)^2$$

其中，S 为目前所有用户对物品的偏好程度样本集合，即所有用户的评分。$\mathrm{score}(u,k)$ 为用户 u 对物品 k 的评分。

　　尽管矩阵分解一定程度上克服了协同过滤的局限，但其本质上仍是在经典的 ItemCF 和 UserCF 基础上进行优化，在形式上并没有变化，因此对推荐系统性能的提升帮助不大。矩阵分解仍然面临着冷启动问题、数据稀疏性、可扩展性和计算复杂度等挑战。

2.2.3　受限玻尔兹曼机

　　受限玻尔兹曼机（restricted Boltzmann machine，RBM）[2] 是一种生成式随机神经网络（generative stochastic neural network），2007 年，深度学习之父 Geoffrey Hinton

等人在国际机器学习大会（ICML）上推广了 RBM 在深度学习中的应用，此后 RBM 被用来处理 Netflix Prize 竞赛中的协同过滤问题，展现了其在推荐系统领域的潜力。

RBM 包含两层：第一层称为可见层，第二层称为隐藏层，这两层之间的连接是无向的，且每层的单元都是二元变量。可见层的每个节点表示数据集中一个物品的低层次特征。RBM 通过学习数据样本的分布来微调模型参数，以便更准确地表示用户对物品的偏好。

在训练过程中，每个用户对应一个 RBM 模型，输入向量为该用户对物品的评分。每个用户的输入向量作为一个单独样本，逐个进行训练。当所有样本都训练完成后，形成了 RBM 的最终权重。利用这些训练好的权重，RBM 模型可以对用户的物品评分进行重构，填补缺失值（没有评分的物品），进而预测用户对这些物品的偏好。

深度信任网络（deep belief network，DBN）与深度玻尔兹曼机（deep Boltzmann machine，DBM）[3] 都是由一系列 RBM 堆叠而成的更复杂的模型，两者的差别在于：DBN 巧妙结合了有向图和无向图的特性；而 DBM 则是完全的无向图，每相邻的两层都是 RBM。RBM 与 DBN、DBM 的模型结构如图 2-4 所示。不过，无论是 DBN 还是 DBM，它们的算法都过于复杂，训练和推理速度较慢。与基于反向传播的深度学习模型相比，这两种模型并没有太多优势。

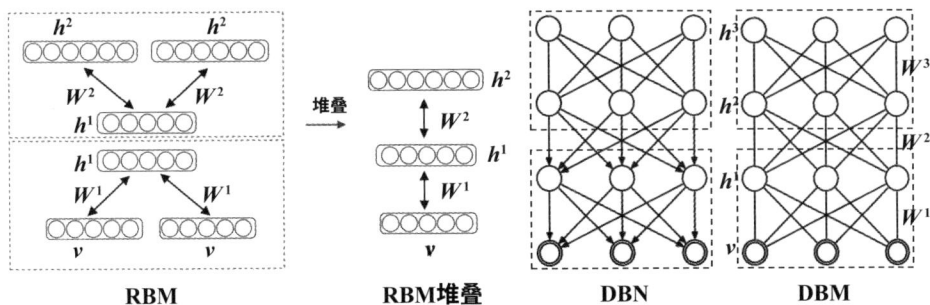

图 2-4　RBM、DBN（有向）、DBM（无向）模型结构

虽然这三种模型很少应用于实际的推荐系统场景中，但它们在探索如何利用深度学习解决推荐问题方面具有重要的启发作用。

2.2.4　结合深度学习的协同过滤

在引入深度学习算法后，传统的协同过滤类算法又出现了新的发展，其主要形式是利用深度学习的逻辑对用户－物品共现矩阵进行表示。这种方法的优势在于能够融入辅助信息，然后通过特定的方式进行预测，以进一步提升推荐效果。

深度协同过滤模型

深度协同过滤（deep collaborative filtering，DCF）模型 [4] 将深度学习模型与基于矩阵分解的协同过滤方法相结合，其输入包括用户－物品共现矩阵，以及用户特征和物品特征。DCF 是一种混合模型，通过整合评级矩阵和特征信息，实现了矩阵分解和特征学习的巧妙结合。

DCF 模型结构如图 2-5 所示。在这个模型中，输入包括用户－物品共现矩阵 R，以及用户特征向量 X 和物品特征向量 Y。模型通过这些信息来学习隐因子 U 和 V。具体而言，DCF 模型利用边缘化降噪自编码器对用户和物品的特征信息进行编码，得到用户和物品的隐因子，然后利用这些隐因子对矩阵中的元素进行预测评分，从而为用户提供精准的推荐。

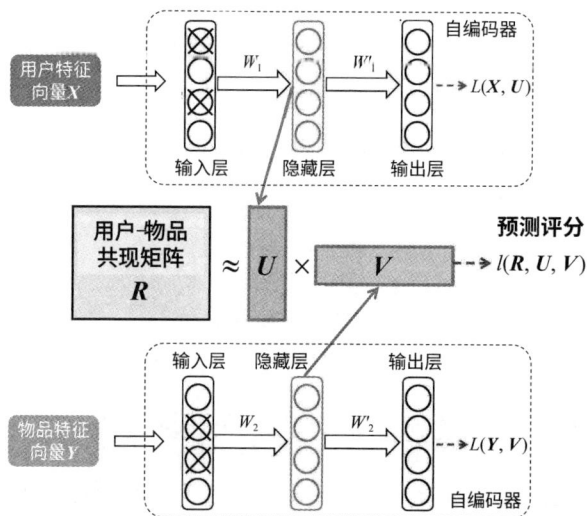

图 2-5　DCF 模型结构

深度矩阵分解模型

深度矩阵分解（deep matrix factorization，DMF）[5] 模型是一种基于神经网络结构的矩阵分解模型，它将用户与物品的交互信息映射到低维向量空间中。DMF 模型在传统矩阵分解的基础上引入了非线性的多层感知机（multi-layer perceptron，MLP）网络，以增强模型的表达能力。DMF 模型结构如图 2-6 所示。在 DMF 中，用户向量和物品向量分别被输入两个神经网络中进行特征提取，得到的输出即为用户特征和物品特征。然后，通过计算这两个特征向量的相似度，预测用户对物品的评分。

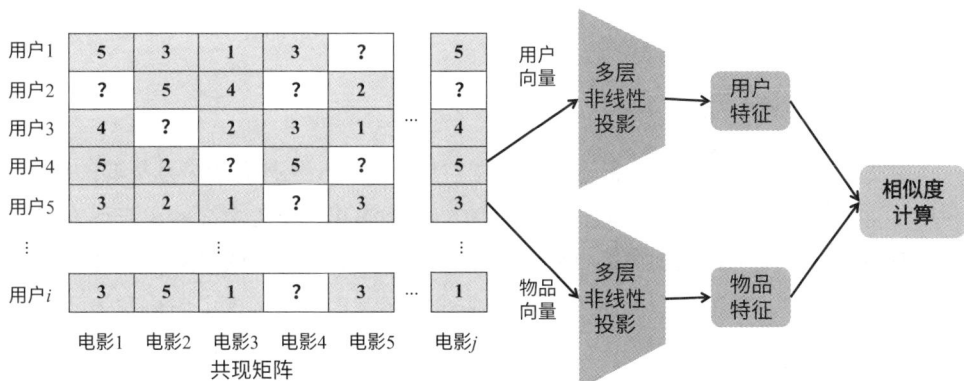

图 2-6　DMF 模型结构

DMF 模型保留了共现矩阵中的用户评分（如 1~5 分），且没有引入其他信息来辅助描述用户和物品。通过神经网络将用户和物品的特征映射到一个低维空间，并计算这些低维特征的内积，模型可以预测用户对物品的评分。DMF 模型通过使用非线性的方法学习用户和物品的低维表示，拟合效果较强，这一方法简单而有效。

协同过滤算法广泛应用于推荐领域，并在一定程度上改善了推荐精度和用户满意度的问题，但其本身也面临一些固有的挑战。例如，协同过滤算法过于依赖历史行为数据，可能丢失用户和物品特征等关键信息；容易过度推荐热门物品，导致冷门物品被忽视；当有新用户或新物品加入时，可能导致冷启动阶段推荐性能下降；在处理大量的用户和物品数据时，可能遇到计算和存储挑战，影响系统性能；此外，协同过滤算法倾向于推荐与用户历史兴趣相似的物品，无法适应用户兴趣的变化或多样化物品的推荐场景。

2.3　基于特征的推荐方法

传统协同过滤与矩阵分解技术都存在一个明显的问题：它们仅考虑了用户和物品的交互信息，忽略了用户和物品的关键特征信息，导致丢失了很多有价值的数据。为了弥补这一缺陷，推荐系统逐渐发展出基于特征的推荐方法。这类方法通过机器学习及深度学习，能够更好地利用和学习特征向量，包括不同特征之间的深层交互等，更准确地识别用户偏好，提高推荐系统的准确性。

2.3.1　基于机器学习的推荐方法

在大数据时代的背景下，机器学习在用户偏好预测中发挥着越来越重要的作用，利用丰富的用户画像和行为数据，机器学习模型能够建立更为精准的用户行为和商品推荐模型，实现个性化的商品推荐。基于机器学习的推荐方法是对传统协同过滤算法的重要突破，它不仅考虑了用户和物品的交互信息，还考虑了用户和物品的特征信息，如用户的位置、性别、年龄和学历，以及商品的分类和描述。这些信息可以帮助系统更准确地预测用户的兴趣和行为。

逻辑回归

逻辑回归 [6] 是一种应用广泛的机器学习基础算法。在推荐系统中，它将推荐问题转化为分类问题，其中正样本可以是用户点击的商品或观看的视频。

如图 2-7 所示为 LR 算法的原理示意图。LR 对有意义的特征进行训练，如用户 - 物品交互历史、用户描述信息、物品属性等，并将这些特征转化为数值型的输入特征向量 x。LR 的目标是找到最佳参数 w，使模型预测结果与实际结果之间的差距最小。在进行在线预测时，LR 根据预测出的概率值对待推荐的物品进行排序，生成推荐列表，并向用户推荐前 N 个物品。其数学公式可以表示为：

$$\hat{y}(x) = \frac{1}{1+e^{-(x^\mathrm{T}w+b)}}$$

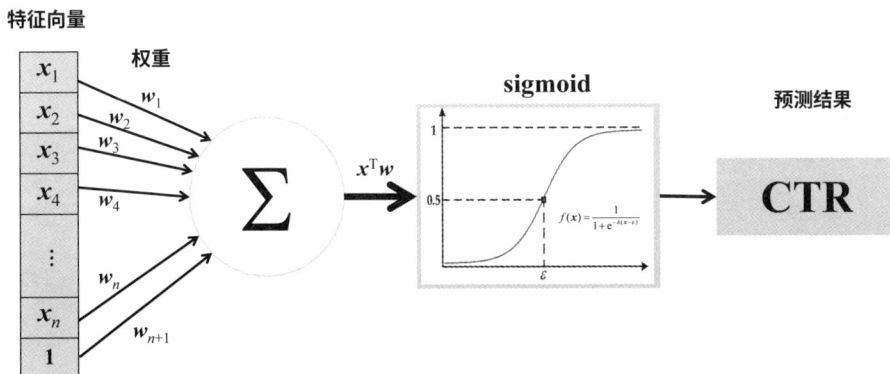

图 2-7　LR 算法的原理

LR 模型简单易用，但其表达能力不强，在处理复杂数据关系和大量特征时存在局限性。LR 依赖人工特征工程，不仅增加了人力成本，而且它只能利用单一特征，无法考虑特征间的交叉关系，这可能导致信息损失，影响推荐效果的准确性。

因子分解机

为了弥补 LR 等广义线性模型在特征交叉关系上的缺陷，一些研究者提出了 POLY2 方法 [7]。它通过对全部特征进行两两组合来实现特征交叉，但模型权重参数的复杂度也因此由 n 变成了 n^2，严重增加了计算负荷。POLY2 的数学表达式为：

$$\hat{y}(x) = \omega_0 + \sum_{i=1}^{n} \omega_i x_i + \sum_{i=1}^{n} \sum_{j=i+1}^{n} w_{ij} x_i x_j$$

其中，n 为特征数，ω_0 是全局偏置项，ω_i 是第 i 个特征的权重，w_{ij} 是第 i 个与第 j 个特征交叉的权重，x_i 和 x_j 分别是输入特征向量中的第 i 个和第 j 个特征值。

随后，Rendle 等人 [8] 提出了因子分解机（factorization machine，FM）模型。FM 能够挖掘特征之间的复杂交互关系，提高推荐的准确性。FM 通过巧妙地结合矩阵分解和二阶特征交叉的思想，有效解决了传统机器学习模型在处理大规模稀疏数据时遇到的挑战。FM 可以理解为一阶线性函数叠加低阶特征的两两组合，其数学表达式为：

$$\hat{y}(x) = \omega_0 + \sum_{i=1}^{n}\omega_i x_i + \sum_{i=1}^{n-1}\sum_{j=i+1}^{n}\left\langle v_i, v_j \right\rangle x_i x_j$$

其中，$\sum_{i=1}^{n-1}\sum_{j=i+1}^{n}\left\langle v_i, v_j \right\rangle x_i x_j$ 是特征交叉组合部分。v_i 是第 i 个特征的隐向量，$\left\langle v_i, v_j \right\rangle$ 表示两个维度大小为 k 的隐向量的内积，$\left\langle v_i, v_j \right\rangle = \sum_{l=1}^{k} v_{i,l} \cdot v_{j,l}$。

FM 通过引入特征隐向量，将权重参数规模量级减少到了 $n \times k$（k 为隐向量维度，$n \gg k$），极大地降低了模型计算和训练的开销。

Juan 等人 [9] 在 FM 模型的基础上引入域感知（field-aware）的概念，提出了域感知因子分解机（field-aware factorization machine，FFM）模型，进一步提升了特征交叉的能力。FFM 的数学表达式如下：

$$\hat{y}(x) = w_0 + \sum_{i=1}^{n} w_i x_i + \sum_{i=1}^{n}\sum_{j=i+1}^{n}\left\langle v_{i,f_j}, v_{j,f_i} \right\rangle x_i x_j$$

其中，v_{i,f_j} 是第 i 个特征在第 j 个特征场的隐向量，$\left\langle v_{i,f_j}, v_{j,f_i} \right\rangle$ 表示隐向量的内积，x_i 和 x_j 是输入特征向量中的第 i 个和第 j 个特征值，f_i 和 f_j 分别表示第 i 个特征和第 j 个特征所属的场。

图 2-8 为 POLY2、FM 和 FFM 的特征交叉示意图。表 2-1 对比了三种模型的特征交叉式、参数量及时间复杂度。

表 2-1　POLY2、FM、FFM 的对比 [10]

模　　型	特征交叉式	参　数　量	时间复杂度
POLY2	$\sum_{i=1}^{n}\sum_{j=i+1}^{n} w_{ij} x_i x_j$	$1+n+n^2$，n 为特征数	$O(n^2)$
FM	$\sum_{i=1}^{n-1}\sum_{j=i+1}^{n}\left\langle v_i, v_j \right\rangle x_i x_j$	$1+n+nk$，k 为隐向量维度	$O(nk)$
FFM	$\sum_{i=1}^{n}\sum_{j=i+1}^{n}\left\langle v_{i,f_j}, v_{j,f_i} \right\rangle x_i x_j$	$1+n+n(F-1)k$，F 为域数量	$O(nkF)$

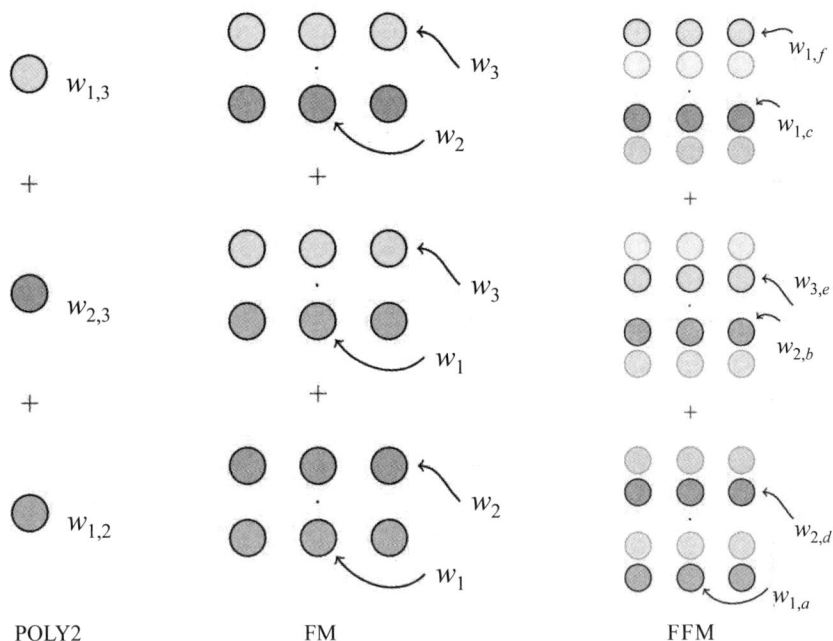

图 2-8 POLY2、FM、FFM 模型特征交叉示意图

模型组合：集成学习

在推荐系统的构建中，不同的算法各有优点，我们可以通过模型组合的方式结合各自优势，取长补短，提高推荐系统的效果和可用性。模型组合已成为近年来业界在推荐算法模型实践中的重要成果。它允许端到端（end to end）地完成训练，减少人工干预，以便用一个全局模型对不同应用领域、业务场景进行统一建模。

(1) 混合逻辑回归

混合逻辑回归（mixed logistic regression，MLR，又称 LS-PLM）模型[11]，起源于阿里巴巴，是一种在推荐系统中广泛应用的重要模型，MLR 模型与 LR 模型的拟合效果对比如图 2-9 所示。MLR 模型的结构非常清晰，它采用"分而治之"的思想，通过聚类对样本进行无监督分类，然后在每个分片中进行逻辑回归，从而实现对不同用户群体、不同使用场景更有针对性的 CTR 预估，如图 2-10 所示。

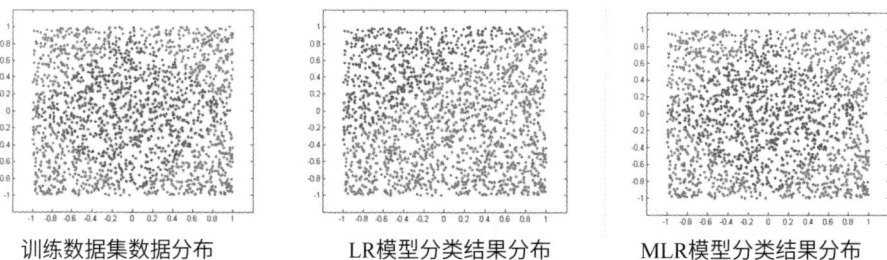

| 训练数据集数据分布 | LR模型分类结果分布 | MLR模型分类结果分布 |

图 2-9　MLR 模型与 LR 模型的拟合效果对比

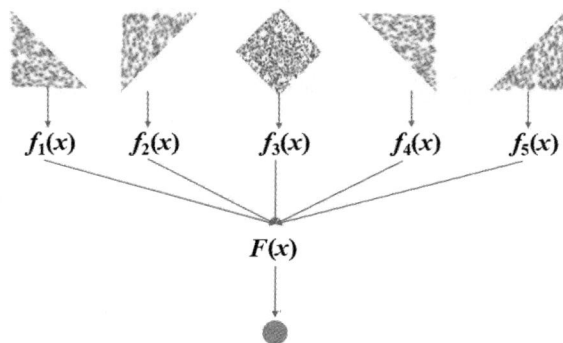

$f_1(x)$　$f_2(x)$　$f_3(x)$　$f_4(x)$　$f_5(x)$

$F(x)$

图 2-10　MLR 模型结构示意图

　　MLR 模型不仅具备强大的非线性拟合能力和特征选择能力，还能从大规模稀疏数据中挖掘出具有泛化性的非线性模式。MLR 模型的设计目标是解决大规模广义线性模型的一些局限性，比如性能有限、过度依赖人工特征工程，以及难以跨领域应用等问题。它的设计思想体现了对特定领域（如广告推荐）及数据样本特性的观察与理解的重要性。在深度学习技术广泛应用之前，MLR 代表一种前瞻性推荐系统建模方法。

(2) GBDT+LR

　　GBDT+LR 模型[12]，顾名思义，就是将 GBDT 与 LR 组合的一种模型。GBDT+LR 模型由 Meta 的前身 Facebook 于 2014 年提出，其点击率预估性能优于单独使用 LR 或 GBDT 的模型。GBDT+LR 模型结构如图 2-11 所示。它首先利用 GBDT 模型的多棵回归树对原始输入的特征向量进行特征筛选和高维组合，生成新的离散特征向量，然后将这些新的特征向量输入 LR 模型，进行点击率预测。

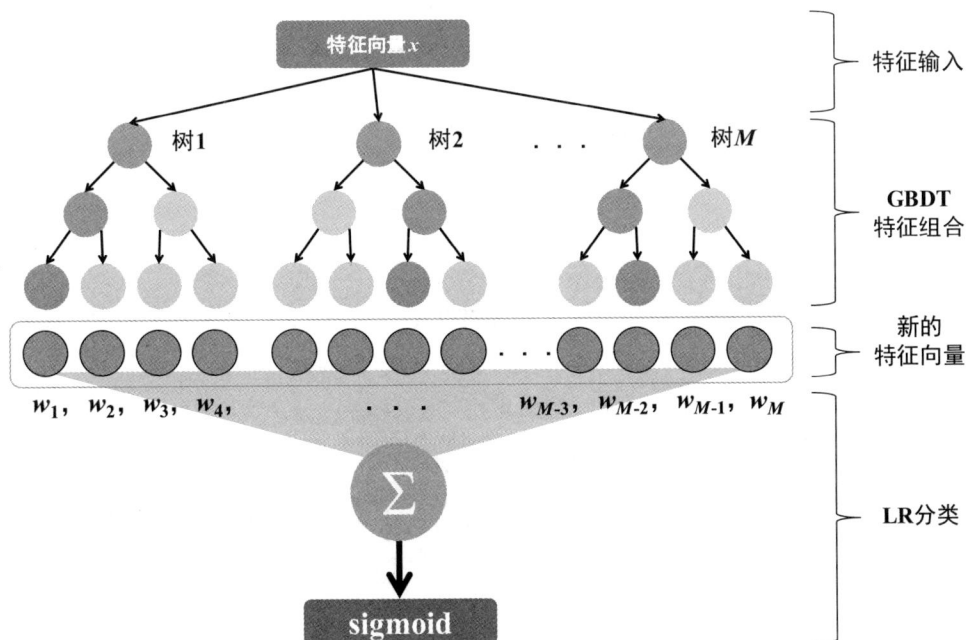

图 2-11 GBDT+LR 模型结构

GBDT 的复杂度较高，训练十分耗时，而 LR 模型则相对轻量，训练效率较高。因此，GBDT 与 LR 往往分别独立训练，其中 GBDT 模型的更新频率低，而 LR 模型的更新频率较高，甚至可以实现实时更新。这种策略通过提高部分模块的实时性，缓解了 GBDT 更新频率低的问题，从而增强了推荐系统的实时性。

GBDT+LR 模型的应用不仅提升了模型性能，还有助于发掘具有区分度的特征以及相应的特征组合，显著降低了人力成本。

MLR、GBDT+LR 等模型组合的应用对推荐系统发展有着极其重要的意义。它们推动了特征工程的模型化，使得特征工程完全由模型自动完成，无须人工干预。这种特征工程自动化的方法，已经成为机器学习以及深度学习推荐模型建模的核心思想。

2.3.2   基于深度学习的推荐方法

深度学习技术在推荐系统领域的发展可谓日新月异。自 2015 年以来,基于深度学习的推荐算法经历了持续的演进,主要聚焦于如何高效计算用户特征和物品特征,并优化它们的组合方式。这已成为深度学习在推荐系统领域的主要发展方向 [13],并逐渐形成了以工业化应用为主导的探索模式。

DSSM

由微软提出的深度结构化语义模型(deep structured semantic model,DSSM) [14],也就是著名的双塔模型,是基于深度学习的推荐系统中的一个典型模型。DSSM 最初用于计算语义相似度,通过对用户的特征进行嵌入编码,使用余弦相似度来实现语义相似度的计算。这种方法通过词哈希技术,解决了传统语义分析模型中词典规模庞大且稀疏的问题,从而降低了计算复杂度。

在推荐召回场景中,DSSM 的双塔结构变为用户端和物品端,分别构建独立解耦的子网络结构(如图 2-12 所示)。在线推理预测时只需取出两个子网络的嵌入向量,计算它们的相似度,然后从高到低对物品进行排序,返回前 n 个物品。DSSM 支持两种召回方式:u2i(用户到物品)召回和 i2i(物品到物品)召回。

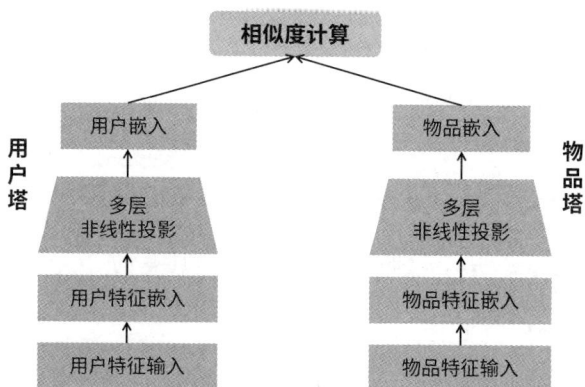

图 2-12   推荐召回场景中的 DSSM 双塔结构

DSSM 基于词袋模型的构建方式,容易丢失语序信息和上下文信息。此外,

DSSM 采用弱监督、端到端的训练方式，需要海量的训练样本。DSSM 使用 softmax 函数计算后验概率还会带来采样偏差，导致热门物品在负采样时出现的频率较高。

2019 年，谷歌推出了改进的双塔模型[15]，解决了 softmax 函数带来的采样偏差问题和热门物品的修正问题。针对大规模流数据，谷歌提出了 in-batch softmax 损失函数与流数据频率估计方法，以更好地适应物品（如视频）的不同数据分布，减少了每个批次（batch）中可能会出现的采样偏差。

谷歌将这一改进的双塔模型应用于 YouTube 视频推荐系统，利用模型对用户 - 物品的交互关系进行建模，如图 2-13 所示。用户塔根据用户观看视频的特征构建用户嵌入表示，物品塔则根据视频特征构建物品嵌入表示，两者都是独立的网络。

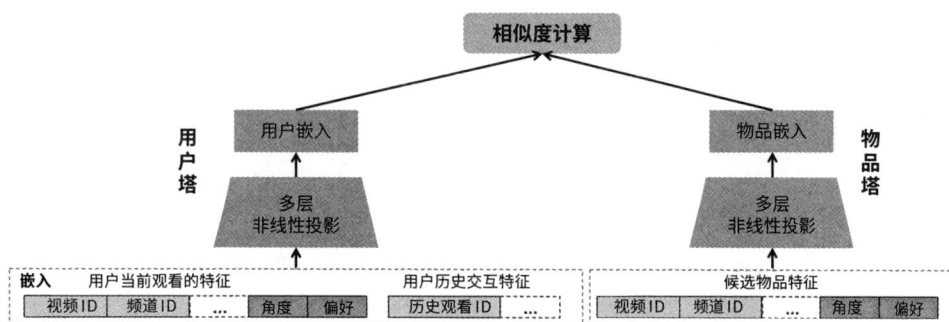

图 2-13　改进的双塔模型应用于视频推荐系统

Wide&Deep

Wide&Deep 是由谷歌提出的一个具有强大影响力的推荐模型[16]，它通过线性模型和神经网络的组合，巧妙地平衡了模型的记忆（memorization）和泛化（generalization）能力。

Wide&Deep 模型结构如图 2-14 所示，其中，Wide 部分是一个广义的线性模型（如前文所述的 LR 模型），可以用较少的参数学习样本中的低阶特征，从而赋予模型记忆的能力。Deep 部分则是一个典型的 DNN 模型，通过嵌入的方式将离散型特征（比如用户的兴趣标签）映射到低维稠密向量中，然后通过学习这些低维特征向量来探索用户与物品之间的潜在关系，从而提升了模型的泛化性。

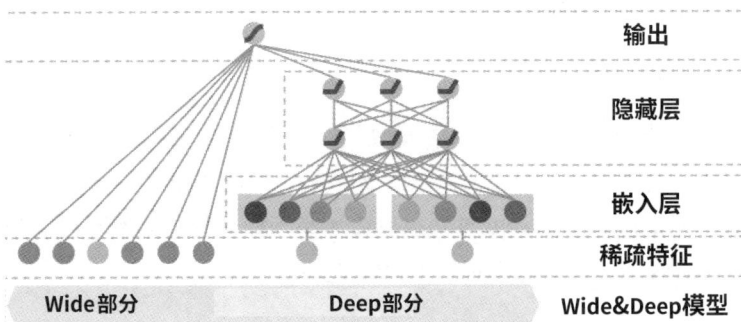

图 2-14   Wide&Deep 模型结构

Wide&Deep 模型采用联合训练（joint training）的方式，在训练过程中，Wide 侧模型和 Deep 侧模型同时进行参数更新。如上文所介绍的，Wide&Deep 模型结合了 DNN 与 LR 的特点，可以表示为：

$$P(Y=1\,|\,\boldsymbol{x}) = \sigma\left(\boldsymbol{w}_{\text{wide}}^{\text{T}}\left[\boldsymbol{x},\boldsymbol{\phi}(\boldsymbol{x})\right] + \boldsymbol{w}_{\text{deep}}^{\text{T}}a^{(l_f)} + b\right)$$

Wide&Deep 模型巧妙地平衡了模型对历史行为的记忆能力和对新情况的推理泛化能力。同时，它的框架设计范式对基于特征的深度学习推荐算法仍产生了重大影响。许多后续的推荐算法是在 Wide&Deep 的框架上进行改进的。

深度因子分解机（deep factorization machine，DeepFM）模型[17]由华为和哈尔滨工业大学在 2017 年提出，它是对 Wide&Deep 模型在特征组合能力上的一次重要改进。DeepFM 模型结构如图 2-15 所示。该模型借鉴了因子分解机（FM）的原理，将 Wide 部分的 LR 模型替换成 FM 模型进行特征组合。与此同时，Deep 部分保持不变，继续负责低阶特征的提取。这两部分共享相同的输入层和嵌入层。

DeepFM 模型结合了 DNN 和 FM 的优势，能够同时学习低阶特征和高阶特征，克服了传统 FM 模型只考虑低阶特征的组合的局限性。通过这种组合，DeepFM 实现了端到端的特征工程，无须任何人工干预。DeepFM 的预测结果可以表示为：

$$\hat{y} = \text{sigmoid}\left(y_{\text{FM}} + y_{\text{DNN}}\right)$$

$$y_{\mathrm{FM}} = w_0 + \sum_{i=1}^{n} w_i x_i + \sum_{i}^{n} \sum_{j=i+1}^{n} \langle v_i, v_j \rangle x_i x_j$$

$$y_{\mathrm{DNN}} = \sigma \left(W^{|H|+1} \cdot a^H + b^{|H|+1} \right)$$

DeepFM 不仅减少了特征工程的工作量，而且在某些数据集上，它的性能超越了 Wide&Deep 模型。

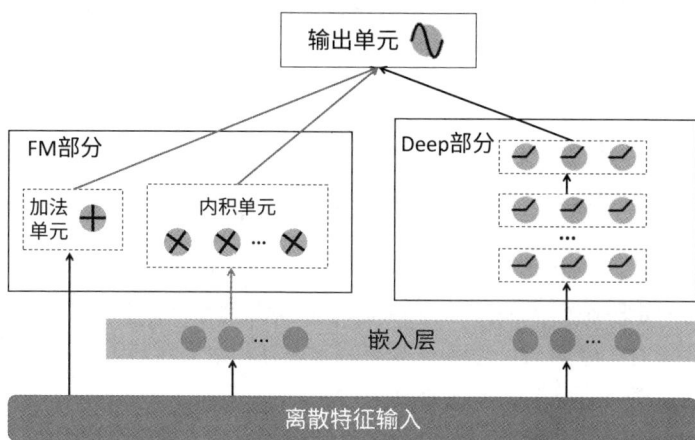

图 2-15　DeepFM 模型结构

AutoInt

面对高维稀疏的输入特征，如何有效学习低维的特征表示和高阶特征交叉是一大挑战。AutoInt 模型[18]通过多头自注意力（multi-head self-attention）机制来评估不同特征间的相关性，从而自动学习输入特征的高阶特征交叉。

AutoInt 的模型结构如图 2-16 所示。该模型首先通过嵌入层将输入的不同数值和类别特征嵌入同一个低维空间，随后，特征交叉层通过带有残差连接的多头自注意力神经网络，显式地对嵌入向量进行特征交叉建模。在特征交叉层中，存在着多个自注意力网络层，每层通过注意力机制组合高阶特征。最后，经过特征交叉层处理得到的高阶组合特征通过 sigmoid 函数进行转换，进而用于点击率预估等任务。

输出层：CTR预测值

特征交叉层

多头注意力 ···

嵌入层

输入层

特征域 1   特征域 2   ···   特征域 N

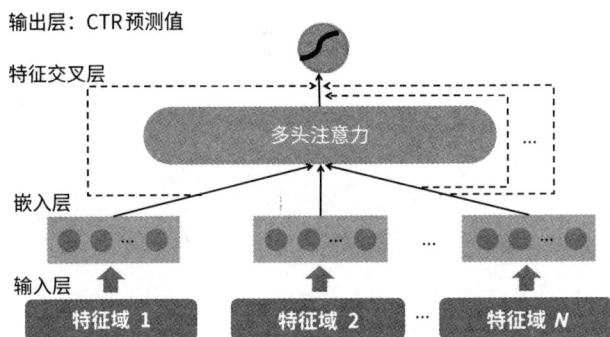

图 2-16   AutoInt 模型结构

AutoInt模型能够自动学习高阶特征交叉，特别适用于处理大规模高维稀疏数据。与 DeepFM 等其他显式特征交叉模型相比，AutoInt 具有更高的效率和可解释性。

本节介绍了一些关于高阶特征交叉建模的典型方法。尽管 Wide&Deep、DeepFM、AutoInt 等方法能够学习特征交叉，但它们难以解释哪些是有用的特征组合，同时也未能考虑交互顺序的重要性。基于这些局限，业界开始关注基于序列的推荐方法。

2.4   基于序列的推荐方法

推荐系统旨在提供个性化内容，满足用户的个性化需求和兴趣，同时也需要考虑业务需求与扩展性，以适应不断变化的环境与用户需求。用户的前后行为往往存在极强的关联性，甚至存在因果关系。因此，将用户和物品的交互建模为一个动态的序列，并且利用先后顺序的依赖性来预测用户未来的偏好，是一种有效策略。用户行为序列通常包括点击、购买和收藏等正反馈交互。

序列推荐（sequential recommendation，SR）方法与其他推荐方法的区别在于，它不仅需要识别用户的历史偏好，还要跟踪用户兴趣随时间的变化。过去，序列推荐模型的典型代表是个性化马尔可夫链分解（factorizing personalized Markov chain，FPMC）[19]，该方法通过矩阵分解和马尔可夫链分别捕捉用户的长期兴趣和短期兴趣，基于过去行为得出的规律来预测用户的下一个交互。然而，由于 FPMC 使用的是线性操作，每个组成部分只能独立地影响用户的下一个交互，所以无法捕捉多个因素之间的相互作用。此后，层次表示模型（hierarchical representation model，HRM）[20]和基于循环神经网络（recurrent neural network，RNN）[21]的模型被提出，用于改进序列推荐。

随着注意力机制的日益成熟，将其引入推荐系统有助于更好地分析用户连续或长期的行为序列，使得推荐系统更能理解用户的真实意图和思考过程，从而提高推荐的准确性和效果。关于注意力机制的具体细节，我们将在第 3 章进行介绍。

2.4.1 GRU4Rec

RNN 被广泛用于各种序列建模任务，比如文本和语音处理等。GRU4Rec[22] 将 RNN 引入推荐系统，对用户历史交互进行序列建模，同时考虑了完整的历史信息及其顺序。

GRU4Rec 的任务是根据用户当前的行为序列，预测该用户下一个可能点击的物品。GRU4Rec 模型结构如图 2-17 所示，主要包括以下几个部分。

❑ 嵌入层：将物品序列的 one-hot 编码转换为物品的嵌入向量序列，作为 GRU4Rec 的输入，以便在模型中进行处理。

❑ 门控循环单元（gated recurrent unit，GRU）层：能够捕捉物品之间的时间依赖关系，通过多层 GRU 网络学习用户的历史行为序列。

❑ 前馈网络（feedforward neural network，FNN）层：使用非线性激活函数学习非线性关系，无反馈连接。

❑ 输出层：通过 softmax 预测用户下一次物品点击的概率。

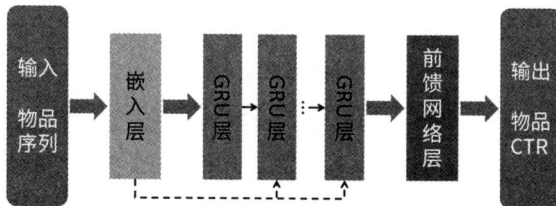

图 2-17 GRU4Rec 模型结构

相比协同过滤等传统召回模型，GRU4Rec 在推荐效果上有显著提升。然而，GRU4Rec 只通过使用物品的嵌入向量来提升推荐效果，未使用其他辅助信息，相当于通过序列方法对协同过滤方法中的物品顺序信息加以利用，但并未充分挖掘其他潜在的有用信息来进一步优化推荐效果。

2.4.2　SASRec

在现代推荐系统中，用户的行为序列可以反映用户近期的活动以及用户行为的"上下文"。为了捕捉这种模式，主要采用两种方法：一种是基于马尔可夫链（Markov chain，MC）的假设，即基于用户的最后一个或几个行为来预测其下一个行为；另外一种是利用 RNN，通过分析识别用户长期的行为模式。

基于自注意力机制的序列推荐（self-attentive sequential recommendation，SASRec）模型[23]综合了上述两种方法的优点，将 Transformer 架构应用在序列推荐问题上，通过自注意力机制为用户行为序列中的各个物品设置不同权重，从用户的行为历史中识别出哪些物品是"相关的"，并使用它们来预测下一个物品。这种方法能够捕捉用户的长期兴趣，并基于关键行为预测用户可能感兴趣的物品。

SASRec 模型结构如图 2-18 所示。它首先获取用户最近的 n 个行为，然后经过嵌入操作将这些行为转换为物品的嵌入向量矩阵。为了表示行为序列中物品的先后顺序，它引入了位置嵌入向量（positional embedding），并将位置嵌入向量与行为序列的嵌入向量相加，得到自注意力层的输入矩阵。自注意力层对应 Transformer 中的编码层，由多个自注意力块（self-attention block）组成。通过叠加多个自注意力块，模型能够学习更复杂的特征转换。为了处理不同维度隐藏特征之间的非线性交互，SASRec 在自注意力层之后添加了两层前馈神经网络（feedforward neural network，FNN），以实现非线性交互。

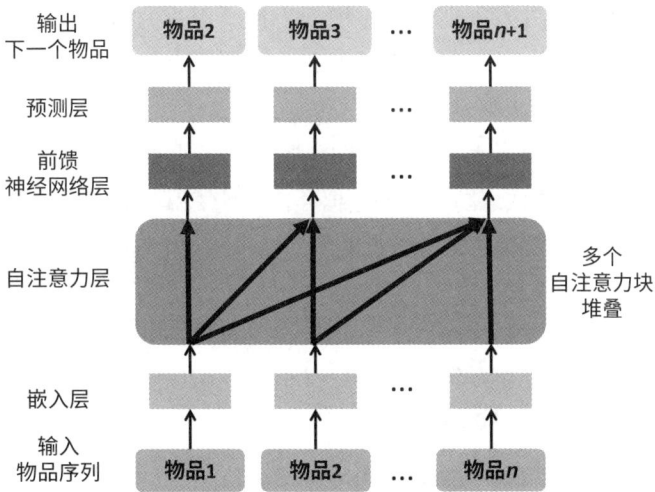

图 2-18 SASRec 模型结构

经过多个自注意力块的处理，模型能够有效提取用户行为中的关键信息。这些信息随后被送入预测层进行处理。具体来说，采用矩阵分解层来预测物品之间的相关性，预测层基于此来确定用户感兴趣的下一个物品。

2.4.3 DIN

在传统的深度学习推荐模型中，用户的特征通常被映射为固定长度的嵌入向量，这种做法没有考虑用户序列特征和目标物品之间的关系。用户的历史行为和候选商品在进入神经网络之前没有任何交互，导致神经网络缺乏用户历史行为对当前候选物品的重要程度等信息，从而引入了很多无关紧要的噪声。因此，这些传统模型难以应对用户兴趣的多样性，并且浪费了历史行为中的丰富信息。

为了解决这一问题，阿里巴巴提出了深度兴趣网络（deep interest network，DIN）[24]模型。DIN 利用注意力机制，在计算用户兴趣向量时自适应地考虑用户历史行为序列与候选广告之间的关系，以更好地捕捉用户的兴趣点，提升模型的表达能力和性能。

　　DIN 模型结构如图 2-19 所示。该模型为每个用户的历史物品交互行为引入了激活单元（activation unit）。激活单元生成一个注意力权重，代表用户对某个历史物品的偏好程度，进而更好地捕捉用户兴趣的多样性。注意力权重越高，意味着用户点击候选物品的概率越大。此外，DIN 还提出了小批量自适应正则（mini-batch aware regularization）方法以防止模型过拟合，并且使用 Dice 激活函数（data adaptive activation function）来解决内部协变量偏移（internal covariate shift，ICS）问题。

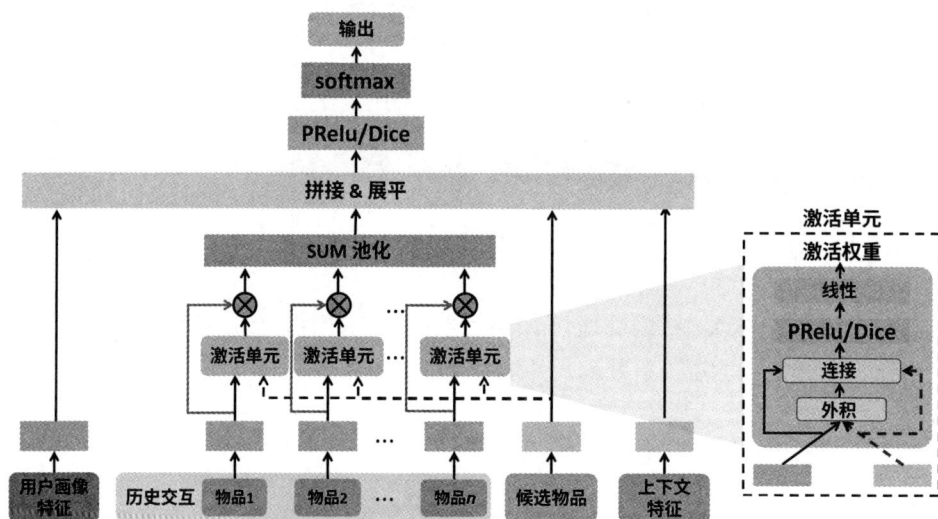

图 2-19　DIN 模型结构

　　在 DIN 模型中，用户的兴趣是静态不变的。然而实际上，用户的兴趣会随着时间的推移而发生变化。DIEN[25] 模型在兴趣抽取的基础上引入了对用户兴趣演化的建模。此外，阿里巴巴提出了 DSIN 模型 [26]，利用用户的多个历史会话来对用户系列行为进行点击率预测。MIMN[27] 模型则是阿里巴巴的另一项创新工作，它通过用户兴趣解耦和多通道兴趣建模来解决超长兴趣序列在线推理建模问题，提升了计算效率并减少了时延。

　　理论上，用户行为序列越丰富，越有利于挖掘用户的潜在兴趣，从而提升模型的预测效果和用户体验。然而，随着用户行为序列长度的增加，干扰信息也会增多，这对于小规模的序列推荐模型来说是一种挑战。

推荐算法的发展使得特征的自动提取和端到端的学习成为可能，显著减少了人工特征工程的工作量。现代推荐模型能够从用户与物品的交互中准确提取特征，具备较强的抗噪能力。同时，模型结构可以根据业务场景和数据特性进行灵活调整，尤其是在引入注意力机制后，模型能更好地理解和捕捉用户的长期兴趣和短期兴趣，从而提供更个性化的推荐。推荐算法已经在多个领域取得了很多突破性进展，这些进展不仅为推荐系统的发展提供了工业化思维和宝贵经验，也为大模型在推荐领域的应用和结合奠定了基础。本书将在后续章节中介绍大模型在推荐系统中的具体应用方法，其中许多内容与上述模型方法或思想有着相通之处。

2.5 推荐系统的设计与构建

推荐系统致力于帮助用户发现和选择他们最感兴趣的物品。尽管在讨论推荐系统时，人们通常关注的是算法模型的实现及其最新进展，但推荐系统的实际设计与构建涉及多个环节，需要经过数据收集、预处理、特征工程、模型训练与评估、模型部署以及推荐生成与排序等步骤，最终才能实现精准的推荐效果。在此过程中，数据部分和模型部分都需要根据具体的业务需求进行定制。尽管不同场景和不同时期的推荐系统框架和流程可能有所不同，但其目标始终是一致的：预测用户对物品的偏好。

2.5.1 推荐系统工作流程

推荐系统业务流程

推荐系统是一个典型的复杂业务系统，从收集原始数据到生成推荐结果并展示，需要经过一系列处理，每个步骤都紧紧围绕推荐系统的业务目标展开（如图 2-20 所示）。下面我们就来介绍推荐系统的核心业务流程。

(1) 数据采集：收集与推荐任务相关的用户信息和物品信息，构建用户画像和物品属性。这些信息包括用户基本信息（如性别、区域、年龄等）、用户与物品的交互记录（如点击、购买、评分等行为）、物品的属性（如类别、描述、标签等）、物品的整体交互情况、历史评分等。

(2) 数据预处理：在进行模型训练与推理之前，原始数据还需要经过抽取、转换和加载三个步骤，也就是我们常说的 ETL（extract, transform&load）处理。该过程包括整合多个数据源，进行数据清洗、处理重复和缺失值，剔除异常值，并将数据转换为合适的格式，最后加载到特定存储位置。数据预处理的目标是确保数据的质量和一致性。

(3) 特征工程：经过 ETL 处理后，数据进入特征工程阶段。通过对数据进行转换和组合等操作，特征工程从中提取出对模型有意义的特征，这些特征能够反映用户兴趣、物品属性和上下文信息。ETL 处理为特征工程提供数据，而特征工程则为模型提供输入。

(4) 推荐推理：推荐推理是整个推荐系统中最核心的环节，其主要任务是根据具体业务及所有可利用的数据（包括特征），预测用户可能喜欢的物品，并形成推荐结果。该环节分为召回阶段和排序阶段。在召回阶段，系统通过多路模型或策略组合的方式从大量物品中筛选出候选物品；在排序阶段，经过粗排、精排的方式进一步精细化推荐结果，确保推荐的物品更加符合用户需求。过滤和排序的策略可以基于多个因素，如物品的热度、新鲜度、多样性和用户的偏好预测等。

(5) 结果展示：推荐系统根据生成的推荐结果，以特定的形式和顺序将物品展示给用户。同时，推荐系统需要埋点监听用户与推荐内容的交互行为和反馈，并将这些信息作为新的数据输入推荐系统，不断优化推荐系统的整体效果。

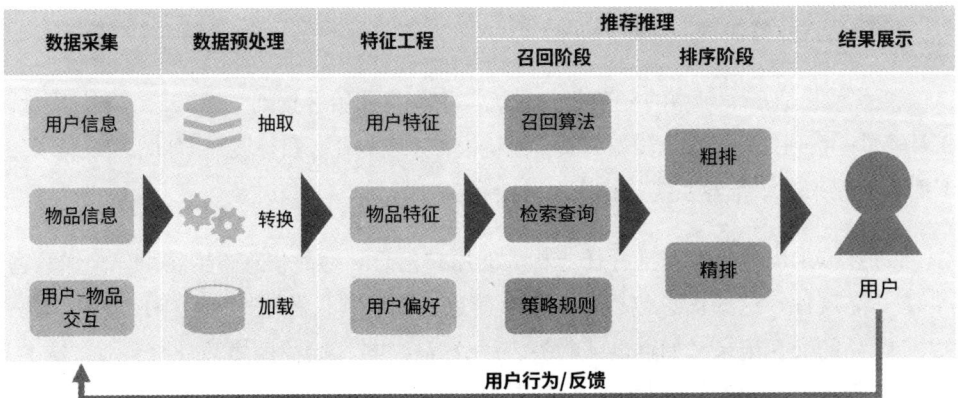

图 2-20　推荐系统的业务流程

推荐模型构建流程

根据应用阶段的不同，推荐模型的构建可以分为模型训练部分和在线预测部分，如图 2-21 所示。模型训练部分主要负责利用大量历史数据离线训练出高效的推荐模型，而在线预测部分则负责实时根据用户的行为和反馈调整和优化模型。

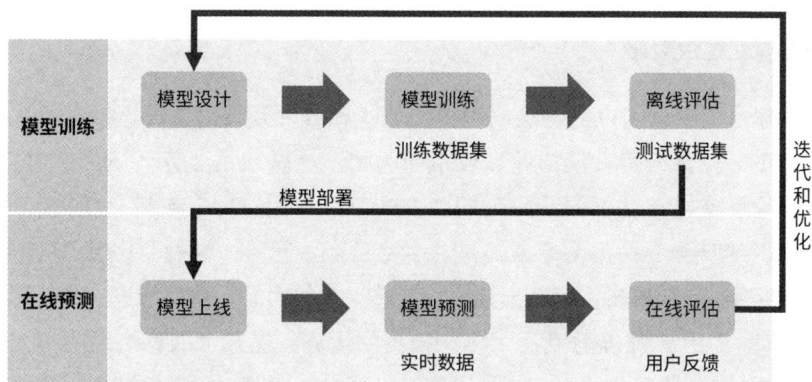

图 2-21　推荐模型的构建流程

(1) 数据准备：在进行模型设计和训练之前，需要准备好用于模型训练的样本数据。这些数据包括用户行为数据、用户画像数据、物品属性、场景化等特征数据，并将这些样本数据划分为训练数据集与测试数据集。

(2) 模型设计：在设计模型时，需要结合具体业务及可用数据设计一套精准、工程上易于实现、可以处理大规模数据的推荐算法结构。在这一步骤中，往往会对多种推荐模型进行对比，还需确定模型的参数与配置。

(3) 模型训练与离线评估：在设计好模型之后，便进入训练阶段。模型基于训练数据集学习用户的兴趣和偏好。训练好的模型需要在测试数据集上进行性能评估，比较预测结果与真实用户行为的差异。这一过程称为离线评估，其核心在于评估推荐模型的质量，常用的评估指标包括准确率、召回率和平均准确率等。具体离线评估方法可参考本书 9.1 节的内容。

(4) 在线预测：在完成模型训练并通过评估后，就可以在线部署模型，进行在线预测，同时监控模型在线效果。模型可能被用于召回或排序中的不同环节。在完成在线预测之前，往往需要进行 A/B 测试，以确认模型的线上环境的效果。

(5) 迭代和优化：推荐系统会收集用户的反馈信息，如用户的点击、购买、评分等，用于评价模型效果和改进算法模型。根据用户的反馈来评估推荐系统的整体效果，即为在线评估。根据评估结果，推荐系统进行迭代和优化，包括调整算法参数、更新模型，以及改进特征工程等，以不断提升推荐系统的性能和用户满意度。

推荐模型组合策略

在推荐系统中，用户与物品的规模往往达到数百万级别。若直接对所有物品进行评分排序，需要花费大量的计算成本和时间，难以满足业务环境的实时性要求。因此，推荐系统通常在不同阶段采用独立的算法，如召回、粗排、精排、重排等。在实践中，典型的工程化设计方式是"多路召回 + 粗排 + 精排"的模型组合策略，其中，多路召回和粗排负责筛选出用户可能感兴趣的物品，精排则进一步计算物品的预估点击率。这种策略充分利用了多个模型的优势，提升了推荐结果的多样性和质量。接下来，我们将从多路召回开始讲解，以更好地理解这些模型组合的具体策略。

● 多路召回

面对海量物品，推荐系统首先需要从中找出用户可能感兴趣的候选物品，以减少待排序物品的数量，这就是召回阶段的主要任务。在这一阶段，系统会基于多个模型进行候选物品的筛选，综合考虑多个召回模型的结果，尽可能地覆盖用户可能感兴趣的物品。一般来说，召回阶段需要重点考虑响应速度，以保证排序环节有充足的计算时间。因此，召回模型往往只使用少量特征，并且模型设计较为简单，以保证系统的高性能。以下是几种常见的召回方式。

❑ 基于规则召回：这种方式主要依赖物品或用户的基本属性进行召回，通常与业务运营目标相结合。例如，可以根据用户的偏好标签、地理位置等信息，或者根据热门内容、节日活动以及新上线的物品进行召回。这种方式的实现简单高效，结果数量可控，但往往倾向于推荐热门内容或高价物品，个性化程度较低。

❑ 协同过滤召回：如前文所述，协同过滤借助其他用户的反馈信息，对海量信息进行过滤，从中筛选出目标用户可能偏好的信息或物品。协同过滤召回包括 ItemCF 和 UserCF，它的实现相对简单，具有一定的个性化能力，但也容易受到热门物品的影响。

- 基于向量召回：这种方法广泛应用于推荐系统中，核心是计算用户向量与物品向量的相似度，即嵌入技术，它可以捕捉用户和物品之间的复杂关系，并扩展到大规模数据集。常用的嵌入方法包括基于文本语义的 word2vec、GloVe，基于物品的 item2vec，以及基于知识图谱的 DeepWalk、node2vec 等。基于向量的召回方法需要大量资源来计算和存储这些向量。

- 基于模型召回：随着技术的发展，推荐系统可以利用机器学习或神经网络技术，在用户和物品的嵌入基础上进行召回。最典型的模型召回方法包括逻辑回归和双塔模型。

- 探索性召回：探索性召回试图从长期角度出发，推荐用户没有接触过的物品，挖掘用户新的偏好与特征。这类召回在短期内不一定能产生明显收益，但其核心在于平衡探索与利用，以最大化长期收益。例如，利用强化学习等技术，通过不断试错来优化推荐效果。

- **粗排与精排**

在多路召回阶段，系统通常会筛选出成千上万的候选物品。粗排阶段的任务是在这些物品中快速过滤掉不合适的物品，将其数量减少至几百个，为后续的精排阶段做准备。粗排模型通常基于简单的特征以及部分用户反馈信息（如点击率、浏览时长等）进行训练。需要注意的是，在设计粗排模型时，优化目标最好和排序的优化目标保持一致，否则可能会滤掉用户真正需要的物品。

粗排阶段对时间的要求非常严格，通常需要在 10 毫秒～ 20 毫秒内完成打分，因此需要在模型的精度和性能之间做权衡。常见的粗排模型使用简单特征和快速算法，如 MLP 等。在推荐池不大的场景中，粗排步骤有时可以省略。常见的粗排模型包括 LR、GBDT 和深度学习模型（如 DSSM），精排模型还可以通过压缩技术（如知识蒸馏、剪枝和量化[28]）转化为精简的小模型，以平衡性能与计算效率。

精排是个性化推荐系统的核心环节，它需要精准预测用户的**点击或购买概率**。精排阶段对粗排筛选出的候选物品进行打分，并根据用户对物品**的感兴趣程度**进行排序，进一步挑选出合适的前 N 个物品作为最终的推荐结果。为最大程度地满足业务目标，精排过程通常需要使用更丰富的特征，包括多维度、高复杂度的用户行为数据、历史记录以及物品的详细属性等，并利用更复杂的模型进行深入的特征交叉和非线性转换来得到最终的预测结果。本章前面所介绍的 GBDT+LR 组合模型、Wide&Deep 及其衍生模型、DIN 模型及其变体，都可用于精排阶段。

总结而言，"多路召回 + 粗排 + 精排"的策略是一种综合利用多个模型的方法，旨在利用有限的计算资源尽可能多地召回用户感兴趣的物品，并尽可能精准地预测用户兴趣，以提供高质量、个性化的推荐结果。目前，这种策略已经在实际的推荐系统中得到广泛应用，并取得了显著的效果。

2.5.2　推荐系统通用架构

推荐系统的架构设计需紧密结合实际的业务需求。算法模型的结构需要根据具体的业务场景和数据特点进行选择和调整，使算法模型与应用场景高度契合。此外，在架构设计的过程中，还需要考虑推理性能、数据处理、存储效率等多种因素，同时确保系统便于维护且支持高效迭代。因此，推荐系统可以理解为推荐算法和系统工程的结合体，需要在算法实现和工程实施之间找到最佳平衡。

在推荐系统中，整体架构往往大同小异，都遵循一定的结构框架，可以按离线、近线和在线三种模式进行划分。在实践中，可以根据对实时性和准确性的不同需求，进行针对性设计。

推荐系统的离线模式

离线模式是推荐系统的经典架构之一，也是最基础的推荐系统组织方式，如图 2-22 所示。在此模式下，数据和模型的更新通常以离线的方式进行。在离线模式中，用户信息、物品信息以及用户 - 物品交互信息都会在离线环境中存储和处理。随后，基于这些离线存储的数据，系统会生成并存储用户和物品的静态特征以及用户 - 物品交互信息，通常这些数据的更新频率为天级或更低频次。接下来，基于这些离线样本和特征，系统进行模型训练以及验证。最后将验证过的模型部署到在线环境，为业务提供实时的推荐服务。

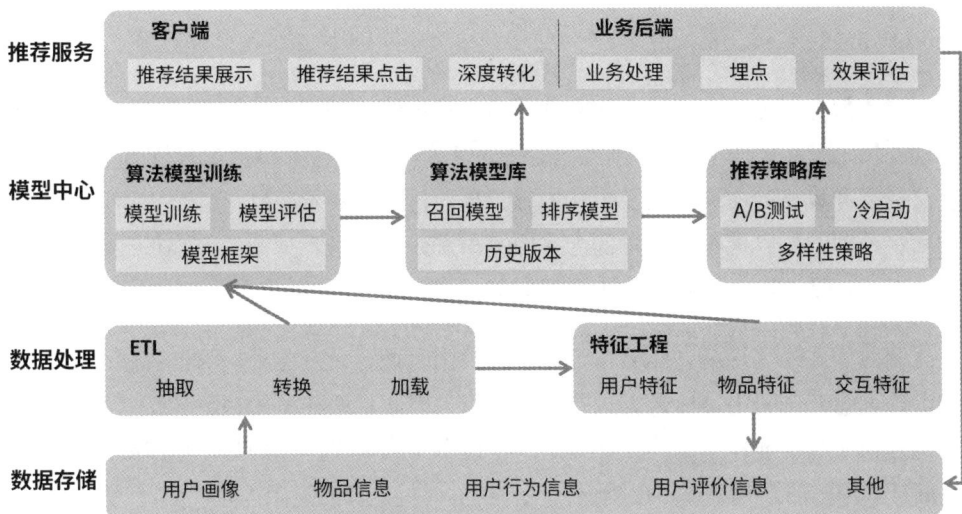

图 2-22　离线推荐系统架构

整个流程可以分为以下几个部分。

数据存储部分：主要负责收集来自各渠道的原始数据。静态数据如用户信息、物品信息等可以使用 MySQL、Redis、MongoDB 等数据库系统存储；而大规模的原始日志数据则适合使用 Hadoop HDFS、HBase 等分布式文件系统存储。

数据处理部分：由于推荐系统需要处理大量的用户行为数据和物品信息，而这些原始数据往往是非结构化且杂乱无章的，因此需要对数据进行 ETL 和批处理，以得到规范化的可用数据。可以使用 Hadoop MapReduce、Apache Spark 等批处理框架处理大规模的离线数据。数据处理的另一项重要任务是特征工程，它确保模型能为后续模型训练提供有价值的信息。

模型中心部分：这一部分由算法模型训练、算法模型库和推荐策略库组成。根据业务需求和数据特征，设计并训练不同的推荐算法模型，进行模型评估，确保模型满足性能要求后部署上线。由于推荐系统的复杂性和多样性，通常需要部署多个模型并进行全局迭代更新。在线环境中的模型也需要进行历史版本的管理与备份，以便在必要时复用。目前业界主流的推荐系统使用"多路召回 + 粗排 + 精排"的策略，TensorFlow、PyTorch 等常见的机器学习框架可用于模型的设计、训练和验证；TensorFlow Serving、TorchServe 等模型服务框架可用于模型的部署和服务。

推荐服务部分：在线推荐服务部分负责将训练好的模型及制定的策略应用于实时推荐场景，并根据用户的实时需求生成推荐结果。此过程包括实时数据流的处理、算法模型和策略的应用，以及生成推荐结果的排序与展示。这一部分需要重点考虑如何将推荐结果以最吸引用户的方式展示出来，包括推荐列表的布局设计和样式优化，以及高效加载和刷新推荐列表的机制等。

离线模式稳定性高，能够在计算资源空闲时进行，避免了实时计算中的资源瓶颈，并且能充分利用历史数据进行深入分析。因此，这种架构在业界仍然被广泛使用，并为大规模推荐系统的设计提供了重要参考。需要注意的是，离线模式通常会提前计算用户的推荐结果，以确保在用户访问时能够及时展示内容。

离线模式适用于对实时性要求不高的普通推荐场景，但在时效性与灵活性方面存在局限。例如，它无法处理实时产生的数据，且由于推荐结果通常是提前生成的，因此无法及时响应用户的实时行为。

推荐系统的近线模式

近线模式是在离线模式的基础上发展而来的，它与离线模式的主要区别在于数据处理和模型训练的时间间隔。与离线模式通常在用户活动结束后较长时间（天级或更长）才处理数据不同，近线模式能够在更短的时间内（分钟级或更短）处理、适应并响应用户的行为数据，准实时地调整和更新模型，从而实现对用户行为的快速反馈，并提供更个性化的推荐服务与用户体验。

近线模式的"准实时"主要体现在以下几个方面。

- ❑ 数据存储的准实时化：以数据流的方式收集各渠道来源的原始数据，利用高吞吐、低延迟的企业级基础设施处理流式数据，并增量地维护原始数据。可以使用 Apache Kafka、Flume 等工具进行数据流处理。

❑ 数据处理的准实时化：进行实时数据清洗与 ETL，增量处理用户的行为数据流，计算出用户与物品的最新特征，这些特征是推荐系统给出精准推荐的重要依据，确保推荐系统根据用户的行为数据和反馈信息，快速完成训练样本的拼接和准备。可以使用 Spark Streaming、Flink 等工具进行数据流的运算。

❑ 模型中心的准实时化：这一过程通常利用新生成的样本数据对模型进行增量更新，不需要重新训练整个模型，降低了训练成本。模型的增量更新是在原有的离线全局模型基础上，通过小批量传输进行增量训练，并采用随机梯度下降（stochastic gradient descent，SGD）等算法进行学习。这种方式在保证模型时效性的同时提升了训练效率，但随着增量训练的不断迭代，可能会出现无法找到全局最优解的情况。

❑ 在线服务的准实时化：将准实时更新的模型应用到实际的推荐场景中，根据用户的最新数据与特征生成推荐结果，并返回给用户。

近线模式的出现，为推荐系统的发展注入了新的活力。通过准实时处理用户行为数据，推荐系统能够提供更个性化、更及时的用户体验。然而，它们对系统架构和计算资源的要求也更高。

推荐系统的在线模式

在线模式，顾名思义，其最大特点就是"实时在线"，通常以实现实时的响应时间为目标。除了更快的数据处理速度外，这种模式还支持实时更新的在线学习。

在线学习（online learning）并非一种模型，而是一种模型训练方法。在推荐系统中应用在线学习，可以在接收到新样本的同时更新推荐模型，使模型能够及时适应在线业务环境的变化。传统的批学习方法在模型上线后需要进行全局或增量的批训练，无法实现真正的动态更新，而在线学习支持逐条学习数据样本，能够根据在线业务的实时情况动态地调整模型，及时纠正预测错误，形成实时闭环。通过在线学习，推荐系统能够实现模型的持续学习和更新，从而提供更准确、更个性化的推荐服务。

在线学习使用随机梯度下降等算法来进行训练，并在工程上有一定的要求。需要注意的是，数据的顺序对学习过程影响重大，不寻常的数据点可能会显著改变模型参数，导致准确性下降。相比批量学习，在线学习的训练过程控制较少，不良数据的涌入可能导致错误预测。常用的在线学习算法包括贝叶斯概率单位回归（Bayesian probit regression，BPR）[29]、贝叶斯在线学习（Bayesian online learning，BOL）[30]、跟随正则化领导者（follow the regularized leader，FTRL）[31]等。

以上所介绍的三种模式对比如表 2-2 所示。选择哪一种模式组合，取决于具体的业务需求和资源限制。在实际应用中，需要平衡准确性、实时性以及计算成本，结合不同模式的优点进行灵活组合，以克服各自的缺陷，满足业务需求。

表 2-2　离线模式、近线模式、在线模式的对比

模　　式	数　　据	模型训练	预测结果	适用场景
离线模式	非实时	全局离线更新，批学习	非实时（用户兴趣可能已经发生变化）	时效性要求不高，数据实时性差异较少
近线模式	非实时 + 准实时	增量更新，小批学习	准实时（分钟级捕捉用户兴趣）	时效性要求一般，数据实时性差异一般
在线模式	非实时 + 准实时 + 实时	在线学习，单个样本	实时（实时捕捉用户兴趣）	时效性要求高，数据实时性差异较大

对于大多数实际推荐场景（如电影推荐、音乐推荐等），通常可以采用离线模式结合近线模式，通过增量更新保证推荐模型的准实时性，并定期进行全局更新，纠正模型在增量更新过程中积累的误差。

对于大规模且变化非常快的场景（如股票推荐等），可以将离线模式、近线模式与在线模式结合，在线学习保证推荐模型的实时性，增量更新保证推荐模型在小时间窗口内的有效性，并通过定期更新纠正误差。

总而言之，推荐系统是一个复杂而精细的系统，它需要综合考虑实时性、准确性和多样性，通过在线、近线和离线三种模式的协同工作，提供最优的推荐结果。

2.5.3　推荐的冷启动

推荐系统在启动初期，往往因缺乏足够的数据而难以进行有效的推荐，这就是所谓的冷启动问题。冷启动问题是推荐系统面临的重要挑战之一，需要通过合理的

策略来解决，从而确保推荐系统的顺利运行，并提升用户满意度。冷启动问题主要分为三类：系统冷启动、用户冷启动和物品冷启动。

系统冷启动

系统冷启动问题是指在推荐系统启动初期，如何设计个性化推荐。在这个阶段，系统尚未积累任何用户，也没有任何用户行为数据，只有少量物品信息。冷启动是一个缓慢的过程，即使在启动后，也可能面临以下两方面问题。

- ❑ 数据有限：部分已经存在的用户并不活跃，只有少量用户与物品的交互数据，系统难以生成准确的推荐。
- ❑ 稀疏性：在拥有大量物品的业务平台上，用户与物品之间的交互数据可能非常稀疏，导致在识别用户偏好和物品相似性时遇到困难。

解决系统冷启动的关键是让推荐系统尽快运转，迅速收集足够的数据进行模型训练。常见的解决方法是利用规则生成推荐，例如根据物品的上线时间，结合用户的 IP 或者注册信息进行推荐。

用户冷启动

用户冷启动问题是指如何为新注册的用户提供个性化的推荐。当新用户加入平台时，推荐系统因缺乏历史数据（比如偏好、观看习惯或交互行为等）而无法提供个性化的推荐，用户只能看到一些通用的或者热门的物品，这些物品可能并不符合他们的兴趣。同时，新注册用户数量也可能远超物品数量，且用户的个人资料往往变化频繁。为解决这一问题，可以通过收集用户的基本信息、基于相似用户的偏好或使用逻辑回归等模型来预测用户兴趣。这些方法通常会结合起来使用，并通过收集用户的反馈信息逐步提升模型的准确性。

物品冷启动

物品冷启动问题是指如何将新上架的物品推荐给可能感兴趣的用户。新上架的物品缺乏足够的曝光与交互历史，系统难以直接判断它们与用户的相关性。基于物品本身信息，可以采用如下方法进行物品冷启动推荐。

> ❑ 利用物品的元数据（metadata，如类别、标签、文本特征、图像特征等）进行推荐。
> ❑ 通过物品之间的关系（如知识图谱中的关系）进行推荐。
> ❑ 采用探索与利用（exploration-exploitation）思想，将新物品推荐给一些活跃用户，收集用户对物品的反馈信息，并优化推荐效果[33]。

2.5.4　特征工程

特征工程是推荐系统中的关键环节，它的目标是从原始数据中提取有价值的特征供模型使用。特征是对关键信息的高度抽象，特征工程的核心在于如何处理和转换原始数据，使之成为更容易被推荐系统有效识别的业务变量，从而提升模型的学习能力和推荐的准确性。推荐效果不仅取决于所选模型和数据质量，还依赖特征的质量。好的特征选择有助于加速模型收敛，提高模型性能。

特征工程的流程包括特征获取、清洗、处理和评估，其中特征处理是最核心的部分。通常可以使用 sklearn、Pandas、NumPy、Featuretools 等工具库进行特征提取、特征转换等操作。正确处理数据是确保推荐系统准确有效的前提。

特征类型

特征可以分为基础特征、统计特征、序列特征等类型。基础特征如用户的基本信息、物品的描述信息等，适用范围广，能够应用于不同业务场景。统计特征大多为后验特征，是对用户行为和物品特性的量化表示，帮助模型理解用户的兴趣和物品受欢迎程度。序列特征则用于表示用户与物品交互的时序关系。作者将按照用户、物品和上下文方面的特征进行介绍。

(1) 用户方面的特征

用户特征通常也称用户画像，主要包括以下几个类型。

> ❑ 基础特征：如用户 ID、性别、年龄、学历、常住城市、职业等人口信息，这些信息收集起来难度较大；注册时间、是否 VIP、是否新用户、用户等级等系统信息。这些特征的变化频率一般较低。

- 统计特征：基于用户历史行为数据（如点击、购买等）进行统计计算而得出的特征。这些特征通常来自产品日志。需要注意的是，在统计时应同时结合数量和比例两种因素。
- 行为序列特征：指用户的历史行为记录，包括行为类型（点击、购买、评论等）、关联的物品（物品、品类、品牌等）的序列等。行为序列可以按时间划分为短期行为序列和长期行为序列。
- 用户关系数据：指用户间的社交网络关系或相似度信息。

(2) 物品方面的特征

物品是推荐行为的实体，充分挖掘物品特征有助于提升推荐的精确性和个性化程度。物品特征主要包括以下几个类型。

- 基础特征：物品的基础特征在不同场景中有所不同。例如，电商场景中的基础特征包括物品名称、描述性信息、品牌、价格等；视频推荐类场景则包括视频名称、描述、视类型、长度、发布者等。物品的基础特征可以人工填写，也可以通过算法自动生成。
- 统计特征：物品的统计特征衡量了物品的受欢迎程度、转化效率和物品质量情况等信息。常见的统计特征包括曝光数、点击数、转化数、好评数、点击率和转化率、好评率等。此外，还可以基于物品的来源、类目和品牌等进行统计。
- 交叉特征：物品的交叉特征是指将物品的两个或更多个特征进行组合，计算得出新的特征。例如，将物品的类别和点击数结合，得到新的交叉特征，有助于捕捉更为复杂的关系。

(3) 上下文特征

上下文特征描述了用户行为发生的环境或场景。这些上下文特征可以帮助模型更加精细地理解用户需求，从而提升推荐的准确性和用户体验。上下文特征主要包括以下几类。

- 场景上下文：业务系统中的板块和入口，如首页、物品详情页、搜索、运营活动等。不同场景的推荐需求可能不同，因此要为每个场景设计适配的推荐策略。

- □ 时间上下文：用户的行为往往与时间密切相关。例如，节假日、季节变化、一周中的某些日子或者一天中的不同时间段，都会影响用户的兴趣和需求。例如，同一位用户在办公室和在家时点外卖的偏好可能不同。
- □ 地点上下文：用户的地理位置也会影响其偏好。不同地区的环境、气候差异可能会导致用户对某些商品的偏好不同。例如，南北方用户在衣服、饮食上存在偏差。
- □ 设备上下文：用户访问时的设备类型（如手机、平板等）、网络类型（如使用移动数据或 Wi-Fi）以及客户端类型（如 APP、Web 的不同版本）等都会影响推荐的展示形式。

特征处理方法

特征处理包括多个步骤，如特征缺失值处理、特征转换、特征选择和特征组合等。首先，特征缺失值处理是确保数据完整性的基础。然后，特征转换对原始特征进行适当变换，使它们适应模型输入的格式，同时保留数据的内在规律，便于模型训练。特征选择则是通过对比和评估，从众多特征中筛选出对模型效果最有用的部分，从而简化模型，提高模型训练和推理效率。最后，通过对多个特征的组合，生成更具业务价值的信息。

(1) 特征缺失值处理

特征处理的第一步是处理缺失值，以下介绍一些常用的处理方法。

- □ 直接删除：如果某个非重要特征的缺失值过多（如超过一半），则可以删除该特征。如果某个样本在重要特征上存在缺失值，且缺失值很少（如少于千分之一），则可以删除该样本。然而，该方法不适合数据集样本量较小的情况。
- □ 统一值填充：用 0 或其他固定值来填充缺失值。这种方法简单，但可能会引入误导信息。
- □ 统计值填充：使用均值、中位数或众数等统计值来填充缺失值。这种方法简单且常用，但可能会引入偏差。
- □ 前后向值填充：使用前一个或后一个有效观测值来填充缺失值。这种方法适用于时间序列数据或者有序数据。

❑ 插值法填充：通过线性插值或多项式插值等方法来预测缺失值。

❑ 模型预测填充：使用逻辑回归、随机森林等算法，根据其他特征值来预测缺失值。

(2) 特征转换

特征转换是指通过数学方法或函数处理原始特征，以提取更有信息量的特征表示。特征可分为离散型特征、连续型特征和多值特征，不同类型的特征有不同的处理方法。

离散型特征也称为稀疏特征，通常需要通过特定的编码方法转换为模型可处理的形式[34]。常见的编码方法有以下几种。

❑ 二进制编码：适用于只有两个类别的特征，例如用户是否为 VIP，可以用 0 或 1 分别表示。

❑ 标签编码：将每个非数值型类别转换为一个数值型标签（如 1 到 N 之间的编号），但这种编码方式引入了顺序关系，可能会影响模型的效果。例如，用户标签为"喜欢看书""喜欢零食"和"喜欢运动"，可分别编码为 1、2、3。

❑ one-hot 编码：将每个类别转换为一个唯一的二进制向量，这种方法解决了标签编码引入的顺序问题，但会增加特征空间的维度。例如，对于不同颜色，"红色"可编码为 [1,0,0,0]，"黄色"可编码为 [0,1,0,0]。

❑ 嵌入表示：将离散型特征映射为低维向量，适用于类别众多或关系复杂的情况。常用的嵌入方法包括基于文本语义的 word2vec、GloVe，以及基于知识图谱的 DeepWalk、node2vec 等。

连续型特征也称为稠密特征，通常采用归一化、标准化、离散化等方法进行处理。这些方法属于特征缩放（feature scaling）[34] 技术，用于使特征适应模型的训练要求。

❑ 归一化：将特征值缩放至某一固定范围（如 [0, 1]），有助于在保留原始特征分布的情况下，消除不同特征之间的量纲差异。

❑ 标准化：将数据转换为标准正态分布，均值为 0，标准差为 1。标准化有助
于消除极大值和极小值的影响，促进某些算法的快速收敛。典型代表方法是
Z-score 标准化。

❑ 离散化：将连续型特征划分为离散区间。常见方法如等宽、等频离散化或基
于聚类的离散化，目的是简化模型复杂度，捕捉非线性关系，同时防止连续
型特征因数值分布不均匀而导致模型过拟合。

多值特征由多个元素组成，典型的多值特征包括用户行为序列和用户标签。由
于多值特征的数组长度差异非常大，无法直接作为模型输入，故需将它们转换为固
定或相近长度的表示。以下介绍一些常用的转换方法。

❑ 元素计数：统计每个元素在多值特征中的出现频率。例如，可以将用户购买
商品类型的分布表示为：[" 看书 ": 3," 运动 ": 1, " 零食 ": 1]。

❑ 标签编码：这种方法类似于离散型特征中的标签编码方式，为每个元素赋予
唯一的数值标签。例如，将用户行为序列中的行为 [" 点击 ", " 加购 ", " 支
付 ", " 评论 "] 分别编码为 [1, 2, 3, 4]。

❑ 多热（multi-hot）编码：将多值特征的每个元素转换为 one-hot 向量，保留元
素的顺序信息和类别信息。例如，某部电影的标签是 [" 悬疑 ", " 动作 "]，
而全部电影的标签池是 [" 悬疑 ", " 喜剧 ", " 动作 ", " 爱情 ", " 纪录片 ",
" 科幻 "]，那么经过多热编码后该电影所对应的向量为 [1, 0, 1, 0, 0, 0]。

❑ 文本向量表示：使用 CountVectorizer、TfidfVectorizer、嵌入等方法将文本数
据转换为向量，并捕捉文本中的语义信息。如物品标题 "云南挂耳咖啡意式
咖啡粉"，使用 CountVectorizer 方法可以转换为词频向量：{" 云南 ": 1, " 挂
耳 ": 1, " 咖啡 ": 2, " 意式 ": 1," 粉 ": 1}。

❑ 嵌入表示：与离散型特征中的嵌入表示原理类似，将多值特征（如用户行为
序列）映射为低维向量。如行为序列 [" 点击 ", " 购买 ", " 加购 "] 可映射
为对应的向量 {[0.2, 0.5, 0.8],[0.9, 0.3, 0.6],[0.4, 0.7, 0.1]}。

(3) 特征选择

特征选择是从全量特征集合中挑选出与学习目标相关的特征子集，有助于剔除
不相关或冗余的特征，从而简化模型，提高模型的运行效率和学习效率，同时增强

模型的泛化能力。在特征选择过程中，需要围绕目标评估特征的重要性、相关性，以及它们对模型稳定性的影响[36]。

特征选择的方法主要分为以下三大类。

- 过滤方法：通过统计度量对特征集进行评分，常用的方法包括基于统计量（如卡方检验、相关系数、方差分析等）或信息论（如信息增益、互信息等）来选择指标。过滤方法的计算成本较低，但需要注意选择结果是否与最佳特征子集一致。
- 包装方法：选择不同的特征子集，根据目标函数训练模型，验证其预测效果，从而评估各特征子集对模型性能的提升程度。包装方法通常采用贪婪搜索、遗传算法、递归特征消除（recursive feature elimination，RFE）等搜索策略寻找最佳特征子集。虽然包装方法准确性较高，但由于需要重复学习步骤和交叉验证，其计算成本远高于过滤方法。
- 嵌入方法：在模型训练过程中，根据各个特征的权重系数大小选择特征。常见的嵌入方法包括基于线性模型的 L1 正则化、L2 正则化，以及决策树模型（如 GBDT、随机森林）等。嵌入方法的计算强度相对较低，但它依赖特定的学习模型，同样存在一定的局限性。

对于特征数量庞大的推荐系统，在特征选择的过程中尤其要重视在验证数据集上验证所选特征的有效性，确保选出的特征能够有效提升模型的性能。

(4) 特征组合

特征组合同样是提升模型性能的有效手段，通过将两个或更多个特征以某种方式组合，可以捕捉到原始特征之间可能存在的复杂关系。下面我们介绍几种常见的特征组合方法。

- 线性组合：通过一个线性函数将各个特征组合在一起，形成一个新的特征。这是最简单的特征组合方法。
- 多项式组合：这是一种非线性的特征组合方法，它通过引入多项式特征来捕捉特征之间更为复杂的交互效应。

❑ 特征交叉：这是处理类别特征的常用方法，它通过有机组合两个或更多的特征来生成新的复合特征。特征交叉的目的是捕捉类别特征之间的交互关系，构建更强的信号特征，降低模型的学习难度，使模型能够专注于学习其他重要信息。

特征工程的实现

随着模型能力的不断提升，特征工程的实现逐渐从人工方式过渡为自动化方式。这两种方法各有优势，适用场景也有所不同。

在数据集规模较小、机器学习模型相对简单的情况下，常见的做法是采用人工特征工程。研发人员需要结合业务场景和目标，通过探索性数据分析，了解数据的基本结构和分布情况，然后手动设计并生成特征。在中小规模数据集的场景中，数据本身决定了模型的性能上限，而人工特征工程有助于设计出更加精准的特征，从而提升模型性能。同时，人工特征工程能够简化模型，提高模型运行速度，且便于理解和维护。

随着数据规模的增长、模型设计的复杂化以及算力的发展，自动化特征工程逐渐得到应用。自动化特征工程利用算法自动发现、组合和转换特征，减少了人为试错的时间成本，并可以更高效地利用和扩展数据。尤其是在特征组合方面，深度学习的应用极大地提高了效率。自动化特征工程可以处理大规模数据集和更复杂的场景，且能实现端到端模型训练的自动化，但其模型复杂度和计算成本也随之增加。

尽管自动化特征工程有许多优势，但并不意味着它能够完全取代人工特征工程。在实际应用中，自动化特征工程不一定每次都能够挖掘出最有效的模式。因此，掌握人工特征工程仍然具有重要意义。

2.6 小结

推荐系统是一个复杂而充满挑战的领域，涉及多种信息技术的应用、工程实践的经验积累以及深入的思辨。本章为读者提供了设计、实现和评估个性化推荐系统的指导。我们首先介绍了各种推荐算法，然后讨论了推荐系统的工程设计和实现问题。这些内容为后续探讨大模型在推荐系统中的应用奠定了基础。

对于入门级读者，本章可以作为快速了解推荐系统的指南；而对于具备一定基础的读者，本章也可以作为对相关知识框架的整理与回顾。只有充分掌握了推荐系统的基础知识和技术框架，才能够更好地理解大模型如何与推荐系统相结合。

参考文献

[1] Koren Y, Bell R M, Volinsky C. Matrix Factorization Techniques for Recommender Systems[J]. Computer, 2009, 42.

[2] Salakhutdinov R, Mnih A, Hinton G E. Restricted Boltzmann machines for collaborative filtering[C], 2007.

[3] Salakhutdinov R, Hinton G E. Deep Boltzmann Machines[C], 2009.

[4] Li S, Kawale J, Fu Y R. Deep Collaborative Filtering via Marginalized Denoising Auto-encoder[J]. Proceedings of the 24th ACM International on Conference on Information and Knowledge Management, 2015.

[5] Xue H, Dai X, Zhang J, et al. Deep Matrix Factorization Models for Recommender Systems[C], 2017.

[6] Richardson M, Dominowska E, Ragno R. Predicting Clicks: Estimating the Click-Through Rate for New Ads: WWW2007; International World Wide Web Conference[C], 2007.

[7] Chang Y, Hsieh C, Chang K, et al. Training and Testing Low-degree Polynomial Data Mappings via Linear SVM[J]. J. Mach. Learn. Res., 2010,11:1471-1490.

[8] Rendle S. Factorization Machines[J]. IEEE, 2010.

[9] Juan Y, Zhuang Y, Chin W S, et al. Field-aware Factorization Machines for CTR Prediction: Conference on Recommender Systems[C], 2016.

[10] Wang S, Yang M, Liu Z, et al. Comparison of Underlying Algorithms in Recommendation Systems[C], 2022.

[11] Gai K, Zhu X, Li H, et al. Learning Piece-wise Linear Models from Large Scale Data for Ad Click Prediction[J]. 2017.

[12] He X, Pan J, Jin O, et al. Practical Lessons from Predicting Clicks on Ads at Facebook[M]. Practical Lessons from Predicting Clicks on Ads at Facebook, 2014.

[13]   HUANG B, YAN F, ZHANG H, et al. Progress and Application of Recommendation System[J]. J Wuhan Univ (Nat Sci Ed), 2021,67(6):503-516.

[14]   Huang P S, He X, Gao J, et al. Learning deep structured semantic models for web search using clickthrough data: Conference on Information and Knowledge Management[C], 2013.

[15]   Yi X, Yang J, Hong L, et al. Sampling-bias-corrected neural modeling for large corpus item recommendations[J]. Proceedings of the 13th ACM Conference on Recommender Systems, 2019.

[16]   Cheng H T, Koc L, Harmsen J, et al. Wide & Deep Learning for Recommender Systems[J]. ACM, 2016.

[17]   Guo H, Tang R, Ye Y, et al. DeepFM: A Factorization-Machine based Neural Network for CTR Prediction[J]. ArXiv, 2017,abs/1703.04247.

[18]   Song W, Shi C, Xiao Z, et al. AutoInt: Automatic Feature Interaction Learning via Self-Attentive Neural Networks[J]. Proceedings of the 28th ACM International Conference on Information and Knowledge Management, 2018.

[19]   Rendle S, Freudenthaler C, Schmidt-Thieme L. Factorizing personalized Markov chains for next-basket recommendation[C], 2010.

[20]   Wang P, Guo J, Lan Y, et al. Learning Hierarchical Representation Model for NextBasket Recommendation: SIGIR '15[C], New York, NY, USA, 2015.

[21]   Schmidt R M. Recurrent Neural Networks (RNNs): A gentle Introduction and Overview.

[22]   Hidasi B A Z, Karatzoglou A, Baltrunas L, et al. Session-based Recommendations with Recurrent Neural Networks[J]. CoRR, 2015,abs/1511.06939.

[23]   Kang W C, Mcauley J. Self-Attentive Sequential Recommendation: 2018 IEEE International Conference on Data Mining (ICDM)[C], 2018.

[24]   Zhou G, Song C, Zhu X, et al. Deep Interest Network for Click-Through Rate Prediction[J]. 2017.

[25]   Zhou G, Mou N, Fan Y, et al. Deep Interest Evolution Network for Click-Through Rate Prediction: National Conference on Artificial Intelligence[C], 2019.

[26]   Feng Y, Lv F, Shen W, et al. Deep Session Interest Network for Click-Through Rate Prediction[J]. 2019.

[27]   Pi Q, Bian W, Zhou G, et al. Practice on Long Sequential User Behavior Modeling for Click-Through Rate Prediction[J]. ACM, 2019.

[28]   Cheng Y, Wang D, Zhou P, et al. A Survey of Model Compression and Acceleration for Deep Neural Networks[J]. ArXiv, 2017,abs/1710.09282.

[29] Graepel T, Candela J Q N O, Borchert T, et al. Web-Scale Bayesian Click-Through rate Prediction for Sponsored Search Advertising in Microsoft's Bing Search Engine[C], 2010.

[30] Opper M. A Bayesian Approach to Online Learning[C], 2006.

[31] McMahan H B, Holt G, Sculley D, et al. Ad click prediction: a view from the trenches[J]. Proceedings of the 19th ACM SIGKDD international conference on Knowledge discovery and data mining, 2013.

[32] Auer P, Cesa-Bianchi N O, Fischer P. Finite-time Analysis of the Multiarmed Bandit Problem[J]. Machine Learning, 2002,47:235-256.

[33] Zheng G, Zhang F, Zheng Z, et al. DRN: A Deep Reinforcement Learning Framework for News Recommendation[J]. Proceedings of the 2018 World Wide Web Conference, 2018.

[34] Zheng A, Casari A. Feature Engineering for Machine Learning Models: Principles and Techniques for Data Scientists[M]. O'Reilly, 2019.

[35] Zsoy M G U L. From Word Embeddings to Item Recommendation[J]. ArXiv, 2016,abs/1601.01356.

[36] Guyon I M, Elisseeff A E. An Introduction to Variable and Feature Selection[J]. J. Mach. Learn. Res., 2003,3:1157-1182.

第 3 章

大模型基础

　　大模型凭借其强大的推理能力，在各种自然语言处理任务中取得了显著的突破。这些模型在大规模语料库上进行训练，获得了接近人类思维和无缝推理的能力，因而展现出在推荐系统领域的巨大应用潜力。

　　大模型是一种基于深度学习技术构建的语言模型，通常使用无监督学习方法，借助大量未标注的文本数据进行训练，以学习预测句子中下一个词元。在早期，大模型本质上属于自然语言处理技术，并广泛应用于机器翻译、文本摘要、问答系统和对话生成等诸多自然语言处理任务。后来，大模型的应用范围扩展至计算机视觉、音视频等多模态领域。

　　大模型领域的发展日新月异，新模型和技术不断涌现，且往往在几个月甚至几周内便迎来新的突破。大模型的成功得益于数十年来对语言模型的研究和开发，这些模型通过学习海量的世界知识积累了强大的语义理解能力。当应用于推荐系统时，它们可以更精确地洞察用户兴趣和需求、物品特性及其相互关系，以及推荐场景的上下文信息，从而优化召回和排序过程，实现更准确的推荐。此外，大模型还可以生成推荐理由，并根据推荐结果生成个性化的视觉展示，进一步提升用户体验。

3.1　自然语言处理与语言模型

3.1.1　自然语言处理概述

　　自然语言处理是计算机科学和语言学的交叉领域，其核心目标是让计算机能够理解和处理人类语言。作为人工智能的一个重要分支，自然语言处理融合了规则建模、统计方法、机器学习和深度学习等多项技术，使得计算机能够理解语言的完整含义，感知文本在语境中的细微差别，从而完成文档分类、信息提取等任务。自然语言处理由自然语言理解（natural language understanding，NLU）和自然语言生成（natural language generation，NLG）两部分组成。

自然语言理解是一项使机器能够像人类一样理解自然语言的技术，它是自然语言处理的核心基础，广泛应用于推荐系统、问答系统、搜索引擎、机器翻译等领域。自然语言理解面临着语言的多样性、歧义性、知识依赖性以及上下文理解等挑战。为了应对这些挑战，自然语言理解采用了文本分词、词性标注、文本表示、信息提取，以及语音识别、情感分析等多种方法。

自然语言生成则是将结构化数据等非文本信息转换为自然语言的形式，使计算机能够与用户进行自然而流畅的交流，从而提高人机交互的效率和便利性。常见的自然语言生成应用包括摘要生成、机器翻译、对话系统等。

此外，词嵌入技术在自然语言处理中也扮演着至关重要的角色，极大地提升了文本处理的效率和效果，其重要性主要体现在以下三个方面。

- ❑ 语义表示：词嵌入技术将单词或文本等高维的稀疏数据映射为连续向量，显著减少了模型参数量，从而提升了计算效率。
- ❑ 语义相似度计算：词嵌入能够捕捉单词之间的语义信息，使语义相似的单词在向量空间中的距离更近，便于进行语义相似度的精确计算。
- ❑ 支持模型学习：词嵌入作为神经网络的一部分，它学习到的向量可作为语言模型的特征输入，帮助提升模型性能。

自然语言处理是推荐系统中不可或缺的组成部分，它使推荐系统得以深入理解和处理用户偏好和行为习惯，从而为用户提供更加智能、更具个性化的推荐服务，满足用户的特定需求，进一步提升用户体验。

3.1.2　语言模型

语言模型是用于计算文本序列出现概率的工具。简单来说，它的核心目标是构建一个能够理解和生成自然语言的模型，使符合人类语言习惯的句子序列出现的概率较高。语言模型是处理各项自然语言处理任务的基础。图 3-1 展示了语言模型的发展历程，大致可以分为四个阶段：统计语言模型、神经网络语言模型、预训练语言模型，以及大模型。

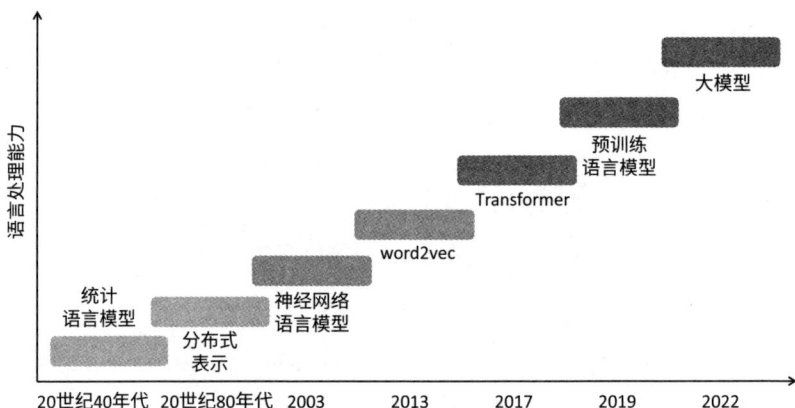

图 3-1   语言模型的发展历程

统计语言模型

N-gram 语言模型 [1] 是一种典型的基于统计学的语言模型，它的核心思想是基于马尔可夫假设，将文本中的语言现象（如字、词）按照其出现的条件概率进行建模：一个词的出现仅与前面的 $N-1$ 个词相关。N-gram 语言模型的概率计算式如下：

$$P\left(w_1, w_2, \cdots, w_n\right) = \prod_{i=1}^{n} P\left(w_i \mid w_{i-(N-1)}, \cdots, w_{i-1}\right)$$

其中，$\left(w_1, w_2, \cdots, w_n\right)$ 表示词序列，$P(w_i \mid w_{i-(N-1)}, \cdots, w_{i-1})$ 表示在给定前 $N-1$ 个词的情况下，第 N 个词出现的概率。

N-gram 语言模型存在较多局限性，例如无法量化单词之间的相似度、难以处理长距离依赖问题。同时，随着 N 值增大，模型的约束性增强，但概率信息变得更加稀疏，这就需要更强的平滑算法来解决。此外，N-gram 模型无法建模长度大于 N 的上下文，且依赖人工设计规则的平滑技术，导致在 N 增大时，数据稀疏性问题变得更加严重，难以准确学习模型参数。

神经网络语言模型

神经网络语言模型（neural network language model，NNLM），顾名思义，就是利用神经网络进行语言建模的模型。这种模型可以更好地捕捉单词之间的语义关系和上下文信息。神经网络语言模型的基本结构通常包括输入层、隐藏层和输出层[2]。输入层对词序列进行学习，并通过隐藏层将这些词序列映射为词嵌入，即隐藏层的权重参数就是词向量的量化表示。

神经网络语言模型通过学习文本数据中单词之间的复杂关系和语言结构，能够在给定上下文的情况下预测下一个单词。得益于神经网络本身的优势，这种模型避免了数据稀疏和维数灾难的问题，并在处理长距离依赖问题时，能够取得比 N-gram 模型更好的预测效果。此外，神经网络语言模型所需要学习的参数量远小于统计语言模型，且具有更强的泛化能力。

预训练语言模型

随着新型复杂神经网络结构的出现和半监督学习、预训练思想的提出，预训练语言模型（pre-trained language model，PLM）迅速成为语言模型研究的新热点。预训练语言模型凭借"预训练 + 微调"方法，大幅提升了处理自然语言任务的性能。其中，预训练是指使用大量数据对模型进行初步训练，以获取一组模型参数；微调则是在预训练所得参数的基础上，对模型进行进一步的优化训练。

早期的预训练思想可以追溯到 2013 年的 word2vec 模型[3]，它基于简单的神经网络语言模型，仅局限于单词级别的、上下文无关的静态词向量，无法在句子级别或长文本上进行预训练。2017 年 Transformer 架构的问世为预训练模型带来了革命性的突破。Transformer 结合自注意力机制、多头自注意力机制、前馈神经网络和位置编码等技术，既实现了高效的并行计算，又具备强大的表示能力。因此，Transformer 架构在文本分类、情感分析、机器翻译等任务中都取得了出色的效果。在基于 Transformer 架构的预训练语言模型中，最为经典的当属 BERT 模型[4]。在 3.2 节，我们将深入了解 Transformer 的内部机制。

大模型

大模型是拥有大量参数，并在大规模数据集上进行训练的语言模型。目前，大多数大模型均采用了 Transformer 结构或它的变体作为其核心架构。它们通过学习大规模文本数据中的语言模式和规律，生成连贯、流畅的文本，并具备强大的语义理解能力。大模型正逐渐成为开发通用智能代理或通用人工智能（artificial general intelligence，AGI）的基本组成部分。

在大模型架构中，参数是模型在预训练过程中从训练数据里学习到的知识的数学表征。一般来说，参数量越多，模型能够学习的内容就越丰富。业界具有代表性的大模型大多拥有上千亿的参数。得益于此，大模型的理解能力和文本生成能力实现了飞跃式提升，这是传统深度学习模型或语言模型所难以企及的。

3.1.3　语料库

预训练语言模型和大模型通常需要大规模且多样化的语料库作为数据集，用于训练模型以理解和生成自然语言。语料库的内容丰富度、类别分布比例和规模对语言模型的性能至关重要，因为它们为模型提供了丰富的语言知识和结构信息。根据语言模型的应用领域，语料库可以分为通用语料库和特定领域语料库两种类型。

通用语料库主要由维基百科、网页、图书、新闻、对话文本等内容组成。这类语料库包含广泛的文本数据，不局限于特定领域或主题，旨在为自然语言处理任务提供通用的语言知识和数据资源。特定领域语料库则专门收集特定领域或主题的相关数据，旨在为大模型提供专业知识。

表 3-1 和表 3-2 分别列举了常用的通用语料库和特定领域语料库。在大模型的应用中，通常会结合通用语料库和特定领域语料库进行预训练或微调，以提升模型在不同任务中的性能。

表 3-1　常用的通用语料库

名　　　称	发布时间	简　　介	是否开源
ROOTS[6]	2022 年	由 BigScience 工作坊创建的 1.6TB 的多语言复合数据集，包含了 59 种语言的数据，它是为训练拥有 1760 亿参数的 BLOOM 语言模型而组装的。其中，62% 的文本来自社区选择和记录的语言数据源，另外 38% 的文本来自预处理的网络爬取数据集 OSCAR	是
C4	2019 年	一个大规模英语语料库，主要由互联网上的文本组成，包含数百亿个单词的文本数据，涵盖了多种语言和主题	是
WuDaoCorpora	2021 年	由北京智源研究院构建的大规模、高质量语料库，支持大规模预训练语言模型的训练。该语料库爬取了 30 亿网页作为原始数据源，并从中提取高文本密度的文本内容，主要由文本、对话、图文对和视频文本四部分组成	是
Pile[7]	2020 年	由 EleutherAI 团队设计和构建的大规模英文文本语料库，约 825GB，由 22 个高质量子数据集构成，既有现有数据集，也有新构建的数据集，涵盖了学术论文、网页、散文和对话等多种文本类型	是

表 3-2　常用的特定领域语料库

名　　　称	发布时间	简　　介	是否开源
SUMPUBMED[8]	2021 年	一个基于 PubMed 数据库的科学文本摘要数据集。PubMed 是一个包含 2600 万篇生物医学研究论文的数据库，由美国国家生物技术信息中心（NCBI）运营。该数据集涵盖了生物医学的多个领域，包括医学、药学、护理、医疗保健等	部分开源
PatentCorpus	2021 年	语料库中的大多数内容来自国际专利分类（IPC）的四个部分：Chemistry（Ch）、Electricity（El）、机械工程（Me）和物理学（Ph）	是
CodeSearchNet[9]	2019 年	一个大规模函数数据集，由 GitHub 和微软研究院的研究团队构建，涵盖了六种编程语言（Go、Java、JavaScript、PHP、Python 和 Ruby）的约 600 万个函数	是
Pile of Law[10]	2022 年	一个约 256GB 的法律领域数据集，涵盖了大量英语的法律和行政文本，包括法院判决、合同、行政法规和立法记录等。该数据集仍在不断扩展中	是

3.2　Transformer

在前文中，我们已经提到 Transformer 架构给预训练语言模型带来的革命性影响。本节将进一步探讨 Transformer 的内部机制及其应用。

Transformer 架构是由 Google 在 2017 年 [11] 提出的一种全新的深度学习网络结构 [12]，它利用自注意力机制（self-attention mechanism）进行序列建模（sequence modeling）。与传统的循环神经网络（recurrent neural network，RNN）和长短时记忆网络（long short-term memory，LSTM）相比，Transformer 利用自注意力机制有效地捕捉输入序列中不同位置之间的依赖关系，从而克服了传统深度模型中的信息瓶颈和梯度消失问题。

3.2.1　注意力机制

注意力机制赋予了模型动态权衡输入数据中不同部分重要性的能力，它模仿人类在处理信息时的选择性关注行为，让机器在处理语言时也能够关注最关键的部分。通过注意力机制，Transformer 架构在根据输入的词嵌入序列作预测时，能够决定应该关注哪些词。

例如，在翻译场景中，有一句英文"Good Evening, Sir!"与对应的中文译文"先生，晚上好！"，其中，"Good""Evening""Sir"与"先生""晚上""好"的关联性强弱程度存在较大差异（如图 3-2 所示）。在模型试图学习输入输出关系时，需要准确捕捉到输入和输出的不同元素的相似度（关联关系），这就是模型的注意力机制。

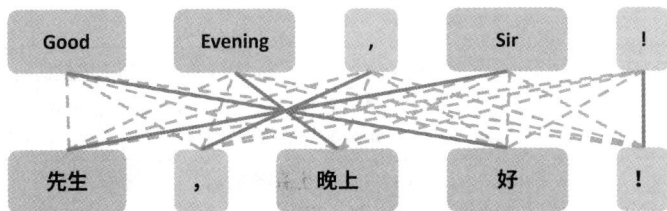

图 3-2　翻译场景中单词之间的相似度（关联关系）

在 Transformer 架构出现之前，基于 RNN 的注意力机制主要是由编码器 - 解码器架构实现的，这种架构在处理序列数据时，每个时间步的输出都依赖前一个时间步的隐藏状态，这种递归的依赖关系在长序列文本处理中可能会遇到梯度消失或梯度爆炸的问题，以及由于隐藏状态需要编码所有信息而遇到记忆困难、丢失信息的问题。

Transformer 架构的提出，彻底改变了注意力机制的实现方式。它允许模型在处理每个时间步时，动态选择关注输入序列中的不同部分，而不仅依赖递归传递的隐藏状态。这样，模型就可以根据需要从整个输入序列中提取信息，而不仅依赖顺序信息。

自注意力机制

Transformer 架构的核心创新之一就是自注意力机制，它通过计算输入序列中各元素之间的相似度，捕捉序列中的长距离依赖关系。自注意力机制的计算过程如图 3-3 所示，具体的计算步骤如下。

(1) **获得向量 Q、K、V**：首先，文本序列经过嵌入层或通过嵌入模型转换为输入向量 X，X 随后分别乘以三个不同的权值矩阵 W^Q、W^K、W^V，得到三个向量：查询（Q）、键（K）和值（V）。

(2) **计算 Q 和 K 的相似度**：模型计算向量 Q 与所有向量 K 的相似度得分，为保持梯度的稳定，用 softmax 函数对得分进行归一化：

$$\text{Score}(Q, K) = \frac{Q \times K^{\mathrm{T}}}{\sqrt{d_k}}$$

其中，d_k 表示向量 K 的维度。

(3) **加权求和**：将归一化后的相似度与向量 V 相乘，然后进行加权求和计算，得到最终的输出向量 Z：

$$Z = \text{Attention}(Q, K, V) = \text{softmax}\big(\text{Score}(Q, K)\big) \times V$$

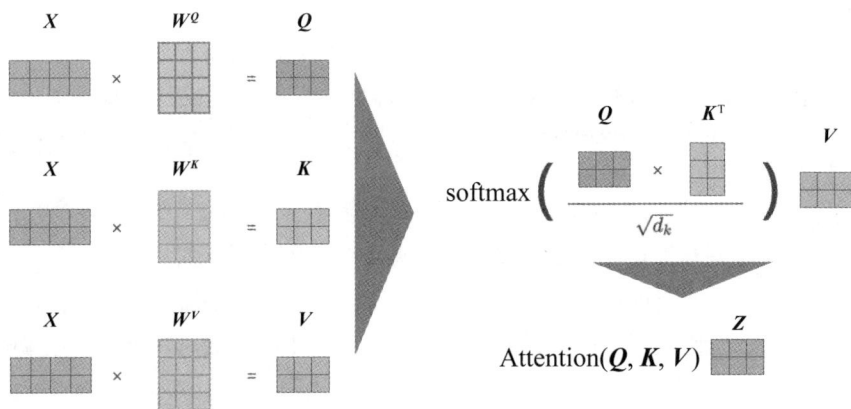

图 3-3   自注意力计算过程

多头自注意力机制

为了让模型能够同时关注来自不同序列的信息，Transformer 引入了多头自注意力机制（multi-head self-attention mechanism）。它的基本思想是将输入序列的表示拆分为多个子空间（也就是"多头"），然后在每个子空间内独立地计算注意力权重，最后将这些子空间的结果合并。这种方式的优势在于，模型能够在不同的表示子空间中捕捉到不同的上下文信息。

多头自注意力机制的计算过程如图 3-4 所示，它实际上是多个并行的自注意力机制的集合，通过将输入的查询、键和值矩阵划分为多个头，在每个头内独立学习不同的注意力权重，最终将所有头的结果拼接，并通过线性变换将其合并为一个整体输出。通过这种方式，Transformer 能够在不同的表示子空间中同时捕捉和整合多种交互信息，从而增强模型的表达能力。

Transformer 围绕注意力机制进行设计，并在以下三种场景中实现其应用。

❑ 编码器中的自注意力：输入序列对自身进行注意力计算。
❑ 解码器中的自注意力：目标序列对自身进行注意力计算。
❑ 编码器 – 解码器注意力：目标序列对输入序列进行注意力计算。

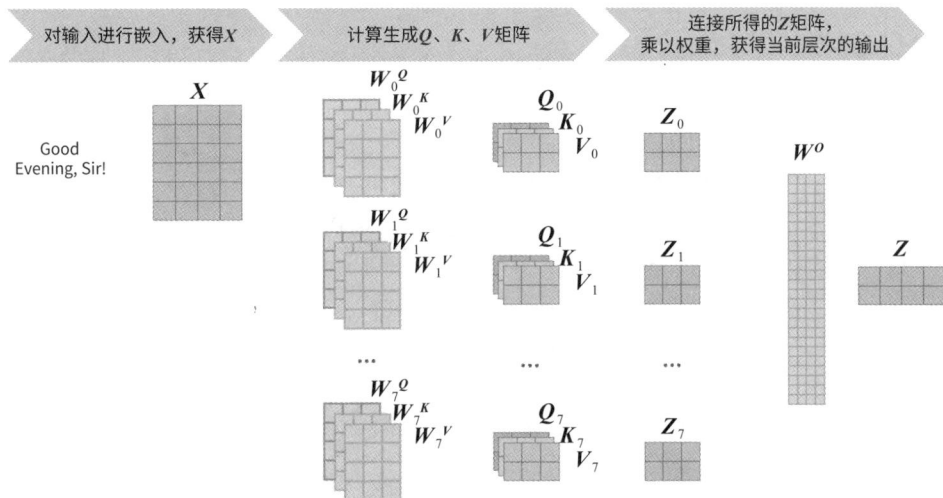

图 3-4　多头自注意力计算过程

3.2.2　Transformer 架构

Transformer 架构主要由编码器（encoder）和解码器（decoder）两部分组成[11]。在 Transformer 的原论文中，作者指出，Transformer 架构的编码器部分和解码器部分分别由六个编码器层和解码器层叠加构成，每一层都有独立的参数。二者通常配合使用，也可独立应用于特定任务。

Transformer 的架构如图 3-5 所示，它的基本工作流程如下。

(1) 获取输入文本的嵌入向量，包括词向量和位置向量。将这些向量拼接为一个矩阵，作为编码器的输入。

(2) 编码器处理该输入矩阵，生成与输入矩阵大小相同的特征编码矩阵。

(3) 将特征编码矩阵传递给解码器，同时，解码器的最底层还会接收已经预测出的所有输出作为输入。

(4) 解码器的最终输出会经过一个全连接层以及 softmax 函数，得到一个反映词概率的向量。

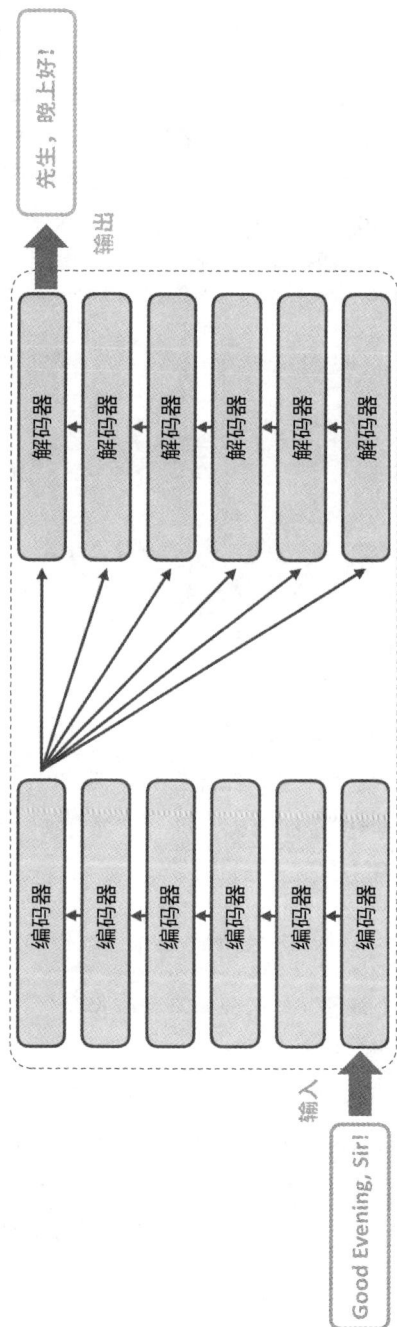

图 3-5   Transformer 架构图

编码器

编码器主要由三部分组成：嵌入层、位置编码和若干编码器层。其中，嵌入层将原始输入文本转换为连续的词向量；位置编码为这些词向量添加位置信息，使得 Transformer 能区分不同位置的词元（token）；编码器层则负责提取高层语义特征。

每个编码器层的结构完全相同（如图 3-6 所示），包括两个子层：多头自注意力机制和位置感知前馈神经网络（position-wise feed-forward network）。此外，每个子层都采用了残差连接和层归一化的设计。在单个编码器层中，输入的词向量和位置编码首先经过多头自注意力子层，生成加权之后的特征向量。这些特征向量随后被传递至位置感知前馈神经网络，该网络包括两个全连接层，第一层使用 ReLU 激活函数，第二层使用线性激活函数。这种设计方式解决了多层网络训练中的退化问题，并加快了收敛速度。

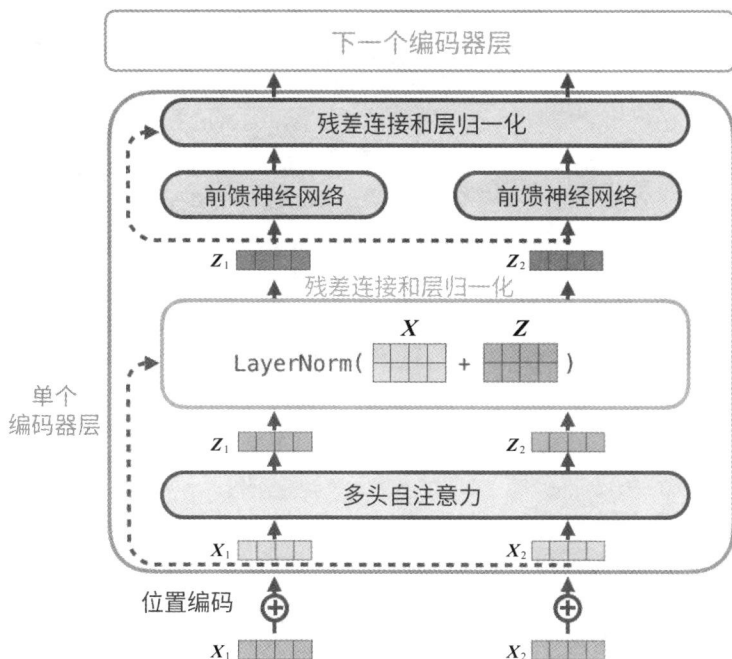

图 3-6　单个编码器层的结构

解码器

解码器的作用是根据编码器的信息来推断对应的文本。它接收编码器生成的特征矩阵作为输入，并据此推理出翻译结果。

解码器的结构（如图 3-7 所示）和编码器十分类似，也由嵌入层、位置编码和若干解码器层组成，每个解码器层包含三个子层：掩码多头自注意力层、编码器 - 解码器注意力层和前馈神经网络层。

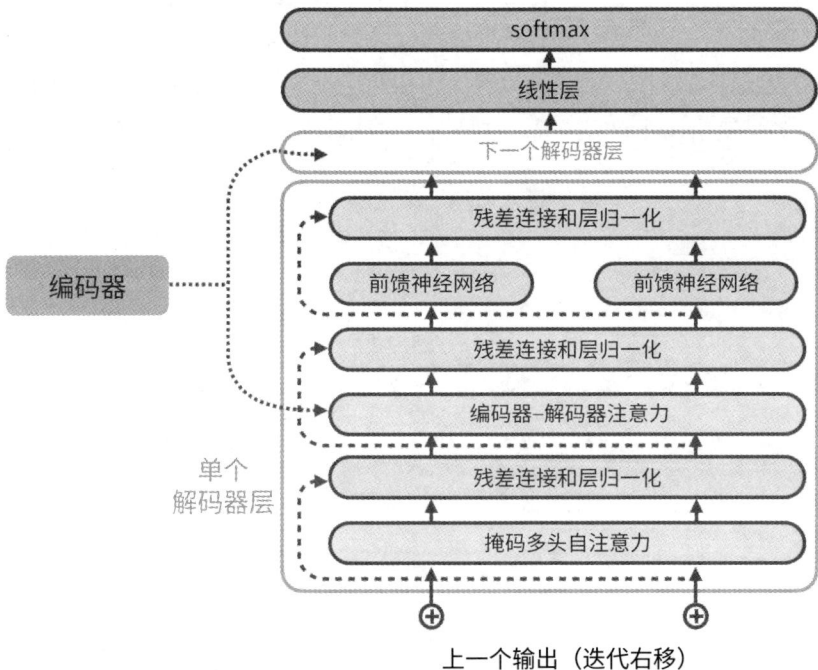

图 3-7   单个解码器层的结构

❑ 掩码多头自注意力[13]：在解码器中，输出序列被作为输入，并且在进行自注意力计算之前，需要掩盖（mask）未来的词元位置。这是因为在推理预测时，序列中的第 i 个词元只能够依赖 i 时刻及之前的输出，而不能依赖 i 时刻之后的输出。与编码器中的多头自注意力不同，掩码多头自注意力通过掩码机制确保了模型在生成当前词元时不会看到未来序列的信息，两者的区别如图 3-8

所示。在训练过程中,尽管所有输出序列会同时输入模型,但掩码机制仍然会被应用。

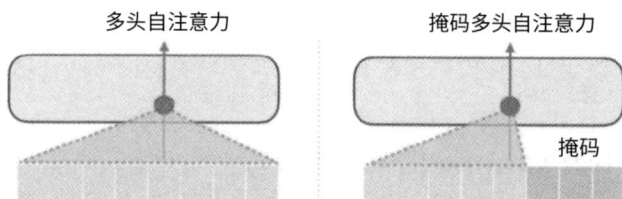

图 3-8　自注意力与掩码自注意力的区别

❑ 编码器－解码器注意力:编码器－解码器注意力的工作方式和编码器中的多头自注意力类似,主要区别在于查询向量来自解码器中掩码多头自注意力的输出,而键向量和值向量则来自编码器的最终输出。这样的设计方式使得解码器能在输入序列中找到需要关注的信息,帮助建立当前序列和历史序列之间的关系。

Transformer 在各个领域都有着广泛的应用,尤其是在自然语言处理领域。通过在大量训练数据上进行预训练,Transformer 可以学习到丰富的语言知识和语境信息。随着训练数据的增加,模型的性能也得到了显著提升,并且推动了 BERT、GPT 等预训练模型的快速发展。

Transformer 模型的结构调整

Transformer 架构灵活,可以根据任务需求进行调整,主要可分为以下三类应用[14]。

❑ 只使用编码器(encoder-only):适用于分类任务。
❑ 只使用解码器(decoder-only):适用于语言建模任务。
❑ 同时使用编码器和解码器(encoder-decoder):适用于机器翻译等任务。

机器学习中的两种主要范式——判别式模型(discriminative model)和生成式模型(generative model),也在多种任务中得到了广泛的应用。生成式模型通过学习数据的联合概率分布来进行预测,它在生成文本、对话等任务中表现出色,能够产生连贯、自然的文本。判别式模型则直接学习决策函数或者条件概率分布,它在语义理解、命名实体识别等判别式任务中表现突出，能够提取文本中的深层语义信息。

对于 Transformer 结构，如果只保留解码器，则变成生成式模型，通过自回归方式从左到右生成文本，利用上下文信息预测下一个词；如果只保留编码器，则变成判别式模型，可以通过双向编码器在上下文中预测缺失的词。

3.2.3　基于 Transformer 的预训练模型

Transformer 的多头自注意力机制具有高效的并行计算能力和强大的表示能力，成功实现了在句子级别或更高级别的长文本上进行预训练。

2018 年诞生了两个大型预训练模型：一个是 2018 年 6 月发布的 OpenAI 的 GPT，另一个是 2018 年 10 月发布的 Google 的 BERT。GPT 和 BERT 都是基于 Transformer 架构的预训练语言模型，都分为预训练（pre-training）与微调（fine-tuning）两个阶段：预训练阶段使用大量的未标注数据进行无监督训练，得到通用的预训练模型，然后微调阶段通过少量标注训练数据集对模型的参数进行微调，使其能够适应不同的下游任务。这些模型代表了自然语言处理的突破：现在可以使用较小的训练数据集实现在特定领域的先进模型，大大提高了语言模型在各种场景的适应性。

GPT 和 BERT 都是基于 Transformer 模型框架的预训练语言模型，但它们的结构有很大差异。

基于解码器的 GPT

GPT（Generative Pre-trained Transformer）[5] 是一种生成预训练 Transformer 模型。类似 Transformer 的训练阶段，GPT 需要用一个掩码把"未出现"的内容遮蔽掉。这样，GPT 只能从左到右，或者从右到左扫描输入数据，因此是一种单向的语言生成模型。

GPT 模型使用的是 Transformer 的解码器部分，由 12 个解码器堆叠而成，且每个解码器中都精简了其中原 Transformer 的编码器 - 解码器多头注意力单元，如图 3-9 所示。这种结构使其只能获取单方向的上下文信息，因此更适合于文本生成任务，即通过前面的内容去预测后面的内容。GPT 系列模型先后经历了 GPT-1、GPT-2、GPT-3 等迭代升级。

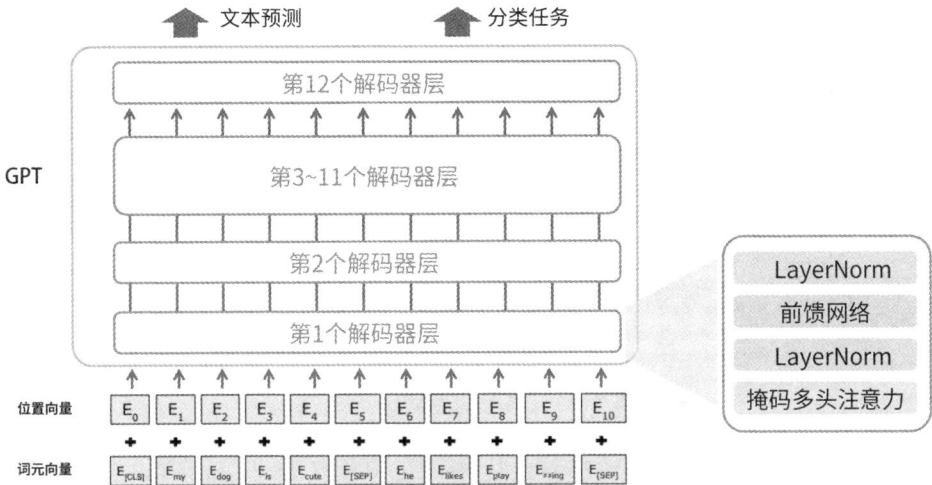

图 3-9 GPT 结构示意图

在预训练阶段，GPT 使用了大量的无标注文本数据集进行无监督预训练，例如维基百科和网页文本等。其训练方法是让 GPT 预测"下一个单词"，并通过最大化预训练数据集来训练模型参数。由于解码器部分整体上是一个类似 RNN 的时间循环结构，模型在序列第 i 位时，只知道第 $i-1$ 位及以前的输出情况，不知道第 i 位及以后的输出情况，因此在训练阶段，GPT 需要用一个掩码遮蔽第 i 位及其以后的"不应该看到"的输出。

通过已标注的数据集（每个样例由一个文本序列和对应的标签构成）对 GPT 进行微调，使得 GPT 预训练模型能够用于特定的自然语言处理任务。将文本序列输入 GPT 模型中，得到最后一个词所对应的隐藏层输出，然后通过全连接层变换和 softmax 函数，得到标签的预测结果。在微调过程中，需要优化一个目标函数，使得模型在下游任务上的表现最优。但是，这个过程可能会导致模型遗忘预训练阶段所学习到的通用语义知识，从而损失模型的通用性和泛化能力。为了**解决**这个问题，可以采用混合预训练任务损失和下游微调损失的方法。如图 3-10 所示，GPT 支持不同任务的微调，如文本分类（根据文本判断标签）、蕴含判断（判断一段话是否蕴含一个假设）、相似度计算（判断两段文本是否相似）、多选题作答（从多个答案中选出正确答案）。

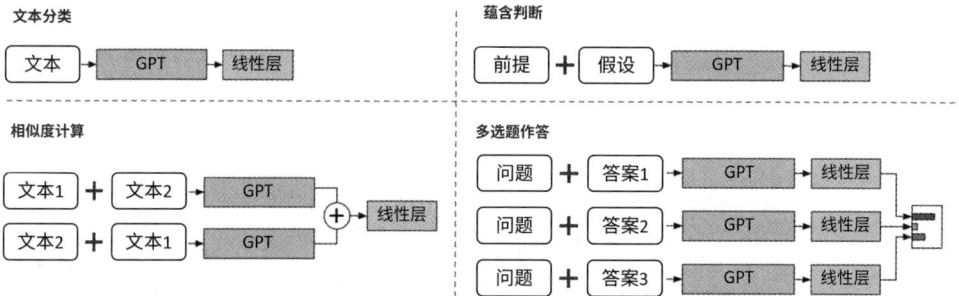

图 3-10　GPT 对不同任务进行微调

基于编码器的 BERT

BERT（Bidirectional Encoder Representations from Transformers）[4] 是一种基于Transformer的双向编码器表示预训练模型，其构建只用到Transformer的编码器部分，BERT 采用深度双向编码器的结构，能够同时利用上下文的信息，即当前词的前面和后面的词，这就是所谓的深度的双向语言表示模型。

BERT 模型的结构是由多个 Transformer 编码器层堆叠而成的，如图 3-11 所示。原论文中使用了 12 层和 24 层的 Transformer 编码器来构建了两个 BERT 模型，参数总数分别为 BERT-Base 110M 和 BERT-Large 340M。这种多层的结构使得 BERT 能够生成深层的双向语言表示。

在预训练阶段，BERT 模型通过大量无标签的文本数据学习语言的基本结构。这个过程主要包括两个任务：掩码语言模型（masked language model，MLM）和预测下个句子（next sentence prediction，NSP）。在 MLM 任务中，BERT 模型通过预测被遮蔽的词来学习句子中的单词和其上下文之间的关系。为了避免模型过度依赖<MASK> 标签，BERT 在输入数据中随机选择一部分词用于预测。MLM 预训练过程中，在编码每个词元（token）时，BERT 不仅仅依赖一个方向的信息，而是同时考虑其上下文的词元，因此 BERT 能够更好地融合上下文的信息。在 NSP 任务中，BERT 模型通过预测两个句子是否连续来学习句子之间的关系。为了区分两个句子的前后关系，BERT 模型在预训练时，需要学习的段向量被加入输入中。此外，两个句子之间使用 <SEP> 标签予以区分。这也是为什么 BERT 的原始输入转换后由词元向量、段向量、位置向量三个部分组成。预训练阶段的两个任务所需的数据都是从无标签的文本数据中构建的，也就是自监督学习任务。通过获得两个任务对应的损失，再把这两个损失相加就是整体的预训练损失。

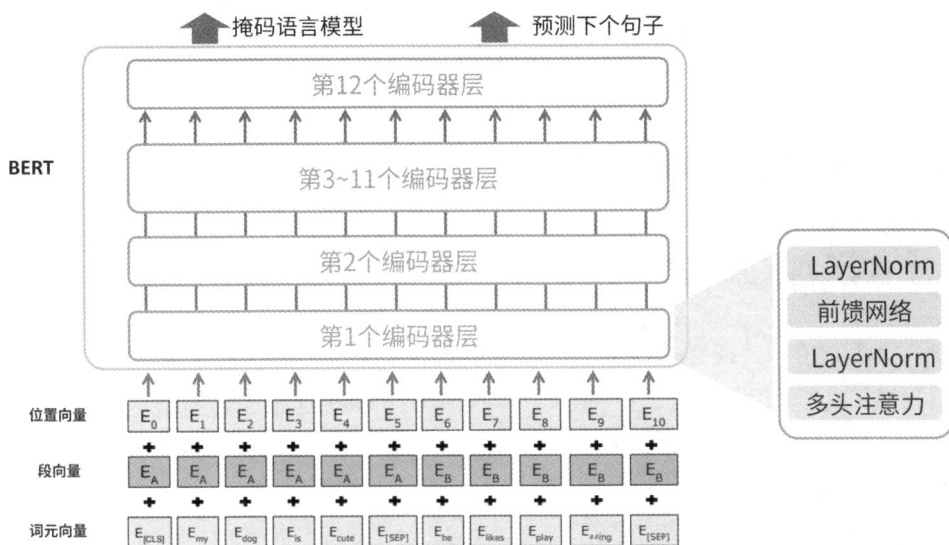

图 3-11 BERT 的结构示意图

在微调阶段，BERT 模型在特定任务的标注数据上进行有监督训练。这个过程可以根据任务目标进行设计，例如：首先在 BERT 模型的基础上添加一个全连接层进行分类，再在任务特定的数据集上对 BERT 模型进行微调。在微调过程中，可以对模型的所有或部分参数进行微调，以适应特定的任务，也就是说微调过程不仅会调整新添加的输出层的参数，也会调整原有的 BERT 模型的部分或全部参数。例如，微调任务可以是下一句预测 NSP、文本分类（如情感分析）、词元分类（如命名实体识别）、问答任务（如 SQuAD 等数据集上的问答任务）等，如图 3-12 所示。

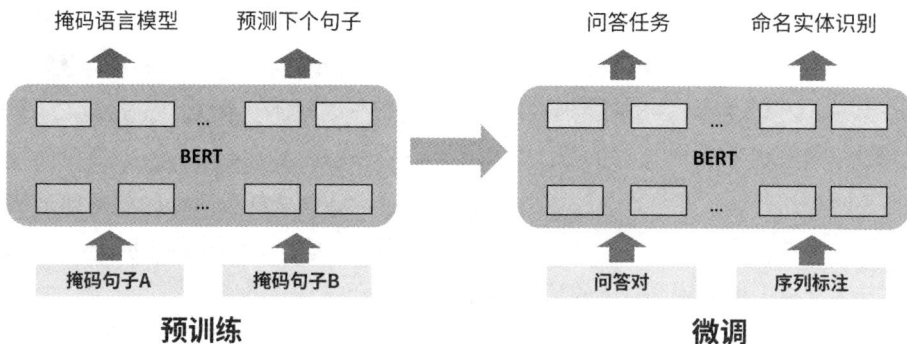

图 3-12　BERT 的预训练与微调

3.3　大模型的构建与应用

3.3.1　大模型的构建

大模型的构建通常基于 Transformer 架构及其变种，如只使用编码器、只使用解码器，或者同时使用编码器和解码器。关于 Transformer 的架构和原理，我们已经在 3.2 节中进行了介绍，本节将聚焦于大模型训练的主要步骤，包括数据准备、预训练、微调和对齐等[16]，如图 3-13 所示。

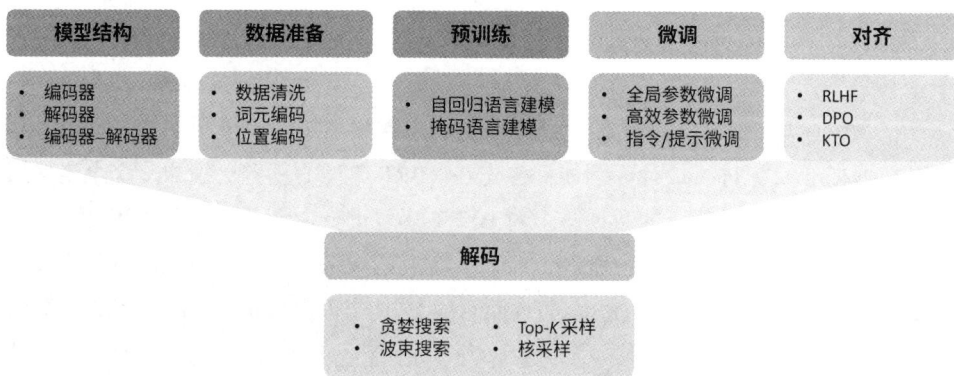

图 3-13　大模型的构建

数据准备

数据准备是大模型训练中的关键步骤，数据质量直接影响模型的实际业务效果。数据清洗技术如过滤和去重，对模型质量有重大影响。以下是数据准备的关键环节，主要涉及数据清洗、词元编码和位置编码三个方面。

(1) 数据清洗

为了提高训练数据质量和训练的有效性，需要进行数据清洗。常见的清洗操作如下。

- ❏ 去噪和处理异常值：消除无关或嘈杂的数据，识别和处理数据中的异常值。
- ❏ 处理数据不平衡：平衡数据集中类别或类别的分布，减少偏见，确保模型训练和评估的公平性。
- ❏ 文本预处理：通过删除停用词、标点符号或其他对模型的学习贡献不大的元素，清洗和标准化文本数据。
- ❏ 数据去重：删除数据集中的重复文本，提高模型对新的、未见过的数据的泛化能力。重复数据可能会引入偏见，导致模型对这些特定实例的过拟合。

(2) 词元编码

词元编码涉及将文本序列切分为词元（即分词），并进行嵌入。下面介绍两种主要的分词方法。

- ❏ 字节对编码（byte pair encoding）：这是一种数据压缩算法，通过识别和替换最频繁的字节对来压缩数据，同时保持文本的可读性。
- ❏ 词片编码（word piece encoding）：主要用于 BERT 等模型。该算法从训练数据中获取所有字符来构建词汇表，确保所有字符都能被识别，没有未知元素。与字节对编码类似，它也根据字符的出现频率来选择词汇表中的条目。

(3) 位置编码

位置编码技术用于保留模型中的序列顺序，主要有以下三种类型。

❑ 绝对位置编码：通过添加词的位置信息来保留序列顺序。支持任意长度序
列，但是表达能力有限，无法动态适应任务需求。

❑ 相对位置编码：通过扩展自注意力机制来考虑输入元素间相对位置的差异。
这种方法将输入视为一个完全连接图，从而捕捉到输入元素间的相对位置
差异。

❑ 转置位置编码：使用转置矩阵来编码词的绝对位置，并在自注意力中包含明
确的相对位置细节。

预训练

预训练赋予了大模型基本的语言理解能力。模型通常以自监督的方式，在大量未标
注文本上进行训练。两种主流的预训练方法是自回归语言建模（autoregressive language
modeling，ALM）和掩码语言建模（masked language modeling，MLM）。

在自回归语言建模框架中，模型通过给定 n 个词元的序列 $x_1, \cdots, x_n$，预测下一个
词元 x_{n+1}（有时是下一个词元的序列）。在这种情况下，预测通常基于词元的对数似
然，并使用损失函数来优化模型参数。在掩码语言建模框架中，输入序列中的一些
词元被随机掩盖，模型的任务则是根据上下文预测这些被掩盖的词元。

此外，专家混合（mixture of experts，MoE）[17] 模型也逐渐成为大模型预训练的
热门选择。专家混合模型将密集的前馈神经网络层替换为一定数量的专家模型，如
图 3-14 所示。每个"专家"可以是一个简单的前馈神经网络，也可以是更复杂的网
络。专家混合模型通过一个门网络或路由器，决定哪些词元被发送到哪一个或多个
专家模型进行处理。这种架构不仅减少了计算成本，还能在相同预算的情况下大幅
提升模型性能。

微调

微调是通过在特定任务或标注数据上对大模型进行二次训练，使其更好地适应
特定任务的一种手段。通过微调，模型能在不同任务上表现得更为出色，并降低提
示工程的复杂性。微调可以从不同的角度进行分类。

根据参数影响范围分类，可以分为全局参数微调和高效参数微调。

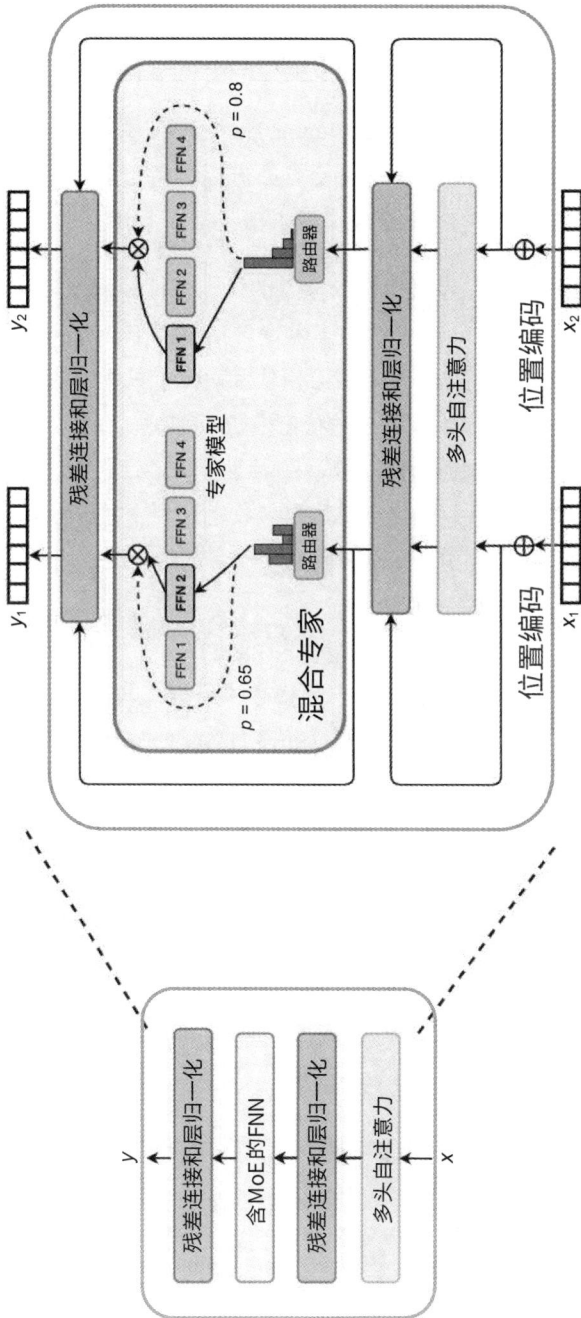

图 3-14　专家混合模型的结构图

全局参数微调：这是最基本的微调方法，模型的所有参数在微调过程中都会进行更新。这种方法通常需要大量的标注数据和计算资源。

高效参数微调（parameter-efficient tuning）：在这种方法中，模型的大部分参数保持不变，仅对少数新增参数或部分特定参数进行更新，从而大幅减少了微调过程中的计算和数据需求。常见的高效参数微调方法包括以下几类 [19]。

- 增量式方法：在原始模型中引入额外的可训练神经网络模块或参数，如适配器微调（adapter tuning）[20]。适配器微调在每个 Transformer 块中插入适配器层，每个适配器层包含一个下投影模块和一个上投影模块。
- 指定式方法：指定原始模型中的特定参数可训练，而其他参数则被冻结。如 BitFit[21] 只调整模型的偏置项参数。
- 重参数化方法：将现有的优化过程重参数化为参数更高效的形式。如 LoRA[22] 在模型的权重矩阵中引入低秩分解来实现参数的高效更新。

从输入模型的内容角度来看，微调可以分为指令微调、提示微调以及上下文微调。

指令微调：通过在输入中添加特定的指令来引导大模型完成特定任务。例如，在输入中添加"写一首诗"这样的指令，指导模型生成诗歌。

提示微调：使用预定义的提示内容（如用户偏好或购买物品历史记录的详细描述）来引导大模型输出期望的答案。这种方法可以看作一种知识输入，可以帮助模型更好地理解和执行特定任务。

上下文微调：利用输入的上下文信息进行微调。例如，在对话系统中，模型需要根据之前的对话历史来生成合适的回复。

对齐

对齐是确保人工智能系统的行为符合人类期望和原则的过程。在预训练过程中，大模型可能会生成有害内容，因此需要通过对齐技术来优化模型。

人类反馈强化学习（reinforcement learning from human feedback，RLHF）[23] 使用奖励模型从人类反馈中学习对齐，提升其对人类需求的理解和响应能力。OpenAI

利用 RLHF 技术确保 GPT-4 等模型生成高质量的回答，同时提升了安全性和多轮对话主题的一致性。AI 反馈强化学习（reinforcement learning from AI feedback，RLAIF）[24] 则直接将预训练模型连接到更强大的模型（如 GPT-4o、DeepSeek）中，帮助模型学习更高级的知识。这两种方法都存在收敛速度慢、训练成本高的问题。

直接偏好优化（direct preference optimization，DPO）[25] 是一种更稳定、高效且计算量小的对齐方法，旨在通过映射奖励函数和最优策略来优化模型输出，而无须构建明确的奖励函数或进行强化学习。

此外，KTO（Kahneman-Tversky Optimization）是一种新颖的对齐方法。它不需要配对偏好数据，只需要知道输出是否被采纳。

解码

解码是利用预训练好的大模型进行文本生成的过程。给定一个输入提示，分词器将输入文本中的每个词元转换为相应的词元 ID，然后将这些词元 ID 作为输入，预测下一个可能词元的概率，最终生成文本。常见的解码策略包括以下几种。

贪婪搜索（greedy search）：在每一步都选择概率最高的词元作为序列中的下一个词元，丢弃其他选项。这种方法虽然简单，但可能会导致生成的文本缺乏连贯性，因为它只考虑当前最可能的词元，而忽视了对整个序列的影响。

波束搜索（beam search）：与贪婪搜索不同，波束搜索在每一步都考虑 N 个最可能的词元，并根据这些词元生成不同的候选序列。重复这一过程，直到达到预定义的最大序列长度或出现序列结束词元。在所有可能的候选序列中，选择总得分最高的词元序列作为输出。

Top-K 采样：根据语言模型生成的概率分布，从 k 个最可能的词元中随机选择一个。在 Top-K 采样中，模型输出最可能的词元的时间比例与其概率成正比。

核采样（nucleus sampling）：也被称为 Top-P 采样。核采样基于词元的累计概率，超过某一设定阈值 P 后，从中随机选择下一个词元。核采样中包含的词元数量是可以动态调整的，这种变化性通常导致更多样化和创新的输出。

3.3.2　大模型的提示工程

大模型可以通过各种提示来完成各种任务，生成所需的输出。提示工程能够提升模型性能、充分发挥模型潜力，并解决其局限性（如幻觉）[26]。

提示工程

在大模型中，提示工程通过设计和调整提示来塑造模型的交互和输出。这个过程不仅涉及创建根据数据集或上下文动态修改的提示模板，还需要理解模型的能力、限制以及上下文内容。

在深入具体的提示技术前，我们首先了解一下两种不同的提示学习方法：离散提示（discrete prompt）和连续提示（continuous prompt）[27]，它们在实现目标时采取了不同的策略。

离散提示：一般指人类设计的提示词，易于阅读和理解。离散提示由可解释的词元构成，具备良好的可解释性，并且可在不同模型中重复使用。然而，在某些复杂任务中，设计和优化离散提示可能会面临挑战，且这些提示并不总能遵循人类语言模式。

连续提示：不同于离散提示，连续提示使用可学习的向量代替手工设计的提示，以生成和优化连续空间中的特征向量。例如，前缀调整（prefix tuning）通过学习得到一种端到端优化的连续提示，减少了对人工设计提示的依赖。与离散提示相比，通过学习得到的连续提示往往会为了提高性能而牺牲可读性、可解释性和可迁移性。

这两种提示学习方法旨在利用预训练大模型在多种任务上高效运作，无须为每个特定任务进行额外的训练和微调。在实际应用中，选择使用哪种方法需要考虑任务的具体需求和模型的特性。

接下来，我们将探讨一些具体的提示技术，并通过一些示例了解它们如何帮助模型解决新问题。

零样本（zero-shot）提示：在没有任何示例数据的情况下，大模型通过语义理解和推理能力直接完成新的任务。通常通过精心设计的指令来实现。以下是一个使用零样本提示的示例：

请根据以下要求生成一篇300字左右的关于机器学习应用于医疗健康行业的文章：
- 介绍机器学习在医疗健康行业的主要应用场景
- 分析机器学习在医疗健康行业的优势和挑战
- 展望未来机器学习在医疗健康行业的发展趋势

文章应该采用通俗易懂的语言，面向普通读者。

少样本（few-shot）提示：利用少量的示例信息或数据来帮助大模型理解新任务，从而生成更有针对性的输出，提高模型在新的任务或领域中的表现。以下是一个使用少样本提示的示例：

提供几个问题－答案对作为示例：
问题：什么是机器学习？
答案：机器学习是一种使计算机能够在不被明确编程的情况下学习的方法。它通过分析数据来学习和作出预测。

问题：什么是深度学习？
答案：深度学习是机器学习的一种方法，它通过使用多层神经网络来学习数据的表示。它在图像识别、自然语言等领域有广泛应用。

现在，请回答以下问题：什么是自然语言处理？

思维链（chain of thought，CoT）[28]：该方法引导大模型按照必要的推理步骤进行思考。它包括两种形式：零样本 CoT 让大模型"一步一步地思考"，拆解问题并阐述推理过程；手动 CoT 需要提供推理的示例模板，其效果取决于多样化示例的选择。

思维树（tree of thought，ToT）[29]：这是一种在确定最佳解决方案之前考虑各种可能性的推理方式。ToT 基于构建多个"思维树"，每个分支代表一种推理线，最后从中选择最连贯和合乎逻辑的分支结果。ToT 适用于解决复杂问题的场景。

专家提示（expert prompting）[30]：通过模拟各领域专家的回答来增强大模型的能力。大模型会考虑多个专家视角，然后综合形成全面的答案。

链式方法 [31]：将多个组件有序连接在一起以处理复杂任务的方法。链中的每个组件执行特定的功能，上一个组件的输出作为下一个组件的输入。

检索增强生成

随着大模型的使用场景增加，它们也逐渐暴露出一些局限性，如幻觉问题、知识截止和无法访问隐私或特定用例的信息等。为应对这些挑战，检索增强生成（retrieval augmented generation，RAG）技术应运而生。

RAG 通过结合检索和生成两种方法，克服了单一提示方法的局限，提高了文本生成的相关性和准确性。RAG 的基本流程是：首先，检索模型从外部知识源（例如搜索引擎或知识图谱）中提取相关信息，并将其作为输入传递给生成模型，最终产生更相关和准确的文本结果。在 RAG 技术中，嵌入模型和向量数据库扮演了关键的角色。为提高检索效率，往往可以通过嵌入模型将文档转换为密集向量，便于在向量空间中进行相似性搜索。向量数据库则可以高效存储和检索这些高维向量，支持快速相似性搜索。

RAG 的具体实现方式可以分为两类：朴素 RAG（naive RAG）和高级 RAG（advanced RAG）。图 3-15 展示了这两种不同方式的处理流程。

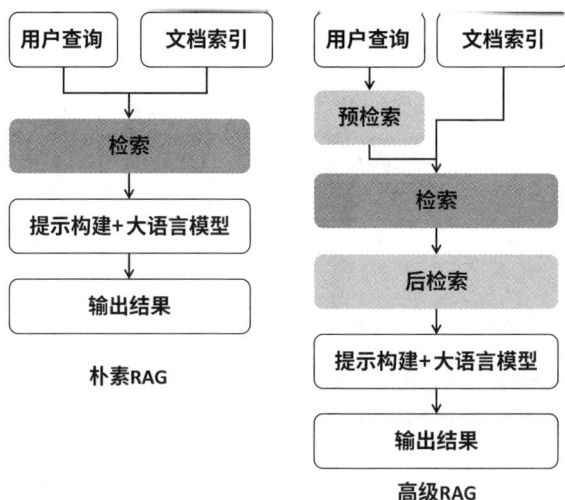

图 3-15 朴素 RAG 和高级 RAG

朴素 RAG：遵循传统的索引、检索和生成过程，根据用户输入查询相关文档内容，然后将查询结果与提示结合，生成最终响应。这种实现方式虽然简单，但存在低精度和低召回率等局限，可能会导致向大模型传递过时信息或错误的参考内容。

高级 RAG：针对朴素 RAG 的问题进行优化，通过改进检索质量来提升结果的准确性，这一优化流程涉及预检索、检索和后检索三个阶段。预检索阶段优化数据索引，旨在提高被索引数据的质量；检索阶段则通过改进嵌入模型本身，提升构成上下文的块的质量；后检索阶段的优化重点是避免上下文窗口的限制，并处理可能分散注意力的噪声信息。

此外，还可以结合其他技术进一步优化 RAG 流程，包括混合搜索探索、递归检索和查询引擎、后退提示（step-back prompt）、子查询和假设性文档嵌入等。

3.4　小结

在本章中，我们深入探讨了大模型的基础知识。首先，介绍了自然语言处理和语言模型的基本概念，以及语料库的重要性。然后，我们详细介绍了大模型的基础模型——Transformer 的相关内容，包括注意力机制，模型的结构及其变化。接着，讨论了 Transformer 模型如何用在预训练模型中，通过在大规模语料库上预训练模型，可以捕捉丰富的语言规律，从而在下游任务上取得良好的效果。

最后，在大模型的部分，我们首先界定了什么是大模型，并介绍了如何构建和增强大模型。还介绍了大模型的现状及各大系列大模型的发展。大模型由于其强大的生成能力和理解能力，正在逐渐改变信息系统处理和理解文本的方式。

参考文献

[1]　Forney, G. D. The viterbi algorithm[J]. Proceedings of the IEEE, 1973.

[2]　Bengio Y, Ducharme R E J, Vincent P, et al. A neural probabilistic language model[J]. Journal of Machine Learning Research, 2003,3:1137-1155.

[3]　Mikolov T, Chen K, Corrado G, et al. Efficient Estimation of Word Representations in Vector Space[J]. Computer Science, 2013.

[4] Devlin J, Chang M W, Lee K, et al. BERT: Pre-training of Deep Bidirectional Transformers for Language Understanding[J]. 2018.

[5] Radford A, Narasimhan K. Improving Language Understanding by Generative Pre-Training[C], 2018.

[6] Laurenccon H, Saulnier L, Wang T, et al. The BigScience ROOTS Corpus: A 1.6TB Composite Multilingual Dataset[J]. ArXiv, 2023,abs/2303.03915.

[7] Thite A, Foster C, Leahy C, et al. The Pile: An 800GB Dataset of Diverse Text for Language Modeling.

[8] Gupta V, Bharti P, Nokhiz P, et al. SumPubMed: Summarization Dataset of PubMed Scientific Articles[C], 2021.

[9] Husain H, Wu H, Gazit T, et al. CodeSearchNet Challenge: Evaluating the State of Semantic Code Search[J]. ArXiv, 2019,abs/1909.09436.

[10] Henderson P, Krass M S, Zheng L, et al. Pile of Law: Learning Responsible Data Filtering from the Law and a 256GB Open-Source Legal Dataset[J]. ArXiv, 2022,abs/2207.00220.

[11] Vaswani A, Shazeer N M, Parmar N, et al. Attention is All you Need[C], 2017.

[12] Sutskever I, Vinyals O, Le Q V. Sequence to Sequence Learning with Neural Networks[J]. ArXiv, 2014,abs/1409.3215.

[13] Vaswani A, Shazeer N M, Parmar N, et al. Attention is All you Need[C], 2017.

[14] Tay Y, Dehghani M, Bahri D, et al. Efficient Transformers: A Survey[J]. ACM Computing Surveys, 2020,55:1-28.

[15] Jordan A. On discriminative vs. generative classifiers: A comparison of logistic regression and naive bayes[J]. 2002.

[16] Minaee S, Mikolov T A V, Nikzad N, et al. Large Language Models: A Survey[J]. ArXiv, 2024,abs/2402.06196.

[17] Shazeer N M, Mirhoseini A, Maziarz K, et al. Outrageously Large Neural Networks: The Sparsely-Gated Mixture-of-Experts Layer[J]. ArXiv, 2017,abs/1701.06538.

[18] Du N, Huang Y, Dai A M, et al. GLaM: Efficient Scaling of Language Models with Mixture-of-Experts[J]. ArXiv, 2021,abs/2112.06905.

[19] Ding N, Qin Y, Yang G, et al. Delta Tuning: A Comprehensive Study of Parameter Efficient Methods for Pre-trained Language Models[J]. ArXiv, 2022,abs/2203.06904.

[20] Houlsby N, Giurgiu A, Jastrzebski S, et al. Parameter-Efficient Transfer Learning for NLP[J]. ArXiv, 2019,abs/1902.00751.

[21]　Ben-Zaken E, Ravfogel S, Goldberg Y. BitFit: Simple Parameter-efficient Fine-tuning for Transformer-based Masked Language-models[J]. ArXiv, 2021,abs/2106.10199.

[22]　Hu J E, Shen Y, Wallis P, et al. LoRA: Low-Rank Adaptation of Large Language Models[J]. ArXiv, 2021,abs/2106.09685.

[23]　Christiano P F, Leike J, Brown T B, et al. Deep Reinforcement Learning from Human Preferences[J]. ArXiv, 2017,abs/1706.03741.

[24]　Lee H, Phatale S, Mansoor H, et al. RLAIF: Scaling Reinforcement Learning from Human Feedback with AI Feedback[J]. ArXiv, 2023,abs/2309.00267.

[25]　Rafailov R, Sharma A, Mitchell E, et al. Direct Preference Optimization: Your Language Model is Secretly a Reward Model[J]. ArXiv, 2023,abs/2305.18290.

[26]　Ji Z, Lee N, Frieske R, et al. Survey of Hallucination in Natural Language Generation[J]. ACM Computing Surveys, 2022,55:1-38.

[27]　赵鑫, 李军毅, 周昆, 等. 大模型[M]. RUC AI Box, 2024.

[28]　Wei J, Wang X, Schuurmans D, et al. Chain of Thought Prompting Elicits Reasoning in Large Language Models[J]. ArXiv, 2022,abs/2201.11903.

[29]　Yao S, Yu D, Zhao J, et al. Tree of Thoughts: Deliberate Problem Solving with Large Language Models[J]. ArXiv, 2023,abs/2305.10601.

[30]　Zhang S J, Florin S H, Lee A N, et al. Exploring the MIT Mathematics and EECS Curriculum Using Large Language Models[J]. ArXiv, 2023,abs/2306.08997.

[31]　Wu T S, Jiang E, Donsbach A, et al. PromptChainer: Chaining Large Language Model Prompts through Visual Programming[J]. CHI Conference on Human Factors in Computing Systems Extended Abstracts, 2022.

[32]　Brown T B, Mann B, Ryder N, et al. Language Models are Few-Shot Learners[J]. ArXiv, 2020,abs/2005.14165.

[33]　Ouyang L, Wu J, Jiang X, et al. Training language models to follow instructions with human feedback[J]. ArXiv, 2022,abs/2203.02155.

[34]　Achiam O J, Adler S, Agarwal S, et al. GPT-4 Technical Report[C], 2023.

[35]　Touvron H, Lavril T, Izacard G, et al. LLaMA: Open and Efficient Foundation Language Models[J]. ArXiv, 2023,abs/2302.13971.

[36]　Touvron H, Martin L, Stone K R, et al. Llama 2: Open Foundation and Fine-Tuned Chat Models[J]. ArXiv, 2023,abs/2307.09288.

[37] Dettmers T, Pagnoni A, Holtzman A, et al. QLoRA: Efficient Finetuning of Quantized LLMs[J]. ArXiv, 2023,abs/2305.14314.

[38] Re B R E, Gehring J, Gloeckle F, et al. Code Llama: Open Foundation Models for Code[J]. ArXiv, 2023,abs/2308.12950.

[39] Huang Q, Tao M, An Z, et al. Lawyer LLaMA Technical Report[C], 2023.

[40] Le Scao T, Fan A, Akiki C, et al. BLOOM: A 176B-Parameter Open-Access Multilingual Language Model[J]. ArXiv, 2022,abs/2211.05100.

[41] Du Z, Qian Y, Liu X, et al. GLM: General Language Model Pretraining with Autoregressive Blank Infilling[C], 2021.

[42] Sun Y, Wang S, Feng S, et al. ERNIE 3.0: Large-scale Knowledge Enhanced Pre-training for Language Understanding and Generation[J]. ArXiv, 2021,abs/2107.02137.

第 4 章

大模型在推荐系统中的应用

大模型能够深入理解语言环境，将推荐任务转化为自然语言处理任务，而无须设计特定的编码器。基于此，本章将进一步探讨大模型在推荐系统中的应用，包括个性化推荐、冷启动、数据增强、可信推荐系统的优化等。通过本章的阅读，读者将了解大模型如何利用其独特的能力提升推荐系统的效能和用户体验。

4.1 大模型与推荐系统的结合

大模型在推荐系统中的应用是一个广泛且深入的研究领域，可以从以下几个关键领域展开探讨。

数据处理：大模型能够解析用户的自然语言输入，处理非结构化的文本数据。通过对这些文本数据进行深度的语义分析，可以提取出有价值的特征，例如用户的兴趣和偏好，以及物品的分类和特性等。这些特征在推荐系统的特征工程中发挥着关键作用，有助于提升模型的预测能力。同时，大模型还能进一步构建并生成更深层次的信息，如词元和嵌入向量，这些信息可以用于物品的召回和排序的过程。

个性化推荐：大模型凭借其强大的内容理解和推理能力，能够协助推荐系统更好地进行个性化推荐。通过对用户特征、物品特征以及用户与物品的交互行为进行深度解析，大模型能够提升推荐的相关性。此外，大模型能够理解和捕捉用户的复杂需求，从而提供更精准的推荐结果。

辅助模型训练：大模型可以根据特定的提示，生成用户与物品交互的模拟数据，以供传统推荐模型进行训练。通过知识蒸馏技术，大模型的知识还可以迁移至更轻量级的推荐模型中，从而在提高推荐模型性能的同时保持较低的计算复杂度。

优化冷启动问题：与传统推荐系统在面对新用户或新物品时的性能不足相比，大模型能够通过在线推理，分析用户需求、物品特征及用户偏好，实现冷启动向"热启动"的顺利转换。大模型还能够模拟生成用户与物品的交互数据，提升冷启动阶段的推荐效果。

推荐任务的自我思考：大模型具有判别能力，可以准确地理解用户需求，并利用其独特的规划能力预测用户可能的行为路径，提供最符合用户偏好的推荐。此外，大模型的链式思维能力能够分析更为复杂的用户需求，提供更加个性化的推荐。这些能力共同提升了推荐系统的用户体验。

将大模型与推荐系统结合的过程通常涉及以下几个步骤，如图 4-1 所示。

- ❑ 数据准备：收集用户历史交互数据和物品信息，包括文本描述、用户画像等。
- ❑ 预训练与微调：使用大规模文本语料库对大模型进行预训练，以学习词向量和语义信息。在此基础上，将大模型与其他推荐算法（如协同过滤）结合，并通过微调模型参数以提高推荐准确性。
- ❑ 推荐任务对齐：根据推荐系统的需求，确保大模型在推荐公平性、推荐可解释性、训练过程的隐私保护、模型时效性等方面符合要求。
- ❑ 上线与部署：将大模型部署上线，并进行离线和在线评估，以优化推荐效果。
- ❑ 推荐任务：将大模型用于推荐任务，包括召回、排序、特征工程、冷启动等。

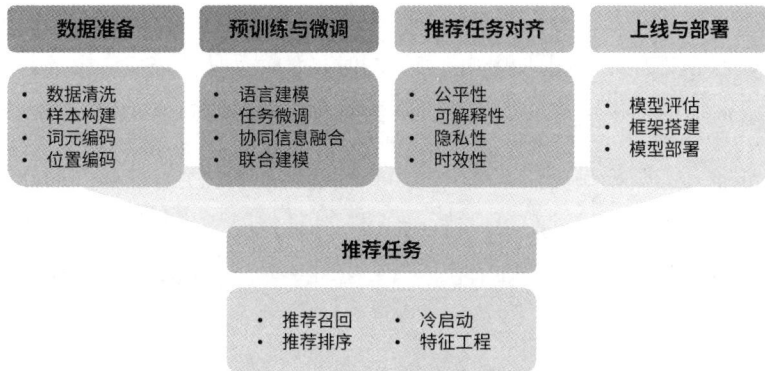

图 4-1　大模型与推荐系统的结合

4.2　大模型在推荐系统中的应用范式

大模型可以应用于推荐系统中的不同环节。Likang Wu 等人在 "A Survey on Large Language Models for Recommendation" 中 [1]，将大模型在推荐系统中的应用范式分为三种类型：第一种是利用大模型生成嵌入表示，将其作为推荐系统中的特征使用；第二种是利用大模型生成新的词元，代表用户潜在的偏好信息，用来辅助推荐；第三种是利用大模型生成推荐结果，通过输入用户偏好、用户行为和任务指令，由大模型生成具体的内容。

随着大模型在推荐系统领域的研究不断深入，本书作者对该领域的多项研究进行了梳理，认为上述论文中提到的前两种范式在本质上是相同的，都是利用大模型增强推荐系统的理解能力，将嵌入向量和新的词元作为特征供推荐模型使用。而第三种范式则是将大模型直接作为推荐模型本身，取代传统的推荐模型。作者在此补充一种新的范式，即将大模型作为智能代理，应用于推荐系统中。因此，如图 4-2 所示，我们可以将大模型在推荐系统中的应用范式总结为以下三类：(1) 大模型作为组件或辅助模块，增强推荐系统的性能（这里指除了模型之外的组件）；(2) 大模型作为推荐模型本身；(3) 大模型作为智能代理，提升推荐系统的智能化水平。

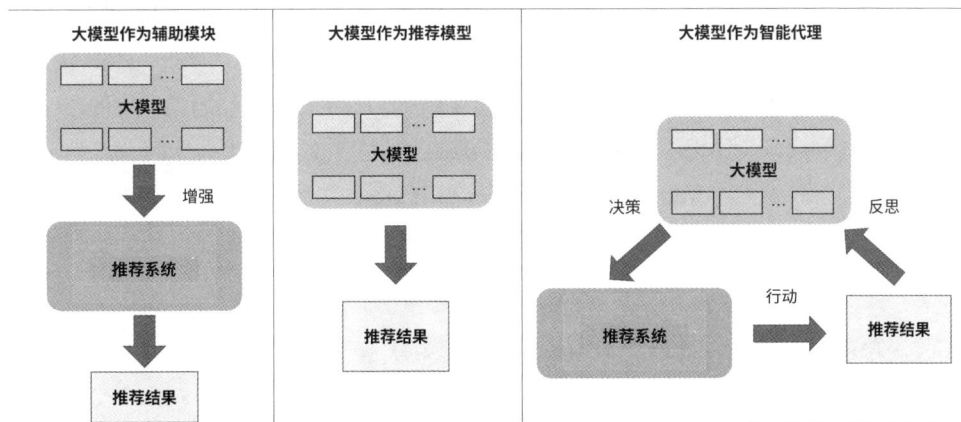

图 4-2　大模型应用于推荐系统的范式

下面，我们将分别介绍这三类应用范式。

4.2.1   大模型作为辅助模块

在这种应用范式中，大模型被视为增强组件，应用于传统推荐模型（如协同过滤、深度学习、序列推荐等模型）之外的模块中，例如用于数据处理、特征工程、传统推荐模型训练以及图推荐构建等各个环节。

作为组件，大模型可以增强推荐系统对用户和物品的特征理解。最直接的做法是利用大模型生成代表用户兴趣或物品特征的词元或者嵌入向量[1]，如图 4-3 所示，这些处理后的特征可以作为传统推荐系统模型的输入，应用于各种推荐任务中。

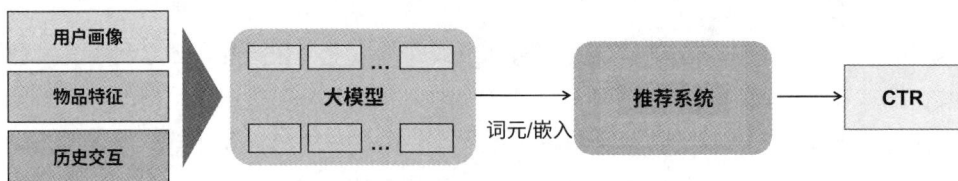

图 4-3   大模型生成用户 / 物品的特征，增强推荐系统

大模型生成词元：从物品和用户描述信息中提取文本，将其作为物品的特征与传统推荐模型集成。通过语义挖掘，生成的词元可以捕捉用户的潜在偏好，这些偏好可以融入推荐系统的决策过程中。大模型的零样本或少样本的学习能力使其能够在各种场景中（无论样本多或少）进行语义层面的信息或特征增强。例如，Qijiong Liu 等人[2]提出了一个基于大模型的生成式新闻推荐框架 GENRE。GENRE 利用预训练的语义知识丰富新闻数据，应用于生成用户画像和新闻摘要等。Yunjia Xi 等人[3]提出了开放世界知识增强推荐框架 KAR（knowledge augmented recommendation），它利用大模型获取两种类型的外部知识：关于用户偏好的推理知识和关于物品的事实知识，提高了推荐系统的推理能力。

大模型生成嵌入：将物品和用户的特征输入大模型，输出相应的嵌入。传统的推荐模型可以利用这些知识来完成各种下游推荐任务。这种方式充分利用了大模型在知识获取和推理方面的能力，从而对用户的上下文行为进行更深入的理解。例如，在论文 *ONCE: Boosting Content-based Recommendation with Both Open-and Closed-source Large Language Models* 中，研究者使用开源大模型替代传统的内容编码器，将生成的嵌入向量作为特征应用于推荐算法，本书的第 6 章将对此进行详细介绍。此外，论文 *Aligning Language Models for Versatile Text-based Item Retrieval*[5] 提出用大模型改进文本嵌入模型，增强推荐系统对物品的召回能力，还有一些研究 [6-8] 将大模型的嵌入向量用在不同的推荐任务中。

生成词元与生成嵌入两种方式各有特点：生成词元保留了原本的语义信息，可解释性更强；生成嵌入可以直接获得向量，适用于下游任务，使用效率更高。

大模型可以作为组件用在特征工程中，表 4-1 展示了一些相关的研究应用。

表 4-1　大模型在特征工程中的研究应用

基础模型	推荐任务	特征类型
BERT/RoBERTa/UniLM	新闻推荐	隐式
BERT	搜索匹配	隐式
BERT/RoBERTa	对话推荐	隐式
ChatGPT	新闻推荐	显式
GPT-3.5	序列推荐	显式
ChatGLM	点击率预测	显式

除了在特征工程中的应用，大模型还可以用于图结构的理解，进一步增强现有的推荐系统。例如，*Exploring Large Language Model for Graph Data Understanding in Online Job Recommendations*[9] 利用大模型理解用户的行为图数据，通过构建行为图捕捉用户与职位之间的复杂关系，通过一个路径增强模块来减轻提示偏差，并将其应用于在线招聘推荐系统。*LLMRec: Large Language Models with Graph Augmentation for Recommendation*[10] 则使用 OpenAI 提供的模型（如 gpt-3.5-turbo-0613、gpt-3.5-turbo-16k、text-embedding-ada-002）增强了对用户 - 物品交互边、用户节点以及物品节点的理解，解决了推荐系统中的数据稀疏问题。而在 *Breaking the Barrier: Utilizing Large Language Models for Industrial Recommendation Systems through an Inferential Knowledge Graph* 中，作者利用大模型确定每个实体之间的互补关系，并构建一个补充知识图谱，捕捉用户的意图转换，优化了互补商品的推荐效果，减少了传统模型中的同质性推荐，同时提高了整体的点击率和转化率。

大模型作为组件增强推荐系统的应用方式不止于此，还可以通过数据处理来增强物品的属性、用户的画像信息等。随着技术的发展，大模型在推荐系统中的创新应用将越来越多。总而言之，大模型作为推荐模型之外的辅助组件，有助于推荐系统更好地生成个性化结果。

4.2.2　大模型作为推荐模型

这种应用范式旨在将预训练的大模型直接作为推荐模型，生成个性化的推荐结果。大模型可以在冷启动、召回、排序等任务中替代传统模型，甚至支持多任务、多场景的学习和推理的能力，实现召回模型、粗排模型、精排模型的组合。此外，大模型还可以通过分步推理增强推荐的可解释性，并生成推荐理由。通过指令微调，大模型可以学习并适应多种不同的推荐任务。

大模型作为推荐模型的应用如图 4-4 所示。在推荐系统中，大模型的输入通常包括用户画像、物品特征、历史交互和上下文，这些内容以自然语言的形式组成任务指令和提示。大模型的输出则包括待召回物品的词元或嵌入向量，或者是排序后的推荐物品列表。

图 4-4　大模型作为推荐模型

下面，我们以音乐推荐为例，展示利用大模型作为推荐模型的具体应用。对应的提示输入如下：

> **推荐召回任务指令：**
> 你是一个音乐推荐器。根据用户的个人资料和听歌行为，推荐用户可能会喜欢的歌曲。输出推荐歌曲的标题。

用户画像描述：

用户的 ID 是 U67890，女性，年龄 29 岁，登录位置中国北京

用户最近经常听的歌曲：

歌曲 1：标题：《Yellow》　歌手：Coldplay　类型：流行、摇滚

歌曲 2：标题：《Let It Be》　歌手：The Beatles　类型：流行、摇滚

歌曲 3：标题：《彩虹》　歌手：彩虹合唱团　类型：合唱

歌曲 4：标题：《没有理想的人不伤心》　歌手：新裤子　类型：流行、摇滚

……

输出：

1：《起风了》

2：《Viva La Vida》

……

推荐排序任务指令：

你是一个音乐推荐器。根据用户的个人资料和听歌行为，推荐用户可能会喜欢的歌曲。对候选歌曲列表进行排序，仅输出对应的歌曲标题即可。

用户画像描述：

用户的 ID 是 U67890，女性，年龄 29 岁，登录位置中国北京

用户最近经常听的歌曲：

歌曲 1：标题：《Yellow》　歌手：Coldplay　类型：流行、摇滚

歌曲 2：标题：《Let It Be》　歌手：The Beatles　类型：流行、摇滚

歌曲 3：标题：《彩虹》　歌手：彩虹合唱团　类型：合唱

歌曲 4：标题：《没有理想的人不伤心》　歌手：新裤子　类型：流行、摇滚

候选物品提示：

候选歌曲 1：标题：《起风了》　歌手：周深　类型：流行

候选歌曲 2：标题：《Viva La Vida》　歌手：Coldplay　类型：摇滚

候选歌曲 3：标题：《生活因你而火热》　歌手：新裤子　类型：摇滚

候选歌曲 4：《起风了》　歌手：买辣椒也用券　类型：流行

……

输出：

　　大模型作为推荐模型的应用，已在多个推荐任务中得到验证，表 4-2 列出了部分应用的基础模型、方法和推荐任务。

表 4-2　大模型作为推荐模型的应用

模　　型	方　　法	推荐任务
LLaMA-7B	TALLRec	电影 / 图书推荐
BERT	Prompt4NR	序列推荐
ChatGPT/GPT-3.5	LLM4RS	序列推荐
LLaMA2	Uni-CTR	点击率预估
LLaMA2	RecRanker	电影 / 文章 / 商品推荐
GPT-2/T5/ LLaMA	CLLM4Rec	商品 / 职位推荐

4.2.3　大模型作为智能代理

在 AI 领域，智能代理是一个早已存在的概念，它能独立感知环境、做出决策并采取行动，如图 4-5 所示。随着大模型的兴起，智能代理被赋予了新的含义，成为具有自主性、反应性、积极性和交互能力的智能实体，能结合大模型进行更复杂的任务，做出更好的响应。

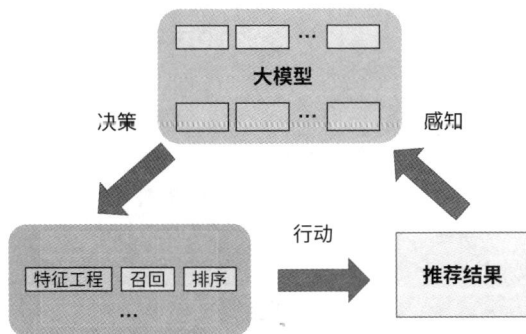

图 4-5　大模型作为智能代理增强推荐系统

尽管大模型在常识推理等方面表现突出，但它缺乏对特定领域物品数据和用户行为模式的深刻理解。因此，推荐系统中往往需要结合传统推荐模型，后者能够频繁使用最新数据进行重新训练或微调，及时捕捉用户的个性化需求和不断变化的行为模式。智能代理可以作为大模型和传统推荐模型之间的桥梁，充当推荐系统中的"决策者"和"指挥者"。它能够整合大模型和传统推荐模型的优势，从而在多样化、复杂的场景中增强推荐系统的性能。

对于作为推荐系统本身的智能代理，主要利用大模型的强大能力，包括推理、判别和工具使用来处理推荐任务。推荐系统的本质就是尽可能将最合适的物品推送给用户，而作为智能代理的大模型可以围绕用户画像、物品属性、用户-物品交互，以及上下文信息这四大类特征去捕捉用户当下最真实的意图和想法，并检索出符合需求的物品。

智能代理的推荐系统还可以进一步分为以下两类。

❑ 单智能代理的推荐系统：核心是为推荐系统提供决策、行动和反思的能力。智能代理能够根据记忆和知识进行决策，全面分析不同用户、不同物品的特征与知识，制定物品召回、排序等策略；根据决策采取行动，在推荐流程中调用不同的工具（如召回模型、排序模型），完成相应的推荐任务；对行动进行反思，以改进下一步的决策或者优化相关信息，如用户画像、物品属性、用户-物品交互等。

❑ 多智能代理的推荐系统：能够通过协作实现个性化推荐。多智能代理的推荐系统可根据用户交互和场景拆解用户的意图，分步骤解决用户的问题，调用特征工程、物品检索、排序等工具，并根据这些工具之间的依赖关系来协同工作。

智能代理与推荐系统的结合是一项非常复杂的系统工程，本书第 8 章将对此进行整体性的介绍。

4.3　推荐大模型的预训练

近年来，BERT、GPT 等大模型及其衍生模型取得显著的进展，这些预训练大模型几乎无须修改或简单微调即可应用于多种下游任务，并在情感分析、机器翻译、文本分类等自然语言处理任务中表现突出。大模型预训练指模型通过在大规模、多样化的无标签文本数据上训练模型，使其能够理解自然语言的各种特征，包括语法、句法、语义，甚至常识推理。预训练的主要目标是为模型参数找到一个较好的"初值点"，使模型能够学习到如何识别和生成连贯且符合上下文的回应。微调对于提升推荐系统的性能至关重要，已经成为语言模型研究的重要基础。

4.3.1　多任务预训练大模型

大模型作为多任务学习的强大工具，可广泛应用于各种推荐任务，并具有对未见过的任务的泛化能力。通过将所有任务转化为自然语言处理任务，大模型可以实现在同一框架下学习多个任务，并通过基于指令的继续训练，扩展到新的、不同的个性化推荐任务中。

Shijie Geng 等人在论文 *Recommendation as Language Processing (RLP): A Unified Pretrain, Personalized Prompt & Predict Paradigm (P5)*[14] 中提出了一个创新的多任务预训练范式——个性化提示大模型 P5，如图 4-6 所示。该模型以 T5 预训练模型为基础，支持多个与推荐相关的任务一起学习，将用户 - 物品交互、用户序列行为、评论等推荐问题转化为基于提示的自然语言任务。

P5 包含了序列推荐、评分预测、解释生成、评论总结和直接推荐五种不同的任务，每种任务类型都通过不同的任务指令模板来实现个性化推荐，如表 4-3 所示。

表 4-3　P5 的多任务推荐指令模板示例

任务类型	任务指令模板	结果及示例
序列推荐	用户 <用户 ID> 的购买历史如下：<用户历史购买物品列表>。 我想知道下一个要向用户推荐的物品是什么。你能帮我决定吗？	<物品 ID>：I123
评分预测	你认为用户 <用户 ID> 会给商品 <物品 ID> 评分多少星？（1 星为最低，5 星为最高）	<评分星级>：5 星
解释生成	帮助用户 <用户 ID> 生成关于商品 <物品 ID> 的 <评分星级> 解释：<物品描述>	<物品推荐理由>：为了更好地保护新手机
评论总结	请用一个简短的句子描述以下来自 <用户描述> 的产品评论：<用户对物品的评论>	<用户对物品的总结>：对质量的不满
直接推荐	从以下列表中选择最适合用户 <用户 ID> 的产品并向其推荐：<物品列表>	<物品 ID>：I123

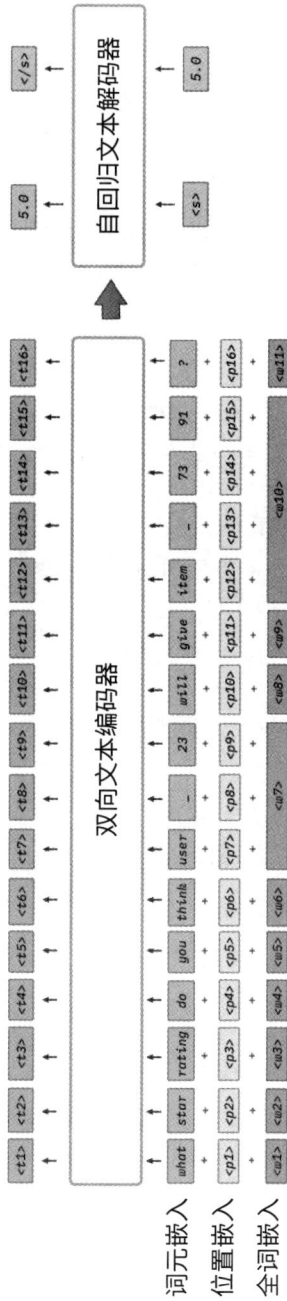

图 4-6 P5 模型结构示意

- 序列推荐任务包含三种类型的提示：第一种是根据用户的交互历史直接预测下一个物品；第二种是从候选列表中选择用户可能感兴趣的物品；第三种是预测用户是否会与给定的物品进行交互。
- 评分预测任务的提示类型可以分为三种：给定用户和物品的信息，直接预测物品得分；预测用户是否会给物品打出特定的分数；预测用户是否喜欢某个物品。
- 在解释生成任务中，P5 模型需要生成带有用户或物品信息的文本解释，提示类型也可分为两种：直接生成解释句子，或者将特征词作为提示生成解释。
- 对于评论总结任务，提示类型可分为两种：将内容总结为更短的标题，或者预测评论内容的评分。
- 直接推荐任务的提示类型可分为两种：一是预测是否向用户推荐一个物品；二是从候选物品列表中选择最适合的物品推荐给用户。

P5 模型的核心优势在于，它能将五类推荐任务统一在一个文本到文本的编码器－解码器框架中，并使用同一个损失函数进行预训练。此外，P5 还引入了个性化提示，通过自适应提示实现零样本或少样本的泛化，减少微调的工作，为不同用户提供"千人千面"的推荐，同时为新一代推荐系统技术做了重要贡献。

大模型的强项在于处理文本序列，但与此同时，结合了文本、表格、图像、声音等多种数据类型处理能力的多模态大语言模型（multimodal large language model，MLLM），也日益成为当前的研究热点。多模态大语言模型不仅扩展了单模态模型的处理能力，还具备处理多模态信息的独特优势，包括更符合人类的认知习惯、提供用户友好接口，并支持更广泛的任务等 [16]。感知能力和认知能力是多模态大语言模型发展的关键因素，前者关注物品特征识别 [15]，后者基于感知信息和模型知识进行复杂推理。

阿里巴巴达摩院在 *M6-Rec: Generative Pretrained Language Models are Open-Ended Recommender Systems*[17] 中提出了 M6-Rec（后文简称 M6），这是一个多模态预训练大模型，支持高效的开放领域推荐。M6 统一了推荐系统中的物品选择、物品分发、物品展示等所有子任务，并且能够处理多任务场景，如打分任务、生成任务等。

打分任务：在推荐系统中，点击率预测或转化率预测是打分任务的两种常用应用，其目的在于估计用户点击或购买某个物品的概率。M6 模型在点击率预测中的示意图如图 4-7 所示。

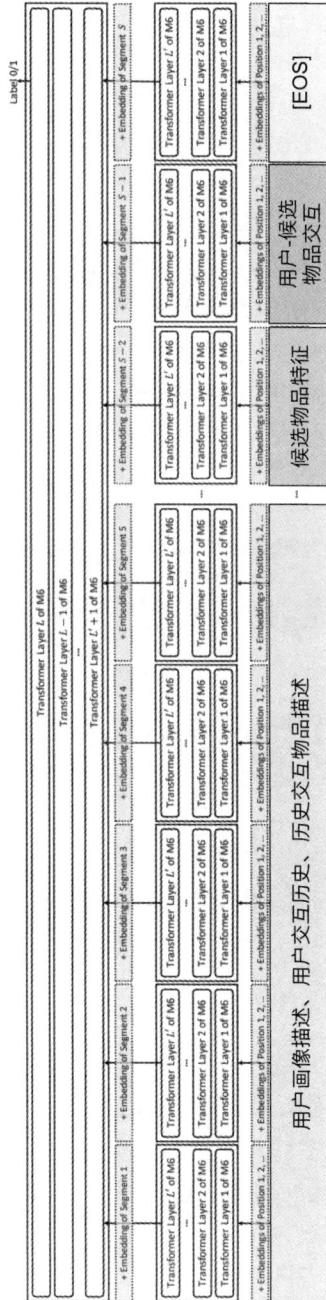

图 4-7　M6 模型在点击率预测中的示意图

在点击率预测中，需要将包含用户画像描述、用户交互历史、历史交互物品描述、候选物品特征，以及用户–候选物品的交叉特征等的文本描述拼接起来，作为 M6 的提示输入。M6 根据提示内容输出向量，并通过线性 softmax 分类器得到最终的概率值，最后通过最小化交叉熵损失来优化推荐结果。点击率预测的提示模板示例如下：

> <推荐场景描述（时间、地点等）>。一位 <用户画像描述> 用户，30 分钟前搜索了 <关键词>，20 分钟前点击了一个名为 <物品名称> 的 <物品类别> 类别的产品，10 分钟前点击了一个名为 <物品名称> 的 <物品类别> 类别的产品……
> 用户现在被推荐了一个名为 <物品名称> 的 <物品类别> 类别的产品。该产品在过去 14 天内的点击率位于前 <物品 CTR 排名>。用户在过去两年中点击了该类别 <用户 – 物品类别交互次数> 次。

生成任务：生成任务可以分为解释生成和个性化产品设计。

解释生成的提示模板示例如下：

> <用户历史点击 / 购买物品列表>
> 用户现在购买了一个名为 <物品名称> 的 <物品类别> 类别的产品。产品详情：<物品描述>，用户喜欢它，因为 <物品名称>

个性化产品设计：大模型可以根据用户的属性和过去的行为来预测产品的类别名称和标题，这有助于识别用户可能感兴趣的关键词。通过明确提供类别，可以强制 M6 模型设计该类别的产品描述，并将这些描述文本（如标题）输入 M6-UFC[18] 之类的图像合成工具，以生成对应的内容。

总的来说，M6 支持零样本和少样本学习，并在众多任务和领域中表现良好。无论是经典任务如检索、排序，还是新兴应用如个性化产品设计和对话推荐等，M6 都取得了不错的效果。此外，它还支持在云服务器和边缘设备上部署模型算法，为未来的推荐系统，特别是端云联合推荐的系统架构提供了一种新的思路和可行性。

4.3.2　其他基础大模型

在前一节中，我们介绍了 P5 和 M6 模型。本节将补充介绍其他一些预训练大模型。表 4-4 列举了一些常用的预训练大模型，以及它们的参数量和开源情况。

表 4-4　常用的预训练大模型

模型名称	参　数　量	提出公司	开源情况
GPT-3	1750 亿	OpenAI	不开源
GPT-4	1750 亿	OpenAI	不开源
LLaMA 65B	650 亿	Meta AI	开源不可商用
Qwen-72B	720 亿	阿里云	开源可商用
Mistral-7B-MoE	450 亿	MistralAI	开源可商用
Baichuan 13B - Chat	130 亿	百川	开源可商用
ChatGLM2 12B	120 亿	智谱 AI	不开源
Gemma 2B	20 亿	谷歌	开源可商用
Phi-2	27 亿	微软	开源可商用
PaLM2	3400 亿	谷歌	不开源
Mistral 7B	70 亿	MistralAI	开源可商用

按照参数量，可以对这些模型进行分类：参数量在 1000 亿及以上的模型有 GPT-3、GPT-4、PaLM2 等；参数量在 500 亿 ~1000 亿之间的模型有 LLaMA 65B、Qwen-72B 等；参数量在 100 亿 ~500 亿之间的模型有 Baichuan 13B、ChatGLM2 12B 等；参数量在 30 亿 ~100 亿之间的模型有 Mistral 7B、Baichuan2-7B-Base、LLaMA2 7B、Qwen-7B 等；参数量小于 30 亿的模型有 Gemma 2B、Phi-2 等。

这些预训练大模型都可以作为基础模型，经过针对性的微调，有效应用于各种下游推荐任务。

4.4　推荐大模型的微调

在推荐系统的预训练过程中，大模型需要从大规模用户－物品交互数据和文本特征中学习用户及物品的词元嵌入。然而，预训练的大模型仅能根据提示完成词元序列的生成，难以直接进行高度专业化的推荐任务，甚至出现"幻觉"现象。同时，预训练模型往往会导致巨大的计算成本。

微调是将预训练的大模型部署到特定下游任务中的关键步骤。特别是对于推荐任务来说，大模型需要掌握更多的领域知识。具体而言，需要在包含用户特征、物品特征、用户－物品交互行为（例如购买、点击、评分）以及推荐场景等上下文特征的特定数据集上，对预训练模型进行再训练。

目前，业界已有不少根据推荐任务需求对大模型进行微调的方法。例如，P5 通过在 FLAN-T5 上进行微调，集成了五个推荐任务；InstructRec 通过使用更多样的文本进行指令微调，使 FLAN-T5 模型适应多个下游推荐任务；TALLRec 通过两个阶段的指令微调，在少样本场景中将 LLaMA 模型对齐到二元推荐任务；GenRec 通过纯文本对 LLaMA 模型进行指令微调，实现了生成式推荐。

根据模型权重的调整比例，微调方法可以分为两类：一类是**全模型微调**（full-model fine-tuning），即在微调过程中改变整个模型权重；另一类是**参数高效微调**（parameter-efficient fine-tuning，PEFT），只改变一小部分权重，或开发可训练的适配器来适应特定的任务。

根据输入到模型中的内容类型，微调方法可以分为提示微调（prompt tuning）和指令微调（instruction tuning）。提示微调，是指在微调过程中优化输入到模型的提示，通常不需要单独的微调数据集。指令微调，是指在微调数据中提供明确的、任务特定的指令或规则来引导模型的生成，需要构造单独的指令数据集。指令微调包含指令生成和模型微调两个阶段，侧重于大模型遵循指令的能力。

为了更直观地理解提示微调和指令微调的区别，我们通过以下电商推荐场景进行说明。当用户查询运动鞋时，指令微调的输入可能是"帮我找一款运动鞋"，而提示微调会在用户查询前添加提示，如"推荐适合夏天跑步的男士运动鞋"，从而明确告诉模型如何优化推荐。

接下来我们将详细介绍全模型微调、高效参数微调、提示微调和指令微调四种微调范式在推荐系统中的应用。

4.4.1　全模型微调

全模型微调方法会改变模型的所有权重，这种方法的优点是支持端到端的优化，使模型的所有参数都可以根据任务数据进行调整，以实现最佳性能。然而，全模型微调对计算资源的需求极大，特别是对于大规模的模型而言，除了计算成本，还需要大量的存储和内存资源来保存和处理整个模型的参数。

在不考虑资源消耗和计算成本的前提下，全模型微调能够使推荐系统更好地适应特定的任务，例如，在 *Leveraging Large Language Models in Conversational Recommender Systems*[19] 一文中，YouTube 通过对 LaMDA 进行全模型微调，实现了视频推荐的新方法，使大模型能够应用于对话管理、推荐排序、用户画像和用户模拟等多个方面；在 *Generative Job Recommendations with Large Language Model*[20] 中，BOSS 直聘通过微调大模型生成器，为用户提供了个性化的职位推荐，其 GIRL 方法在生成职位描述和推荐性能上都取得了显著的提升。*UniTRec: A Unified Text-to-Text Transformer and Joint Contrastive Learning Framework for Text-based Recommendation*[21] 一文介绍了 UniTRec 框架，它使用预训练的 BART 模型作为基座，并采用全模型微调方法，结合了预训练模型强大的语言理解能力、局部和全局上下文信息捕捉能力以及对比学习目标，共同提升了文本推荐系统的性能。在 NewsRec、QuoteRec 和 EngageRec 三个不同的文本推荐任务数据集上，UniTRec 都展现了出色的性能。

4.4.2　参数高效微调

参数高效微调是一种轻量级微调方法。与全模型微调相比，参数高效微调只调整模型的一部分参数。这种微调方法的适用前提是：当大模型拥有众多参数，但有效信息集中在一个较低的内在维数上时，就可以通过只调整一小部分参数来获得与全模型微调相当的性能。

对于中小企业来说，参数高效微调方法能够在保持模型性能的同时降低大模型的使用成本，方便业务快速适配大模型，因此被广泛地应用于推荐系统的模型训练当中。常见的大模型参数高效微调方法包括前缀微调（prefix tuning）[22]、适配器微调（adapter tuning）[23]、低秩适应（low-rank adaptation，LoRA）[24] 等。在这些方法中，LoRA 是最常用的方法之一。它通过在 Transformer 架构的每一层引入可训练的低秩矩阵，对模型权重进行微调。

例如，在 *Exploring Large Language Model for Graph Data Understanding in Online Job Recommendations*[9] 中，LoRA 技术被应用于微调 BELLE-LLaMA-7B 模型，提高了模型在职位推荐任务中的性能，从而为每个用户提供个性化和准确的职位推荐；*TALLRec: An Effective and Efficient Tuning Framework to Align Large Language Model with Recommendation*[12] 也通过 LoRA 微调，在电影和书籍推荐领域中取得了显著的性能提升；另一项研究 *E4SRec: An Elegant Effective Efficient Extensible Solution of Large Language Models for Sequential Recommendation*[25] 则通过 LoRA 技术对 LLaMA2-13B 模型进行微调，以物品 ID 序列作为输入，利用前向传播过程对所有的候选物品进行预测，并在亚马逊的评论数据集上验证了该方法在推荐场景中的有效性。

4.4.3　提示微调

提示微调是谷歌于 2021 年在 *The Power of Scale for Parameter-Efficient Prompt Tuning*[26] 中提出的概念，并在随后得到广泛的发展，至今已衍生出很多分类和变种。提示微调旨在通过设计和优化提示模板，最大化地发挥大模型的推理和理解能力。读者若想深入了解提示微调的概念，可以参考相关论文 [27, 28]。

提示微调的核心思想是通过在模型输入端添加或调整特定提示，引导大模型以期望的方式执行任务。这些提示可以是离散的文本模板（硬提示）或连续的向量表示（软提示）。一般来说，根据提示类型的不同，提示微调可以分为硬提示微调、软提示微调以及软硬结合的提示微调。

硬提示微调是通过创建和优化离散的文本提示，指导大模型完成特定的任务。这些提示是自然语言中的文本模板，通常应用于与语言生成任务相似的推荐任务中，例如用户评论摘要和物品之间的关系描述。硬提示微调的可解释性高，但在连续空间中的可调性较差。例如，在论文 *Personalized Prompt Learning for Explainable Recommendation*[27] 中，作者使用物品特征作为硬提示，为推荐系统生成解释，提供了一种新的生成解释的方法。

软提示微调是另一种提示微调方法，它使用连续向量（例如文本嵌入）作为提示，并通过梯度下降等方法根据推荐损失来更新提示。与硬提示微调相比，软提示在连续空间中更易于调整，但可解释性较低。软提示微调在推荐系统中的应用非常广泛。例如，论文 *Towards Unified Conversational Recommender Systems via Knowledge-Enhanced Prompt Learning*[29] 便使用软提示微调模型，充分利用了预训练大模型的语义和知识库，生成与用户偏好相匹配的推荐。前缀提示是软提示的一种变体，通过在输入文本前添加一个特定的前缀，引导模型以期望的方式响应或完成任务。在论文 *UP5: Unbiased Foundation Model for Fairness-aware Recommendation*[30] 中，作者为每个敏感属性设计了前缀提示，通过对抗学习技术进行训练，去除了用户词元中的敏感信息，从而在保证推荐性能的同时有效地解决了推荐系统中的公平性问题。

软硬结合的提示微调则整合了软提示和硬提示的优点。在论文 *Collaborative Large Language Model for Recommender Systems*[31] 中，作者通过软提示提供了交互历史的上下文，而硬提示则提供了固定的词汇词元，这些部分对于生成准确的推荐至关重要。实验结果表明，该方法在 LinkedIn 的真实职位推荐数据集上的表现优于常用的双塔模型 [32] 和 M6-Retrieval 模型 [17]。

4.4.4 指令微调

指令微调是谷歌研究员于 2021 年在论文 *Finetuned Language Models Are Zero-Shot Learners*[33] 中提出的概念，在一些文献中也被称为有监督微调（supervised fine-tuning）。它是指使用指令格式化的数据实例，以有监督的方式对大模型的参数进行微调。

指令微调与提示微调存在相似之处，但二者的本质有所不同。提示微调对大模型的输出并没有严格的格式说明，而指令微调往往要求大模型遵循一定的指令格式。指令微调的核心在于为大模型提供具体的任务指令，这些指令通常对应于指令数据集（提示微调通常没有专门的数据集），数据集是模型训练的一部分，帮助模型学习如何根据这些指令来执行任务。在推荐系统中，指令微调需要构建适合推荐任务的指令数据，这一过程可能是全模型微调或参数高效微调的形式。

例如，*Recommendation as Instruction Following: A Large Language Model Empowered Recommendation Approach*[34] 一文便将推荐任务视为大模型遵循的指令，提供了一种通用的指令格式，以自然语言描述用户的偏好、意图、任务形式和上下文，设计了 39 个指令模板，并生成了 252 000 个用户个性化指令数据，以对开源的大模型（3B Flan-T5-XL）进行指令微调，从而更好地适应推荐系统。

为了提升模型在推荐场景中的适应性，*PALR: Personalization Aware LLMs for Recommendation*[35] 一文创建了针对电影和物品推荐的指令任务。该研究基于用户的历史行为数据对一个 7 亿参数的 LLaMA 模型进行微调，以生成用户未来可能交互的物品列表。以下是这两种任务的指令描述示例：

> **PALR 的电影推荐指令示例 1：**
> **任务指令**：根据用户的观影历史从候选列表中推荐 10 部其他电影。
> **输入**：用户观看过的电影有 < 历史交互物品序列 >。候选电影有 < 候选物品列表 >。
> **输出**：
> **PALR 的物品推荐指令示例 2：**
> **任务指令**：根据用户的购买历史从候选列表中推荐 10 种其他产品。
> **输入**：用户购买过的产品有 < 历史交互物品序列 >。候选产品有 < 候选物品列表 >。
> **输出**：

此外，TALLRec[12] 在 LLaMA-7B 模型上使用推荐数据进行微调，将大模型与推荐任务对齐，即使在数据稀少的情况下，也可以通过微调提高大模型的推荐能力。

> **TALLRec 任务指令：**
> 根据用户的交互历史，请确定用户是否喜欢目标新电影，回答 " 是 " 或 " 否 "。
> 输入：用户喜欢的物品：< 用户喜欢物品序列 >。用户不喜欢的物品：< 用户不喜欢物品序列 >。
> 目标新电影：< 候选物品 >
> 输出：是 / 否

在论文 *Do LLMs Understand User Preferences? Evaluating LLMs On User Rating Prediction*[36] 中，Wang-Cheng Kang 等人提出了一种新颖的方法，通过结合用户的评分历史和物品特征等内容构建指令，进而预测用户对物品的评分。他们使用零样本和少样本的方法微调 Flan-T5 模型，以提升大模型性能。

Wang-Cheng Kang 等人的零样本用户评分预测指令：

给定用户过去的电影评分，格式为：标题、类型、评分。评分范围从 1.0 到 5.0。

<用户历史观看电影列表（标题＋类型＋评分）>

候选电影是＜候选电影（标题＋类型）>。用户会给出什么评分？

Wang-Cheng Kang 等人的少样本用户评分预测指令：

你需要预测用户对电影推荐的评分。评分范围从 1.0 到 5.0。你将获得用户的过去评分历史，格式为：标题、类型、评分。示例如下：

问题：用户的历史记录是：

<示例用户历史观看电影列表（标题＋类型＋评分）>

用户现在看了＜示例候选电影（标题＋类型）>，给出一个数字作为评分，不要说其他任何东西。不要给出推理。

答案：<示例候选电影评分>

请你参考示例回答如下问题：

问题：用户的历史记录是：

<用户历史观看电影列表（标题＋类型＋评分）>

用户现在看了＜候选电影（标题＋类型）>，给出一个数字作为评分，不要说其他任何东西。不要给出推理。

答案：

在 *GenRec: Large Language Model for Generative Recommendation*[37] 一文中，作者提出了一种创新的方法，根据用户与物品的交互序列构建指令模板，微调 LLaMA 模型，使大模型可以预测用户接下来可能会与之交互的物品。

GenRec 的推荐提示模板：

任务指令：根据用户的电影观看习惯，他们最可能选择观看哪部电影？

输入：<用户历史观看电影列表>

输出：

在 *Unlocking the Potential of Large Language Models for Explainable Recommendations*[38] 一文中，作者提出可以通过提供清晰的指令和高质量的数据进行指令微调，使得大模型能够生成更精确、更可控的推荐解释。LLMXRec 的指令微调数据格式如下：

LLMXRec 生成解释的指令：

客户观看过的历史电影是 < 历史交互物品列表（标题 + 分类）>。客户的年龄是 < 年龄 >，性别是 < 性别 >，职业是 < 职业 >。作为电影领域的推荐系统，给出客户需要观看以下标题和类别的电影的原因：< 候选物品列表（标题 + 分类）>

在本书的第 7 章中，我们将会继续讲解这种方法。

4.4.5   指令和提示的意义

在大模型中，提示微调和指令微调是两种非常常用的微调方法，它们显著增强了大模型对输入数据的理解、适应能力和可扩展性。通过指令文本，大模型可以更好地理解推荐任务的场景、目标以及上下文关系。此外，用户画像、物品属性和用户 - 物品交互数据可以按照特定的格式或结构整合到提示模板中，如纯文本或 JSON 格式等。在对不同任务指令和提示的支持过程中，大模型不仅增强了推荐系统的灵活性，也显著提升了其可扩展性。

在后续内容中，我们将详细介绍大模型在推荐系统中的应用，并结合业界应用案例提供一系列提示模板，供读者参考或直接使用。对于大模型在推荐领域的应用方法，本书也提供相应的提示模板，以便读者能够清晰理解相关推荐任务和推荐场景，进而深入掌握对应的方法。

4.5   常用的推荐数据集

推荐系统的研究和应用开发需要依赖高质量的推荐数据集进行模型的预训练、微调以及评估测试，这些推荐数据集通常涵盖电商、电影、游戏、视频、音乐、图书等多个领域的推荐场景，并包括物品描述、用户画像、用户 - 物品交互数据和其他与特定任务相关的上下文特征。表 4-5 展示了一些比较常用的推荐数据集。

表 4-5 常用的推荐数据集 [①]

名　　称	场景	任务类型	描　　述
Amazon Review Dataset	电商	序列推荐、协同过滤	包含亚马逊平台的商品评论数据
UserBehavior	电商	商品推荐	阿里巴巴提供的一个淘宝用户行为数据集。该数据集包含约 100 万随机用户的所有行为数据，如点击、购买、加购、喜欢等
豆瓣数据集	电影、音乐、图书	序列推荐、协同过滤	包括豆瓣平台上电影、音乐和图书三个领域的数据，涵盖评分、评论、物品详情、用户画像、标签和日期等原始信息
MIND (MIcrosoft News Dataset)	新闻	通用任务	包含约 16 万篇英文新闻文章和由 100 万用户产生的超过 1500 万条用户日志。每条新闻都包含标题、摘要、正文等文本信息
Tenrec	视频、图文	视频推荐、图文推荐	由腾讯和西湖大学共同发布。该数据集收集自腾讯两个内容平台，包含超过 500 万用户和 1.4 亿的交互数据
ZhihuRec	问答	内容推荐	由清华大学信息检索组和知乎公司共同构建，包含约 1 亿条互动记录，涉及用户、问题、回答、话题和用户查询日志等内容
NineRec	视频、新闻、图像	迁移学习	由一个大规模源域数据集和九个目标域数据集组成。源域数据集包含 200 万用户、14.4 万个物品和 2400 万用户 - 物品交互数据。目标域数据集则包括来自同一平台不同场景的五个数据集和来自不同平台的四个数据集

4.6 小结

本章深入探讨了大模型与推荐系统的融合，内容涵盖了五个主要部分。首先，我们详细阐述了大模型在推荐系统各个环节中所扮演的角色及其发挥的作用。接下来，讨论了大模型在推荐系统中的应用范式，将其划分为三类，并列举了每种范式的研究应用实例，进一步帮助读者加深对这些范式的理解。随后，我们介绍了大模型的预训练范式，并列举了一些典型的推荐大模型，包括多任务推荐大模型和多模

---

① 仅供研究使用，如需使用请联系数据集提供者。

态推荐大模型，例如 P5、M6，以及其他参数规模不等的大模型。然后，我们详细介绍了大模型的四种常见微调方法：全模型微调、参数高效微调、提示微调和指令微调。最后，我们列举了一些常用的推荐数据集，涵盖多个领域和任务类型，供读者参考使用。

通过本章的介绍，读者应能够重新审视推荐系统的架构，结合大模型的特点，吸收并理解大模型的推荐范式，并对业界经典的推荐大模型有一个全面的了解，从而为更好地理解后续章节打下坚实的基础。希望读者能够结合业务场景与实际需求，合理选择并使用大模型。

参考文献

[1]　Wu L, Zheng Z, Qiu Z, et al. A Survey on Large Language Models for Recommendation[J]. ArXiv, 2023,abs/2305.19860.

[2]　Liu Q, Chen N, Sakai T, et al. A First Look at LLM-Powered Generative News Recommendation[J]. ArXiv, 2023,abs/2305.06566.

[3]　Xi Y, Liu W, Lin J, et al. Towards Open-World Recommendation with Knowledge Augmentation from Large Language Models[J]. ArXiv, 2023,abs/2306.10933.

[4]　Liu Q, Chen N, Sakai T, et al. ONCE: Boosting Content-based Recommendation with Both Open- and Closed-source Large Language Models[C], 2023.

[5]　Lei Y, Lian J, Yao J, et al. Aligning Language Models for Versatile Text-based Item Retrieval[J]. ArXiv, 2024,abs/2402.18899.

[6]　Wu C, Wu F, Qi T, et al. Empowering News Recommendation with Pre-trained Language Models[J]. Proceedings of the 44th International ACM SIGIR Conference on Research and Development in Information Retrieval, 2021.

[7]　Yao S, Tan J, Chen X, et al. ReprBERT: Distilling BERT to an Efficient Representation-Based Relevance Model for E-Commerce[J]. Proceedings of the 28th ACM SIGKDD Conference on Knowledge Discovery and Data Mining, 2022.

[8]　Xiao S, Liu Z, Shao Y, et al. Training Large-Scale News Recommenders with Pretrained Language Models in the Loop[J]. Proceedings of the 28th ACM SIGKDD Conference on Knowledge Discovery and Data Mining, 2021.

[9]   Wu L, Qiu Z, Zheng Z, et al. Exploring Large Language Model for Graph Data Understanding in Online Job Recommendations[J]. ArXiv, 2023,abs/2307.05722.

[10] Wei W, Ren X, Tang J, et al. LLMRec: Large Language Models with Graph Augmentation for Recommendation[J]. ArXiv, 2023,abs/2311.00423.

[11] Zhang Z, Wang B. Prompt Learning for News Recommendation[J]. Proceedings of the 46th International ACM SIGIR Conference on Research and Development in Information Retrieval, 2023.

[12] Bao K, Zhang J, Zhang Y, et al. TALLRec: An Effective and Efficient Tuning Framework to Align Large Language Model with Recommendation[J]. Proceedings of the 17th ACM Conference on Recommender Systems, 2023.

[13] Dai S, Shao N, Zhao H, et al. Uncovering ChatGPT's Capabilities in Recommender Systems[J]. Proceedings of the 17th ACM Conference on Recommender Systems, 2023.

[14] Geng S, Liu S, Fu Z, et al. Recommendation as Language Processing (RLP): A Unified Pretrain, Personalized Prompt & Predict Paradigm (P5)[J]. Proceedings of the 16th ACM Conference on Recommender Systems, 2022.

[15] Fu C, Chen P, Shen Y, et al. MME: A Comprehensive Evaluation Benchmark for Multimodal Large Language Models[J]. ArXiv, 2023,abs/2306.13394.

[16] Yin S, Fu C, Zhao S, et al. A Survey on Multimodal Large Language Models[J]. ArXiv, 2023,abs/2306.13549.

[17] Cui Z, Ma J, Zhou C, et al. M6-Rec: Generative Pretrained Language Models are Open-Ended Recommender Systems[J]. ArXiv, 2022,abs/2205.08084.

[18] Zhang Z, Ma J, Zhou C, et al. M6-UFC: Unifying Multi-Modal Controls for Conditional Image Synthesis via Non-Autoregressive Generative Transformers[C], 2021.

[19] Friedman L, Ahuja S, Allen D, et al. Leveraging Large Language Models in Conversational Recommender Systems[J]. ArXiv, 2023,abs/2305.07961.

[20] Zheng Z, Qiu Z, Hu X, et al. Generative Job Recommendations with Large Language Model[J]. ArXiv, 2023,abs/2307.02157.

[21] Mao Z, Wang H, Du Y, et al. UniTRec: A Unified Text-to-Text Transformer and Joint Contrastive Learning Framework for Text-based Recommendation[C], 2023.

[22] Li X L, Liang P. Prefix-Tuning: Optimizing Continuous Prompts for Generation[J]. Proceedings of the 59th Annual Meeting of the Association for Computational Linguistics and the 11th International Joint Conference on Natural Language Processing (Volume 1: Long Papers), 2021,abs/2101.00190.

[23] Hu Z, Lan Y, Wang L, et al. LLM-Adapters: An Adapter Family for Parameter-Efficient Fine-Tuning of Large Language Models[J]. ArXiv, 2023,abs/2304.01933.

[24] Hu J E, Shen Y, Wallis P, et al. LoRA: Low-Rank Adaptation of Large Language Models[J]. ArXiv, 2021,abs/2106.09685.

[25] Li X, Chen C, Zhao X, et al. E4SRec: An Elegant Effective Efficient Extensible Solution of Large Language Models for Sequential Recommendation[J]. ArXiv, 2023,abs/2312.02443.

[26] Lester B, Al-Rfou R, Constant N. The Power of Scale for Parameter-Efficient Prompt Tuning[C], 2021.

[27] Li L, Zhang Y, Chen L. Personalized Prompt Learning for Explainable Recommendation[J]. ACM Transactions on Information Systems, 2022,41:1-26.

[28] Gu Y, Han X, Liu Z, et al. PPT: Pre-trained Prompt Tuning for Few-shot Learning[J]. ArXiv, 2021,abs/2109.04332.

[29] Wang X, Zhou K, Wen J, et al. Towards Unified Conversational Recommender Systems via Knowledge-Enhanced Prompt Learning[J]. Proceedings of the 28th ACM SIGKDD Conference on Knowledge Discovery and Data Mining, 2022.

[30] Hua W, Ge Y, Xu S, et al. UP5: Unbiased Foundation Model for Fairness-aware Recommendation[J]. ArXiv, 2023,abs/2305.12090.

[31] Zhu Y, Wu L, Guo Q, et al. Collaborative Large Language Model for Recommender Systems[J]. ArXiv, 2023,abs/2311.01343.

[32] Wu L Y, Fisch A, Chopra S, et al. StarSpace: Embed All The Things![J]. ArXiv, 2017,abs/1709.03856.

[33] Wei J, Bosma M, Zhao V, et al. Finetuned Language Models Are Zero-Shot Learners[J]. ArXiv, 2021,abs/2109.01652.

[34] Zhang J, Xie R, Hou Y, et al. Recommendation as Instruction Following: A Large Language Model Empowered Recommendation Approach[J]. ArXiv, 2023,abs/2305.07001.

[35] Chen Z, Jiang Z. PALR: Personalization Aware LLMs for Recommendation[J]. ArXiv, 2023,abs/2305.07622.

[36] Kang W, Ni J, Mehta N, et al. Do LLMs Understand User Preferences? Evaluating LLMs On User Rating Prediction[J]. ArXiv, 2023,abs/2305.06474.

[37] Ji J, Li Z, Xu S, et al. GenRec: Large Language Model for Generative Recommendation[J]. ArXiv, 2023,abs/2307.00457.

[38] Luo Y, Cheng M, Zhang H, et al. Unlocking the Potential of Large Language Models for Explainable Recommendations[J]. ArXiv, 2023,abs/2312.15661.

第 5 章
大模型作为推荐模型

推荐系统本质上是一种信息过滤系统，它根据用户的个性化画像为用户提供定制化的物品推荐。这种系统在电子商务、社交媒体等领域得到了广泛的应用。

推荐系统的工作流程主要包括两个重要环节：召回和排序。召回环节负责从大量的候选物品中筛选出用户可能感兴趣的物品，目的在于缩小目标范围；排序环节则对召回所得物品进行评分和排序，以确定最终向用户展示的推荐结果列表。这两个环节在处理输入数据和输出数据的规模和量级上差异非常大，前者更注重效率，后者更注重准确率。在实践中，推荐系统通常会通过多种方式和不同维度进行多路召回并汇总，如结合协同过滤召回、点击率召回、相似度召回和规则召回等方法。排序模型则会依据业务目标对召回物品进行排序。例如，在电商场景中，通常结合点击率预估模型和转化率预估模型等进行排序。点击率预估模型和转化率预估模型是推荐系统中最常用的排序模型，其中点击率预估模型几乎适用于所有推荐系统。

大模型具有强大的理解和生成能力，能够理解并生成自然语言文本，这使得它在处理复杂用户画像和行为模式时具有明显优势。通过对用户历史行为数据的深度分析，大模型可以有效预测用户的后续偏好，从而提高推荐的准确性。因此，大模型在推荐系统中的应用无疑将显著提升推荐质量和用户体验。

本章将围绕大模型在推荐系统中的应用，探讨其在推荐召回和排序环节的实践。

5.1   基于大模型的推荐召回

在推荐系统中，召回技术用于根据用户的偏好与推荐场景信息，从海量候选物品中筛选出一部分与用户兴趣或需求相关的内容。常见的召回技术包括规则召回、协同过滤召回、基于向量的召回和图召回等。规则召回通过热门物品、统计规则等方式进行筛选；协同过滤召回则分为用户－物品召回和物品－物品召回；基于向量的召回通过计算用户和物品的表示向量之间的相似度来实现，常用的方法为嵌入表示；图召回则是根据用户与物品的交互行为构建行为图，从而进行召回。召回模块会生成大量候选物品，这些物品将作为下游推荐排序任务的输入。

与传统的推荐模型相比，大模型能够更准确地理解用户信息与个性化偏好，它能够有效利用用户的画像、搜索历史、浏览记录和社交关系，结合上下文信息来表示召回物品，并通过高效的检索技术完成召回过程。因此在对性能要求较高的推荐场景中，可以采用大模型来进行物品召回，而将传统推荐模型用于排序任务。

从用户和物品信息的表示角度来看，召回方法可以分为基于词元（token）召回和基于嵌入（embedding）召回两种方法[1]。

基于词元召回：将词元作为用户和物品的信息表示。大模型对用户画像、历史交互记录和物品特征等描述文本进行分析提炼，最终输出一系列代表待召回物品属性的词元。这些词元可以用来构建文本查询条件，并通过搜索引擎的文本检索匹配等方式（如 ES、BM25[2] 等）从物品库中召回相关的物品。

基于嵌入召回：利用大模型的嵌入表示来更准确地捕捉用户和物品的语义信息。首先将用户和物品的信息表示为嵌入，然后通过嵌入检索的方式进行召回。通过余弦相似度、皮尔逊相关系数等方法计算相似度或者通过深度学习模型进行计算，从而实现召回。例如，将过往用户偏好的物品名称输入大模型生成嵌入表示，并将其与物品库中的物品嵌入进行检索比较，最终选择嵌入相似度最高的前 k 个产品进行推荐[3]。

在这里，我们提供一个结合大模型少样本（few-shot）提示的物品召回提示模板以供参考。如果想要进一步优化召回效果，还需要对大模型进行微调。提示模板示例如下：

电商类物品召回任务指令模板：

你是一个商品推荐器。根据用户的个人资料和使用行为，召回用户可能会喜欢或适合的商品。输出待召回候选物品的品类和特征。

用户画像描述：

用户是女性，年龄 29 岁，登录位置中国北京，职业是职场女性。

用户曾经购买过的商品：

物品 1：{'商品标题'：经典美式胶囊咖啡，'品类'：胶囊咖啡，'价格'：39 元，'购买时间'：2025-03-01}

物品 2：{'商品标题'：全自动磨豆咖啡机，'品类'：咖啡机，'价格'：299 元，'购买时间'：2025-04-02}

……

请你分别从用户画像角度和曾经购买过的商品角度，分别输出候选物品名称或品类对应的关键词：

……

5.1.1　基于文本的召回

在推荐系统中，每一个用户行为（例如购买物品）都会作为系统的输入数据。传统方法通常依赖物品 ID，将用户的交互历史建模为物品 ID 序列。这种使用 ID 表示物品的方式往往无法充分利用物品的内容信息，导致召回物品不全面，甚至遗漏部分关键物品。为了解决这一问题，大模型可以通过分析用户画像、推荐上下文以及用户 - 物品交互信息，提取或生成与当前推荐任务相关的物品文本与特征，然后利用文本检索方法对相关物品进行语义或关键词搜索，从而实现物品召回。这种方法能够充分发挥大模型的语义理解能力，提升推荐的质量和效率。

Jinming Li 等人 [2] 提出了一种基于物品文本的推荐框架 GPT4Rec。GPT4Rec 基于用户的历史交互数据构建提示，让大模型（GPT-2）生成代表用户不同兴趣的词元，然后将这些词元作为查询条件，搜索与之匹配的物品实现推荐。

GPT4Rec 的框架示意图如图 5-1 所示。在训练阶段，GPT-2 的任务是根据前 T 个物品标题预测最后一个物品（$T+1$）的词元（如物品标题）。通过对用户交互历史的学习，模型能够生成用户的语义表示，并使用波束搜索（beam search）生成多个搜索查询,从而提升推荐结果的多样性。这些查询被输入搜索引擎,经过匹配得分函数(如 BM25)的计算,生成与用户兴趣最相关的推荐物品列表。

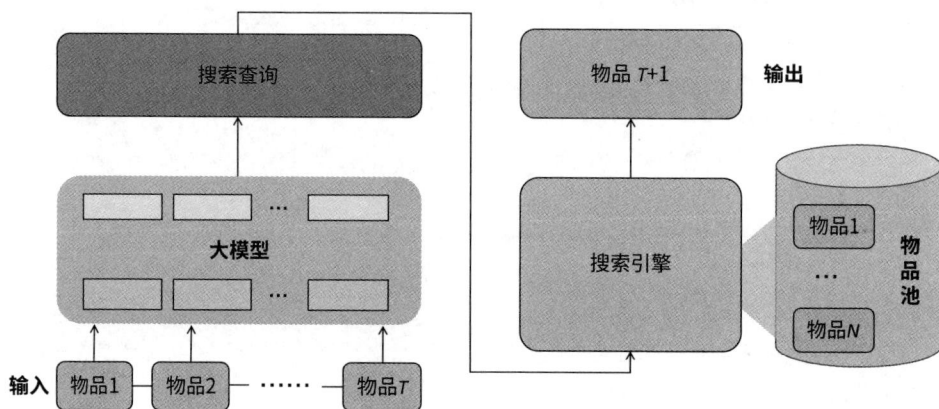

图 5-1 GPT4Rec 框架示意图

GPT4Rec 基于用户与物品的交互序列构建提示,作为大模型的输入。一个典型的 GPT4Rec 提示模板示例如下:

GPT4Rec 的提示模板:
提示:此前,客户已购买:<物品序列(标题)>。
将来,客户想要购买<召回物品词元>

GPT4Rec 的优势在于免去了传统推荐系统中的特征工程环节,通过提示模板直接将用户的历史行为序列格式化为自然语言文本,并输入到微调后的 GPT-2 模型中,生成用户感兴趣的物品描述的词元。

5.1.2 基于嵌入向量的召回

在包含丰富文本信息的推荐场景中,通过分析物品之间的语义相关性与相似度,可以实现精确的推荐召回。基于物品向量的召回方式通过计算物品池中物品间的相似度来筛选推荐物品,通常以向量间的距离或角度作为相似度的度量标准,其典型方法是基于物品对物品(item-to-item,下文简称 I2I)推荐。

大模型的表示能力在这一场景中展现了优势，能够通过分析物品之间的相似度提高召回的质量。例如，将用户画像、用户-物品交互信息，以及物品的信息描述输入大模型，获取其隐藏层的输出作为物品的特征向量。这些特征向量可以在物品池的物品向量空间中进行检索，找到与该物品最相似（向量距离最近）的其他物品，从而实现物品向量的召回。

基于嵌入向量的召回方式要求大模型生成的待召回物品嵌入向量与物品池中物品的嵌入向量位于同一空间。为了确保这一点，可以通过提示生成待召回物品的语义嵌入向量。提示设计可以参考 5.1 节"电商类物品召回任务指令模板"。生成的嵌入向量还可以通过 MLP 或 PCA 等方法进一步优化为最终语义表示，并利用余弦相似度计算物品间的相关性，从而召回与目标物品最相似的 K 个物品。

Yabin Zhang 等人[4]在其提出的框架 RecGPT 中给出了以下两种基于嵌入的物品召回方法。

直接嵌入向量召回：大模型（如 GPT-1）预测用户下一时刻的物品偏好，并输出目标物品的嵌入向量表示。然后，通过与物品池中的物品嵌入进行相似度计算，检索出 Top-N 个物品。

扩展式嵌入向量召回：在直接嵌入向量召回的基础上，将上述 Top-N 个物品作为输入的扩展项，拼接到用户历史交互序列的尾部，输入大模型以生成新的物品嵌入向量表示。再次计算相似度后，召回 Top-M 个物品，以获得更加多元化的召回物品。

最终的物品召回结果可以将上述的 Top-N 和 Top-M 个物品进行合并。这两种物品召回方法的工作流程如图 5-2 所示。

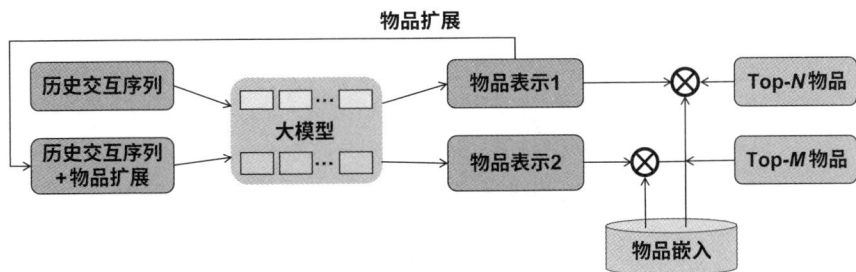

图 5-2　RecGPT 的两种物品召回方法

5.1.3   结合协同信息的召回

在推荐系统中，基于物品的协同过滤（ItemCF）通过分析用户对物品的行为数据（如评分、点击、购买等），计算物品间的相似度，从而为用户召回相似物品。I2I 是 ItemCF 的一种典型实现方法，主要用于物品召回阶段。I2I 推荐方法通过分析用户历史行为中的物品相似性，而非用户与物品间的关联性，为用户推荐相似物品。

中国科学技术大学和小红书[5]共同提出了一种结合大模型与 I2I 的物品召回框架 NoteLLM。该框架通过基于相似笔记向量的召回，向用户精准推荐感兴趣的笔记，其框架示意图如图 5-3 所示。

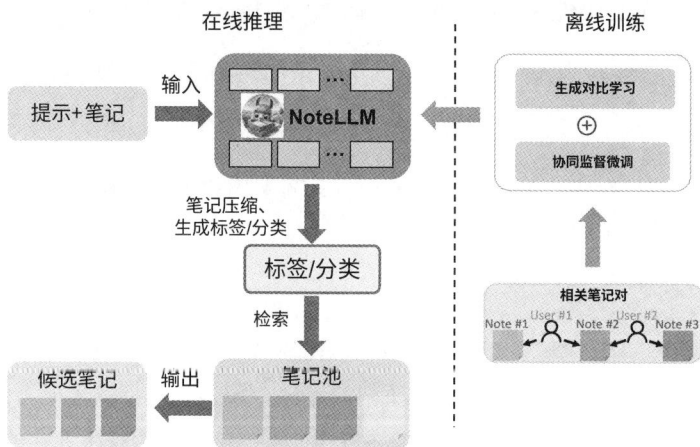

图 5-3   NoteLLM 框架示意图

在 NoteLLM 中，大模型根据笔记的标题、话题、内容等信息构建笔记话题标签和分类，这些信息以提示的形式输入到大模型中，大模型结合协同信息和关键语义信息生成对应的话题标签和分类。笔记分类生成与话题标签生成的提示模板示例如下：

> **NoteLLM 的笔记分类生成的提示模板：**
> 指令：提取 JSON 格式的笔记信息，压缩成一个词进行推荐，并生成笔记的分类。
> 输入笔记：< 笔记（标题 + 话题 + 内容）>。

输出要求：分类可以为：<分类候选集>

输出：

NoteLLM 的笔记话题标签生成的提示模板：

指令：提取 JSON 格式的笔记信息，压缩成一个词进行推荐，生成笔记的 <j> 个话题标签。

输入笔记：<笔记（标题＋内容）>。

输出要求：可选话题标签是：<话题标签候选集>

输出：

为了利用协同信息中隐藏的信息，NoteLLM 在离线训练阶段引入了生成对比学习（generative-contrastive learning，GCL）方法来挖掘笔记间的隐含关联。在训练过程中，每个小批次都包含相关笔记对，相似笔记之间的相似度为 $\mathrm{sim}\left(n_i, n_i^+\right)$。GCL 的损失函数为：

$$\mathcal{L}_{\mathrm{cl}} = -\frac{1}{2B}\sum_{i=1}^{2B}\log\frac{\mathrm{e}^{\mathrm{sim}\left(n_i, n_i^+\right)\cdot\mathrm{e}^{\tau}}}{\sum_{j\in[2B]\setminus\{i\}}\mathrm{e}^{\mathrm{sim}\left(n_i, n_j\right)\cdot\mathrm{e}^{\tau}}} \quad ①$$

此外，NoteLLM 利用协同监督微调（collaborative supervised fine-tuning，CSFT）技术对分类和话题标签的预测任务进行优化。在训练过程中，从每个批次中选择部分笔记用于话题标签生成任务，其余笔记则用于分类生成任务。CSFT 损失函数为：

$$\mathcal{L}_{\mathrm{gen}} = -\frac{1}{T}\sum_{i=1}^{T}\log(p(o_i \mid o_{<i}, i))$$

其中，T 是输出长度，o_i 表示输出序列 o 的第 i 个词元。

利用 GCL 和 CSFT 进行联合建模，NoteLLM 实现了在笔记推荐场景下同时执行 I2I 推荐任务和话题标签或分类生成任务。最终损失函数为：

$$\mathcal{L} = \left(\mathcal{L}_{\mathrm{cl}} + \alpha\mathcal{L}_{\mathrm{gen}}\right)/\left(1+\alpha\right)$$

这种联合训练的方式不仅能够优化相关笔记的嵌入向量，还能自动生成笔记摘要与标签，为相似物品的召回任务提供了强大的支持。这种设计方法为工业级大模

---

① 在人工智能中，公式中省略 log 的底数时，通常默认为自然对数。

型召回系统提供了宝贵的参考价值。无论是在新闻还是电商等推荐场景，都可以借鉴类似的方法来提升召回效果。

5.2   基于大模型的序列推荐

序列推荐能够揭示用户兴趣的动态变化和用户行为的演变，在推荐系统中被广泛使用。在日常生活中，越来越多的应用程序能够智能理解并预测用户的新需求，而其背后的关键技术正是序列推荐。

传统的协同过滤方法通过构建一个共享的密集嵌入空间来表示物品和用户偏好，序列模型（如 GRU 等）则通过学习用户交互历史中存在的序列结构来预测下一个物品。与其他推荐方法相比，序列推荐的独特之处在于，它不仅需要根据用户 - 物品交互来识别用户的偏好，还需要跟踪用户兴趣的演变。

然而，这些传统方法存在一定的局限性。例如，协同过滤方法生成的嵌入向量通常是静态的，无法捕捉用户兴趣的动态变化；序列模型虽然能够学习用户行为随时间的演变规律，但其效果往往受限于模型的复杂性和计算资源。

与基于序列的推荐模型不同，大模型（如 GPT 系列模型）本身就具备强大的推理能力，可以通过设计指令或提示来处理推荐任务。Lei Wang 等人 [6] 提出了改进的零样本提示策略，使用大模型进行下一个物品的预测。该方法通过外部模块生成候选物品，以解决大模型无法获知目标用户历史行为和偏好的问题。具体而言，该方法从用户的历史交互记录和候选物品集中提取信息，分别构建历史提示和候选物品提示。这些提示与明确描述推荐任务的指令相结合，形成最终的推荐指令提示，并由大模型输出用户下一个可能感兴趣的物品。

根据以上分析，作者整理了相关的提示模板，帮助读者直观了解如何利用大模型完成序列推荐任务。该模板以电商场景为例，展示了如何通过构造提示指导大模型进行输出。具体示例如下：

电商类物品序列推荐任务指令模板 1：

你是一个商品推荐器。根据用户的个人资料和最近购买物品的序列，推理用户接下来可能要购买的商品。

用户画像描述：

用户是女性，年龄 29 岁，登录位置中国北京，职业是职场女性。

用户依次购买过的商品：

物品 1：{'商品标题'：经典美式胶囊咖啡，'品类'：胶囊咖啡，'价格'：39 元，'购买时间'：2025-03-01}

物品 2：{'商品标题'：全自动磨豆咖啡机，'品类'：咖啡机，'价格'：299 元，'购买时间'：2025-04-02}

……

请输出接下来可能购买的物品：

……

电商类物品序列推荐任务指令模板 2：

你是一个商品推荐器。根据用户的个人资料和最近购买的物品及其评论，推理用户接下来可能要购买的商品。

用户画像描述：

用户是女性，年龄 29 岁，登录位置中国北京，职业是职场女性。

用户依次购买过的商品及对应的评论：

物品 1：{'商品标题'：经典美式胶囊咖啡，'品类'：胶囊咖啡，'价格'：39 元，'购买时间'：2025-03-01，'评价星级'：3，'评论'：咖啡味道不够浓郁，甚至有些苦涩，性价比不高 }

物品 2：{'商品标题'：全自动磨豆咖啡机，'品类'：咖啡机，'价格'：299 元，'购买时间'：2025-04-02，'评价星级'：5，'评论'：咖啡机使用方便，磨豆和冲泡功能都全自动，体验不错，物有所值 }

……

请输出接下来可能购买的物品及其评价星级预测：

……

本节将在大模型推理能力的基础上，深入介绍如何使用大模型来构建或改进序列推荐方法。

5.2.1　微调与对齐

大模型可以根据用户的历史交互记录进行序列推荐,并以自然语言的形式生成下一个物品的预测。将大模型应用于序列推荐时,用户的交互历史和模型对下一个物品的预测都可以用文本形式来表达。5.1.1 节提到的 GPT4Rec[2] 框架中的微调,就是一种基于大模型进行序列推荐的微调方法。然而,普通的大模型可能无法充分利用用户或物品的特征,导致对关键信息的遗漏或误解。

针对这一问题,Yaoyiran Li 等人 [7] 提出了一个两阶段的大模型微调框架 CALRec。该框架首先在多个类别的数据混合上进行微调,然后针对目标类别进行微调,并充分利用辅助对比对齐技术增强物品和用户级别的推荐质量。

以下是 CALRec 针对用户及其历史物品序列所构建的提示模板,用于指导模型预测序列中的下一个物品:

> **用户购买历史序列输入:**
> 用户的历史购买物品如下:<历史物品序列(标题、评级、关键词、价格)>
> **输出:**
> <目标物品(标题、评级、关键词、价格)>

CALRec 的微调方法包括类别特定微调和多类别联合微调。类别特定微调是针对每个类别分别微调模型,而联合微调使模型适应序列推荐问题设置,并以不关注类别的方式学习数据模式。CALRec 的主要目标是下一物品生成(next item generation,NIG),即根据用户历史物品的文本描述生成目标物品的文本描述。它的损失函数为:

$$\mathcal{L}_{\text{NIG}} = -\mathbb{E} \sum_{j=m+1}^{l} \log P\left(t_j \mid t_{1:j-1}; \theta\right)$$

其中,θ 是所选大模型的所有可训练参数集。CALRec 可以通过结合 BM25 匹配分数和大模型预测分数,输出目标物品预测列表。这种方法也可以视作是一种基于大模型的物品召回方法。

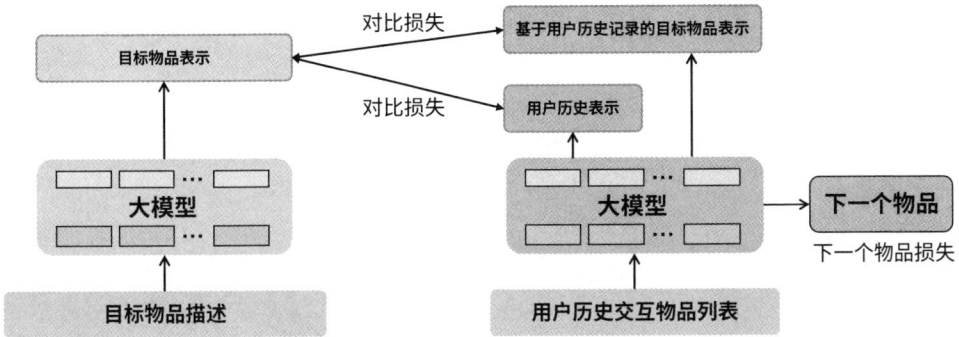

图 5-4　CALRec 的双塔训练框架示意图

如图 5-4 所示，CALRec 采用了一个双塔训练框架进行对齐学习，包括一个只接收目标物品的塔和一个接收整个用户-物品交互序列的塔，这两个塔分别计算不同级别的对比损失，它们的计算公式分别如下：

$$\mathcal{L}_{\mathrm{TT}} = -\frac{1}{N_b}\sum_{i=1}^{N_b}\log\frac{\exp\left(\dfrac{\cos\left(\mathbf{v}_i^{T|U},\mathbf{v}_i^T\right)}{\tau_c}\right)}{\sum_{j=1}^{N_b}\exp\left(\dfrac{\cos\left(\mathbf{v}_j^{T|U},\mathbf{v}_i^T\right)}{\tau_c}\right)}$$

$$\mathcal{L}_{\mathrm{UT}} = -\frac{1}{N_b}\sum_{i=1}^{N_b}\log\frac{\exp\left(\dfrac{\cos\left(\mathbf{v}_i^{U},\mathbf{v}_i^T\right)}{\tau_c}\right)}{\sum_{j=1}^{N_b}\exp\left(\dfrac{\cos\left(\mathbf{v}_j^{U},\mathbf{v}_i^T\right)}{\tau_c}\right)}$$

CALRec 的最终训练目标是将生成任务损失 $\mathcal{L}_{\mathrm{NIG}}$ 和对比损失组合起来，以实现更准确的序列推荐。这种组合损失函数的形式如下：

$$\mathcal{L}_{\mathrm{CALRec}} = \left(1-\alpha-\beta\right)\mathcal{L}_{\mathrm{NIG}} + \alpha\mathcal{L}_{\mathrm{TT}} + \beta\mathcal{L}_{\mathrm{UT}}$$

通过两阶段训练范式、双塔框架的对齐学习，以及组合损失函数的设计，CALRec 实现了对序列推荐任务的大模型微调以及对用户或物品表示的精准对齐。

5.2.2　时间意识优化

在序列推荐中，大模型通常基于用户 - 物品交互数据来生成推荐结果，例如基于最近 10 次的交互或最近 30 天的交互等信息，作为大模型的输入序列。然而，当前大模型在识别和利用时间信息方面的能力存在不足，特别是在捕捉用户兴趣的变化方面缺乏敏感性。这可能导致大模型在需要理解序列数据的任务中性能不佳或缺乏整体性[8]。

为此，Zhendong Chu 等人[9]提出了提示框架 Tempura，通过将历史物品用作上下文演示，大模型可以更好地捕捉历史交互序列中的时间信息。Tempura 提供了三种提示策略，汇总来自不同提示策略的推荐结果，以充分利用历史交互中的时间信息进行基于大模型的序列推荐，接下来我们将分别介绍这三种提示策略。

(1) 近邻时间示例

该策略利用上下文学习（in-context learning，ICL）方法捕捉时间信息，选择用户最近看过的 k 个物品作为示例加入提示模板，帮助模型捕捉用户的短期兴趣。

Tempura 的近邻时间示例的推荐提示模板：
我已经按顺序看过这些物品：< 近期历史物品序列 $1, 2, \cdots, n{-}k$ >，你应该推荐物品 < 近期物品 $n{-}k{+}1$ >，现在我已经看过物品 < 近期物品 $n{-}k{+}1$ >
现在向我推荐一个新物品。

(2) 全局兴趣示例

为避免模型忽视用户的长期兴趣，Tempura 引入了全局兴趣示例（global interest demonstrations）策略，从用户完整的历史序列中随机抽取部分历史物品来保留用户的全局兴趣，并将这些物品加入提示模板。

Tempura 的全局兴趣示例的推荐提示模板：
给定 < 全部历史物品序列 $1, 2, \cdots, n{-}1$ >，接下来你应该推荐物品 n。

(3) 结构分析示例

为使大模型能够有效识别用户行为序列中的时间模式，Tempura 引入了结构分析策略。通过聚类分析，将用户历史序列中的物品根据时间接近性和特征相似性对物品进行分组，使大模型能更好地利用用户在时间结构上的偏好信息。

> **Tempura 的结构分析提示模板：**
> 我按顺序看过这些物品：< 全部历史物品序列 1, 2, …, n>。
> 分析历史物品中的集群。
> 要求满足两个标准：
> 1）将相似的物品聚集在一起；2）将时间上接近的相似物品聚集在一起。

通过与大模型的多轮交互，Tempura 获取了基于以上三种提示策略生成的排序结果，并通过对推荐分数的加权整合，产生最终的排序结果。这种提示策略的组合设计，增强了大模型在捕捉用户行为序列中的时间信息方面的能力。

5.2.3　上下文感知优化

在将大模型用于序列推荐的过程中，推荐信息通常会被转换为自然语言输入大模型，以预测下一个物品。这种方式会导致大量的资源开销，并增加计算复杂度，尤其是在相同物品重复出现时，会造成不必要的重复计算。

为了解决这一问题，密歇根州立大学、北卡罗莱纳州立大学、香港理工大学、香港城市大学以及亚马逊 [10] 联合提出了一种名为 Lite-LLM4Rec 的分层大模型框架，旨在实现高效训练和低延迟推理。本节将详细介绍 Lite-LLM4Rec 的算法架构、关键组件及其训练过程。

Lite-LLM4Rec 的框架示意图如图 5-5 所示，它包括两个主要部分：物品大模型和推荐大模型。物品大模型负责将物品的上下文信息序列（如标题、类型）编码为紧凑的、上下文感知的嵌入向量。这种方式能够有效捕捉输入序列中上下文的细微差别和依赖关系，并通过平均池化方法为物品 i 创建上下文感知向量 $\boldsymbol{h}_i$。随后，推荐大模型将会接收这些上下文感知向量作为输入，而不是原始的冗长上下文序列，从而显著缩短了大模型的输入长度，并通过平均池化进一步得到用户 u 的序列表示 $\boldsymbol{h}_u$。

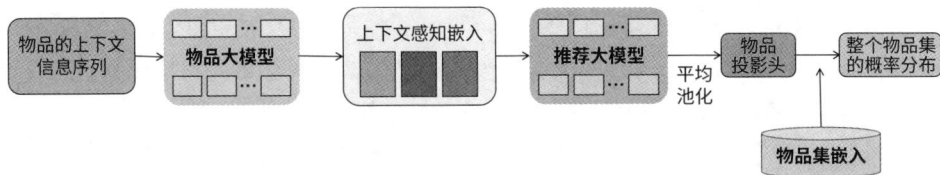

图 5-5　Lite-LLM4Rec 框架示意图

Lite-LLM4Rec 通过物品投影头，直接输出整个物品集的概率分布，并将概率最高的物品作为最终推荐结果。整个物品集的输出概率为：

$$\text{logits} = \boldsymbol{W}_{\text{proj}}\boldsymbol{h}_u$$

其中，$\boldsymbol{W}_{\text{proj}}$ 是 MLP 的投影矩阵。模型使用交叉熵（cross-entropy）损失函数进行训练，具体公式为：

$$\mathcal{L}_{\text{CE}} = -\sum_{i=1}^{N} y_i \log r_i$$

其中，N 是物品的数量，y_i 表示物品 i 的真实标签，r_i 是物品 i 的预测分数。

Lite-LLM4Rec 具有两个显著优势。首先，它将物品上下文信息编码为单个嵌入向量，缩短了输入序列长度，同时保留了完整的语义信息。其次，物品表示可直接由物品大模型生成，无须在物品出现时进行重复计算，从而降低计算成本，提高推理效率。Lite-LLM4Rec 的这一设计在推荐系统算法工程实践中具有重要的借鉴意义。

5.3　基于大模型的推荐排序

在前面两节中，我们探讨了大模型在推荐召回和序列推荐中的应用，本节将进一步介绍如何利用大模型进行推荐排序。

排序模型在个性化推荐系统中具有举足轻重的地位。从"百人百面"到"千人千面"，再扩展至如今的"亿人亿面"，推荐系统的个性化毋庸置疑是针对用户需求差异化的体现。在通常情况下，排序模型会根据每个候选物品被用户最终点击的概率（CTR）来决定物品的排序或展示位置。

推荐排序的方法主要包括单点式（pointwise）、匹对式（pairwise）和列表式（listwise）三种[11, 12]。这三种排序方法的比较示意图如图 5-6 所示。单点式方法通过对每个候选物品单独打分，预测每个用户对该物品的点击概率来排序，这种方法操作简单，但忽略了物品之间的相对顺序。匹对式方法将候选物品进行两两比较，确定哪个物品更相关。列表式方法则通过优化整个候选物品列表进行评估和排序，这种方法全面考虑了用户偏好和相关性，但计算复杂度高且需要大量的训练数据。

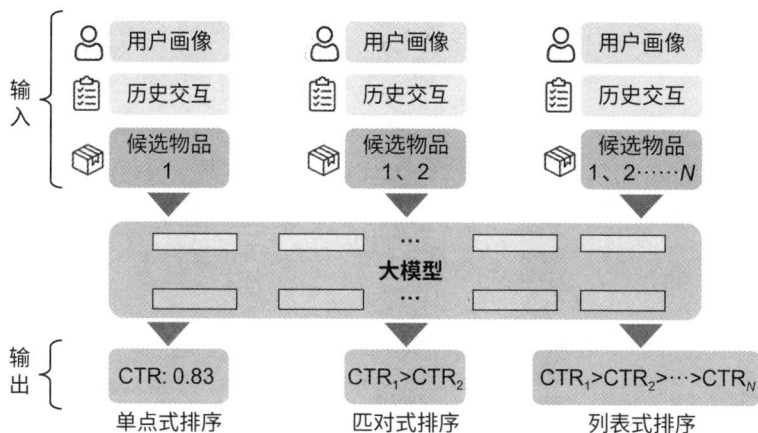

图 5-6　单点式、匹对式和列表式排序的比较示意图

大模型因其卓越的性能与灵活的处理能力，成为推荐排序任务中的理想选择。首先，大模型丰富的世界知识可以提供更深入、更全面的内容理解，从而提高排序结果的相关性。其次，大模型强大的语义表达能力可以理解和捕捉用户的复杂需求，提供更精准的推荐。最后，大模型的零样本和少样本学习能力使其在数据稀疏的情况下，仍然能够提供高质量的推荐。例如，大模型可以通过零样本的方式将推荐排序形式化为一个条件排序问题：用户的历史交互序列作为条件，候选物品作为排序对象，排序任务的提示模板中包含历史交互、候选物品和指令模板等内容。

以下是一个电商场景中的物品排序提示模板示例，展示了大模型如何适配不同的推荐排序方法：

电商类物品排序任务提示模板：

你是一个商品推荐器。根据用户的个人资料和物品交互行为，对用户可能会喜欢或适合的物品进行排序。

用户画像描述：

用户是女性，年龄 29 岁，登录位置中国北京，职业是职场女性。

用户最近购买的商品：

<历史物品序列的描述文本>

单点式排序提示：

对于<候选物品>，请分析用户的点击概率。

匹对式排序提示：

对于<候选物品 1>和<候选物品 2>，请分析用户喜欢哪个？点击概率分别多大？

列表式排序提示：

对于<候选物品列表>，请根据点击概率进行排序。

如果想要进一步优化模型在排序任务中的表现，还可以通过微调大模型，以更好地实现满足用户偏好物品的排序。

对于将大模型应用于推荐排序的研究，已有不少工作提出了相关的优化方法。Yupeng Hou 等人 [8] 提出了通过自举（bootstrapping）和提示策略来减轻大模型在排序任务中可能遇到的位置偏差和流行度偏差问题。此外，Zhenrui Yue 等人 [13] 提出了 LlamaRec 框架，该框架通过两阶段完成推荐任务：首先使用传统推荐器检索候选物品，然后通过提示模板将用户历史和检索到的物品输入大模型，将输出的对数转换为概率分布。这种方法避免了自回归生成，显著缩短了推理时间，并能够一次性为所有候选物品生成分数，有效提升了排序性能。

本节将基于以上进展，进一步探讨如何利用大模型优化推荐排序算法，以增强推荐系统的个性化能力。

5.3.1   排序多样性优化

推荐系统如果仅依赖用户相关性进行排序，可能无法全面满足用户的需求。排序任务不仅需要考虑用户的个性化需求，还应考虑推荐结果的多样性。

推荐多样性是衡量推荐系统质量的关键指标之一，表示推荐列表中的物品之间的不相似程度。增加多样性能让用户探索更多新内容，并帮助系统更准确地捕捉用户的潜在兴趣。但多样性的提升通常会对准确性造成影响，因为多数排序算法倾向于最大化推荐结果的准确性，而忽略了推荐内容多样性的价值。因此，在优化推荐系统时，应平衡准确性与多样性，以更好地满足用户需求。

排序结果的多样性依赖两个环节：召回物品的多样性与排序过程中对多样性的保留。排序模型往往会围绕用户的偏好对召回物品进行排序，使得排序列表中的物品雷同，丢失原本召回物品的多样性。为解决这一问题，可以采取两种方式：一种是在排序算法中考虑多样性；另一种是结合不同的排序方式。显然，第二种方式实现难度更低，也更便于维护。

基于以上思路，香港大学、香港中文大学、杭州电子科技大学等[14]联合提出了RecRanker框架。如图 5-7 所示，这一框架利用大模型完成单点式、匹对式和列表式三种排序任务，再将三种排序结果进行混合排序，得到最终的物品排序结果，解决了推荐结果多样性不足的问题。

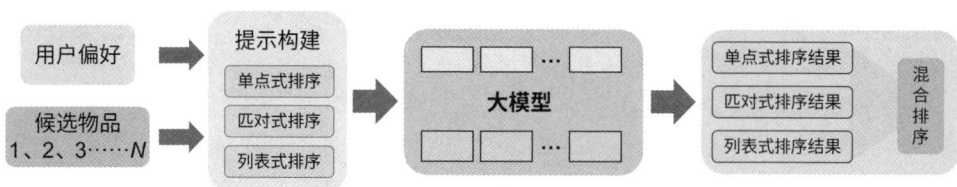

图 5-7　RecRanker 框架示意图

RecRanker 将召回物品序列信息整合到排序任务提示中，形成大模型的输入，包括单点式排序、匹对式排序以及列表式排序三种任务指令。

RecRanker 的三种排序任务提示指令
单点式排序任务提示：
用户的历史交互物品包括：<历史交互物品>。用户会如何评价<候选物品>？
匹对式排序任务提示：
用户的历史交互物品包括：<历史交互物品>。用户会更喜欢<候选物品1>还是<候选物品2>？

列表式排序任务提示：
用户的历史交互物品包括：<历史交互物品>。请根据用户偏好，对<候选物品列表>进行排序。

RecRanker 采用基于交叉熵损失的监督微调方法，训练数据集由排序任务提示输入 – 排序结果输出对 (x, y) 组成，目标函数如下：

$$\min_{\Theta} \sum_{(x,y)\in\mathcal{D}_{ins}} \sum_{t=1}^{|y|} -\log P_{\Theta}\left(y_t \mid x, y_{[1:t-1]}\right)$$

其中，Θ 表示模型的参数，P_{Θ} 表示输出 y 的第 t 个词元 y_t 的条件概率，$|y|$ 是 y 的长度。

为融合不同类型的排序任务的优势并保证排序多样性，RecRanker 对以上三种排序任务的结果进行混合，表示为：

$$\mathcal{U} = \alpha_1 \mathcal{U}_{\text{单点式}} + \alpha_2 \mathcal{U}_{\text{匹对式}} + \alpha_3 \mathcal{U}_{\text{列表式}}，\quad \alpha_1 + \alpha_2 + \alpha_3 = 1$$

其中，$\mathcal{U}_{\text{单点式}}$、$\mathcal{U}_{\text{匹对式}}$、$\mathcal{U}_{\text{列表式}}$ 分别为单点式排序、匹对式排序、列表式排序任务的物品顺序。

通过融合上述三种排序方式的结果，并且在提示模板中增加来自传统推荐模型的数据，RecRanker 框架在提升推荐多样性的同时又保证了排序质量。这种基于大模型的排序多样性优化方法，为推荐系统中的排序问题提供了新的解决方案，并在大模型应用于推荐任务中具有重要的借鉴和指导意义。

5.3.2　排序不变性优化

排序不变性是指推荐系统在对物品进行排序时，仅关注它们的特征和用户的需求，无论输入顺序如何变化，都能保持稳定的排序结果。这种特性有助于提升推荐系统的准确性、公平性和用户满意度。

我们在 5.3.1 节中介绍的 RecRanker，在指令微调时便采用了位置偏移（position shifting）策略随机改变推荐列表中物品的顺序，确保推荐结果不受原始物品顺序的影响。然而，大模型在推荐排序中的应用虽然高效，但仍然面临着生成与排序任务目标不对齐、位置偏差以及计算成本高等问题[8]。

为了在解决这些问题的同时提高排序效率，Wenshuo Chao 等人[11]提出了一种列表排序对齐框架 ALRO（aligned listwise ranking objectives），通过 soft-lambda 损失函数和排列敏感学习机制，强化大模型排序能力，解决位置偏差问题，提升推荐系统的一致性和效率。ALRO 框架的排序优化方法由三个部分构成：监督微调、排序目标对齐和排列敏感学习。

首先，在监督微调阶段，ALRO 使用 LoRA 方法微调预训练大模型，将用户历史和上下文（包括物品的名称、类别和描述等属性）构建为提示模板，形成大模型的输入。

ALRO 的物品排序指令模板：
根据用户的交互历史，揭示他们的物品偏好，生成所提供的候选物品的基于偏好的排名，你的任务是对一系列新的候选电影进行排序。你的排序应包括所有提供的候选电影，并且应仅基于用户的偏好，而无须考虑候选物品的初始顺序。
输入：
用户交互历史：<历史物品序列（标题、类别、评分）>
候选物品：<候选物品序列（标题、类别、评分）>
物品排序：
根据交互历史，排序结果为：

其微调的损失函数为：

$$\mathcal{L}_{\text{sft}} = -\sum_{t=1}^{|y|} \log \left(P_\theta (y_t \mid x, y_{<t}) \right)$$

其中，x 和 y 分别为输入的提示和输出的物品排序，$P_\theta(y_t \mid x, y_{<t})$ 表示词元 y_t 的条件概率。

接下来，在排序目标对齐阶段，ALRO 将 soft-argmax 函数与 lambda 损失结合起来，解决交叉熵损失与排序目标不对齐的问题，从而减少预测排序与目标排序的偏差。排序对齐的损失函数为：

$$\mathcal{L}_{\mathrm{rank}} = \sum_{i=1}^{|\tau|} \sum_{j:\tau_j < \tau_i} \left| \frac{1}{D_{|i-j|}} - \frac{1}{D_{|i-j|+1}} \right| \left| G_i - G_j \right| \cdot \log_2 \left(1 + \mathrm{e}^{-\sigma(s_i - s_j)} \right)$$

其中，G_i 和 D_i 遵循归一化折损累积增益（normalized discounted cumulative gain，NDCG）的定义，s_i 代表大模型预测的排序分数。

最后，在排列敏感学习阶段，针对大模型倾向于优先推荐召回列表前面的物品的问题，ALRO 引入排列损失。排列敏感学习的损失函数可表示为：

$$\mathcal{L}_{\mathrm{cont}} = -\sum_{t=1}^{|y|} P_\theta(y_t \mid x, y_{<t}) \log P_\theta(y_t' \mid x', y_{<t}')$$

其中，x 和 x' 分别是原始排序和重新排列后的提示输入，y 和 y' 是提示所对应的标签。

综合以上三部分，ALRO 的总损失函数可以表示为：

$$\mathcal{L} = \mathcal{L}_{\mathrm{sft}} + \alpha \mathcal{L}_{\mathrm{rank}} + \beta \mathcal{L}_{\mathrm{cont}}$$

通过结合排序目标对齐和排列敏感学习，ALRO 显著提升了大模型的排序能力，更有效地识别并减轻位置偏差，增强排序过程的稳健性和效能。

5.3.3 多领域物品排序

在大型推荐系统中，跨领域推荐的需求十分普遍。例如，一个大型互联网平台往往同时包含电商、广告、资讯等多种业务领域，并且这些领域之间可能会相互交叉。对于多业务的在线平台而言，通过单一模型（如大模型）来支持全部业务的推荐任务至关重要，尤其是实现跨领域的点击率预测，这需要确保向不同用户提供高度个性化的服务体验。然而，推荐系统往往面临数据稀疏性的问题，导致其在不同领域的性能表现参差不齐，即所谓的"倾斜现象"。同时，大模型在泛化和扩展能力上存在限制，难以适应新领域或进行快速优化。

为此，香港城市大学和华为诺亚方舟实验室联合提出了 Uni-CTR 框架 [15]。该框架利用大模型学习逐层语义表示，通过捕捉不同领域的共性，增强了模型的泛化能力，减轻了不同领域的物品排序不平衡问题。此外，它还实现了不同领域的可扩展性以及对未知领域的稳健性。

本节将详细介绍 Uni-CTR 框架的关键组件，以帮助读者理解多领域的排序算法，并在实际应用中可以借鉴和引用 Uni-CTR 的框架思路。

如图 5-8 所示，Uni-CTR 的架构主要包括三个部分：大模型主干网络、领域专用网络和通用网络。

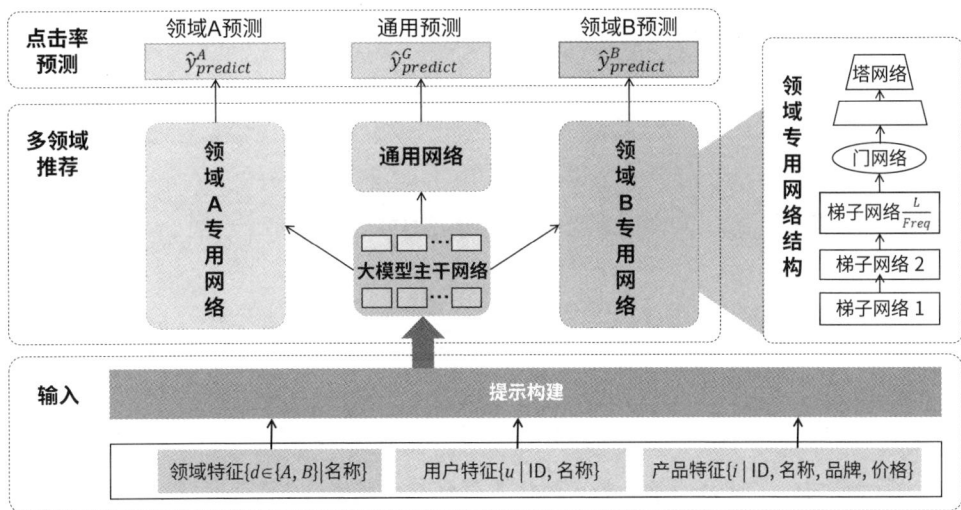

图 5-8　Uni-CTR 架构示意图

大模型主干网络负责将输入的提示序列中的词元映射为固定维度的语义嵌入向量和位置向量，并输入到领域专用网络中。每个领域专用网络对应一个特定领域，用于提取该领域独有的特征。领域专用网络由梯子网络（ladder net）、门网络（gate net）和塔网络（tower net）组成。梯子网络从大模型主干网络中提取中间表示，门网络则调节通过梯子网络传递的信息，塔网络负责进行领域内的预测。而通用网络负责获取大模型主干网络的最终隐藏状态，以捕捉所有已建立领域的共性。与领域专用网络不同，通用网络只包含塔网络，用于进行零样本预测，以适应数据稀疏的领域。

Uni-CTR 框架将领域、用户和产品的特征融入提示模板，实现了语义建模。以下是一个 Uni-CTR 提示模板的示例：

Uni-CTR 提示模板：

在领域 <领域名称> 中：用户 ID 是 <用户 ID>，他最近点击了 <历史交互产品名称>。当前产品的 ID 是 <产品 ID>，标题是 <产品名称>，品牌是 <产品品牌>，价格是 <产品价格>。

此外，Uni-CTR 还采用了掩码损失策略。具体来说，Uni-CTR 的总损失函数结合了领域专用网络损失 $\mathcal{L}^D$ 和通用网络损失 $\mathcal{L}^G$，其总损失函数可表示为

$$\mathcal{L} = \mathcal{L}^D + \mathcal{L}^G$$

其中

$$\mathcal{L}^D = \sum_{i=1}^{M} \left(\text{mask}_i^{d_m} \cdot \ell\left(\hat{y}^{d_i}, y\right) \right) = \ell\left(\hat{y}^{d_m}, y\right)$$

$$\mathcal{L}^G = \ell\left(\hat{y}^G, y\right)$$

$\hat{y}^{d_m}$ 为领域专用网络对用户点击产品的预测，$\hat{y}^G$ 为通用网络对用户点击产品的预测，$\ell(\cdot)$ 表示二元交叉熵损失（binary cross-entropy loss，BCELoss）。

在进行掩码多领域的预测时，对于来自已知领域（$d_m \in D$）的数据样本，Uni-CTR 根据对应的领域专用网络，通过掩码仅保留与 d_m 领域相同的预测结果，输出 $\hat{y}^{d_m}$。对于来自未知领域 $d_m \notin D$ 的数据样本，Uni-CTR 的预测则完全依赖通用网络的输出 $\hat{y}^G$。

Uni-CTR 可以根据不同领域的数据样本进行点击率预测，通过设计的提示模板进行语义理解，学习跨领域的公共特征。Uni-CTR 模型有效地缓解了多领域情况下的"倾斜现象"，并提高了对新领域的泛化能力，对于未来多领域推荐研究框架有着重要的参考价值。

5.4 融合协同信息与语义知识

本章的前面几节主要介绍了大模型在推荐算法中的应用，本节将深入探讨如何将大模型与推荐系统现有的协同信息相结合，以进一步增强大模型在具体推荐业务中的适应性。

在推荐系统中，用户和物品 ID 作为协同信息的组成部分，对于满足工业推荐系统的实际需求至关重要。协同信息是用户偏好的真实反馈，主要涵盖了以下三个方面。

(1) 用户 - 物品交互：用户与物品之间的直接交互行为，例如用户点击、购买了某个物品。这种交互可以直接反映出用户对某个物品的兴趣程度。

(2) 用户对物品的评论：用户在与物品交互后可能会留下打分或评论文本。这种信息可以提供更深入的洞察，帮助我们理解用户喜欢或不喜欢某个物品的原因。

(3) 用户偏好：通过分析用户的行为和评论推断出个人的兴趣倾向。例如，一个经常观看科幻电影并给出高分点评的用户可能偏好科幻电影。

然而，现有的推荐模型通常在封闭环路的用户 - 物品交互数据集上进行训练，不可避免地受到严重的曝光偏见和流行偏见的影响。为了解决这些局限性，引入开放世界的知识以促进对用户历史行为全面而深入的理解显得尤为重要。

大模型凭借其强大的推理能力，在各种自然语言处理任务中取得了显著的突破。尽管大多数基于大模型的推荐系统能够通过提示或上下文学习适应推荐任务，它们在性能上往往难以超越传统模型。业界已经提出了一些将大模型与推荐任务对齐微调的方法，如 InstructRec、TALLRec 和 GenRec 等。这些方法虽然能够处理丰富的语义信息，但未能有效利用 ID 类特征，且无法协同信息。

造成这一问题的原因在于，大模型的预训练目标主要是获取语义信息，而推荐任务的目标是提升点击率，两者之间存在显著差异。显然，桥接大模型与推荐系统的知识，是大幅度提升大模型推荐性能的必要手段。通过将协同信息与语义知识融合，在大模型的训练过程中引入协同过滤信息，可以使生成的嵌入向量更适应下游推荐任务的需求。

如何有效地将 ID 类特征与语义信息整合[16]，打破两者之间的语义鸿沟，一直是大模型在推荐系统中应用的难点。针对这一挑战，作者结合相关研究，整理了多种融合协同信息与语义知识的范式，如表 5-1 所示。

表 5-1　融合协同信息与语义知识的范式

范　　式	描　　述	模型结构	是否需要训练大模型	灵活性
基于协同信息构建大模型	基于协同信息对大模型进行预训练或微调	只有大模型	是	低
将现有 ID 模型集成到大模型	将词元嵌入和 ID 嵌入进行拼接，直接注入大模型进行推荐	大模型 + 传统推荐模型	是	高
将大模型集成到现有推荐模型	用大模型来生成用户 - 物品的协同信息表示，集成到现有推荐系统	大模型 + 传统推荐模型	否	高
协同知识的检索增强大模型	检索协同知识构建提示文本，通过大模型生成推荐结果	大模型 + 检索增强	否	高

5.4.1　基于协同信息的预训练与微调

在推荐系统中，自然语言和推荐任务之间存在语义鸿沟，就会导致用户与物品的语言建模效果不佳，自回归方式算法的推荐效率较低等问题。例如，用户画像信息的偏差或更新不及时，可能会导致推荐系统基于错误信息从语义角度产生错误推荐；某些物品的描述中含有夸大或歧义的成分，因此会被推荐给用户，但实际上无法满足用户需要；或者描述非常接近但完全不同的物品，也可能被一并推荐给用户。

为了解决上述问题，Yaochen Zhu 等人[17]提出了 CLLM4Rec，这是首个将推荐系统的 ID 范式和大模型范式紧密结合起来的方法，特别适用于生成式推荐场景。

CLLM4Rec 旨在通过大模型生成用户意向购买的商品信息，利用用户和物品 ID 词元及向量，紧密结合推荐任务，精准建模用户和物品之间的语义兴趣关系。CLLM4Rec 通过引入用户 ID 词元 <user_i> 与物品 ID 词元 <item_j>，将用户和物品的嵌入向量与词表空间对齐，构建融合历史交互数据和用户与文本特征的提示模板，示例如下：

CLLM4Rec 的用户历史交互的提示模板：

<user_i> 与 <item_j>、<item_k> ⋯⋯有过交互

CLLM4Rec 的用户和物品文本特征的提示模板：

<user_i> 的记录是：

<item_j> 的内容是：

<user_i> 针对 <item_j> 的评论是：

在预训练与微调过程中，CLLM4Rec 通过引导模型聚焦于协同信息和内容信息，有效捕捉用户与物品的协同语义，并从以下两个方面充分利用大模型的预训练知识。

- ❑ 对于协同信息的建模，大模型将用户的词元嵌入向量和交互物品的词元嵌入向量对齐，使彼此在空间上接近，从而准确捕捉用户与物品之间的协同语义。
- ❑ 对于内容信息的建模，大模型根据上下文提示生成下一个词元。

CLLM4Rec 的训练框架如图 5-9 所示，其关键在于通过相互正则化（mutual regularization）的预训练策略，实现用户与物品词元嵌入的协同和内容大模型的语言建模。两个大模型的用户与物品词元嵌入向量互相调节：协同大模型引导内容大模型捕捉与推荐相关的信息，内容大模型引入辅助信息支持协同过滤。

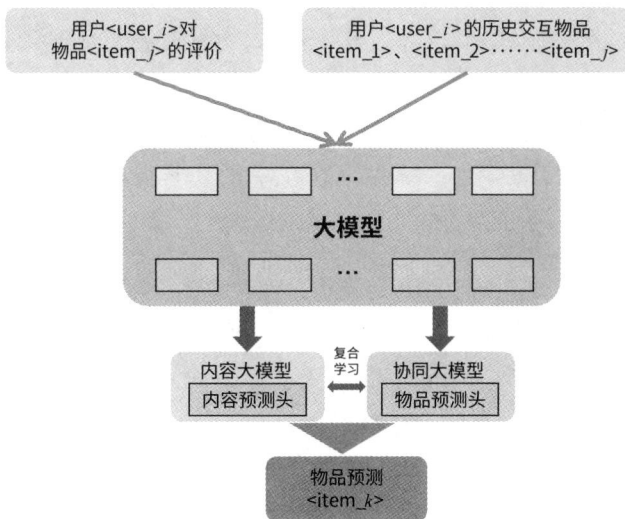

图 5-9　CLLM4Rec 的训练框架图

协同大模型通过固定用户与物品的内容嵌入向量，进行协同大模型的语言建模，其复合学习目标为：

$$\mathcal{L}_{协同}^{\text{MAP}} = \mathcal{L}_{协同大模型} + \mathcal{L}_{内容大模型的相互正则化} + \mathcal{L}_{先验知识} + C_{协同}$$

在优化协同大模型之后，内容大模型固定用户与物品的协同词元嵌入向量，从而得到内容大模型的复合学习目标：

$$\mathcal{L}_{内容}^{\text{MAP}} = \mathcal{L}_{内容大模型} + \mathcal{L}_{协同大模型的相互正则化} + C_{内容}$$

此外，在微调阶段，CLLM4Rec 采用掩码提示策略，将目标物品限定在物品概率空间内，实现在利用预训练大模型的语义知识和用户与物品词元嵌入向量的同时，避免生成幻觉物品。

CLLM4Rec 模型成功桥接了推荐系统中用户与物品 ID 间的语义鸿沟，首次将 ID 推荐模型与大模型融合，基于概率分布生成推荐物品。CLLM4Rec 对后续协同信息与大模型结合的推荐算法发展具有重要参考价值。

5.4.2　ID 推荐模型与大模型的集成

CLLM4Rec 的预训练与微调方法需要消耗较多的资源，对初次使用大模型或使用场景规模较小的用户并不友好。为此，清华大学、华为云 BU 和香港城市大学共同提出了一种更高效的方法——E4SRec[18]。这种方法同样能够将大模型与基于 ID 表示的传统推荐模型相结合。同时，E4SRec 在处理 ID 类特征方面更加高效，具备可扩展性，能够满足实际应用的需求。

E4SRec 模型的训练只需要一组可插拔组件的参数，且这些参数与大模型的部署是相互独立的，方便迁移到不同的推荐场景中。如图 5-10 所示，E4SRec 的架构由输入层、大模型层和预测层三部分构成。输入层整合了物品 ID 和指令，大模型层采用 LoRA 指令微调技术，以适应推荐任务的需求，预测层则直接在候选集上计算并生成结果，提高了推荐的效率和可靠性，并使用交叉熵进行模型优化。这种方法既避免了对知识的灾难性遗忘，又保持了协同信息的完整性。

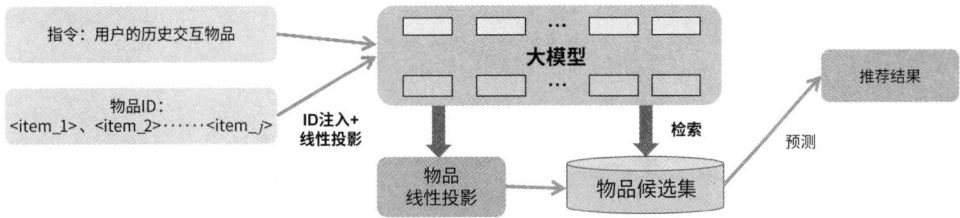

图 5-10　E4SRec 架构图

在微调阶段，E4SRec 结合指令模板，将 ID 嵌入向量直接注入大模型中，这些 ID 嵌入向量可以通过序列推荐模型（参见本书 2.4 节）等方式生成。为提高训练效率，E4SRec 采用 LoRA 方法，仅对大模型的特定模块进行指令微调，包括 ID 嵌入向量、输入层线性投影、LoRA 权重和物品线性投影等数据。更新的参数仅占总参数的 1%，在显著提高效率的同时保证了组件的可插拔性，使推荐系统能够快速适应不同数据集，实现一次微调、多任务共享。

在推理部署阶段，E4SRec 的附加组件与主干大模型的参数量相比要小得多，因此部署开销时间较少。在推理过程中，大模型的输出通过物品线性投影组件进行处理，再执行近邻向量搜索，不需要复杂的模型计算，因此可以以非常轻量级的方式部署。

E4SRec 提供的 ID 注入方法为从零开始构建基于大模型的推荐系统提供了一种可借鉴的思路。此外，可插拔组件的设计能够显著增强线上部署的灵活性，并提高了推理效率，对工业级的大模型推荐系统而言具有重要的参考意义。

5.5　基于检索增强的大模型推荐

推荐系统与大模型各自具有独特的优势。推荐系统在建模用户行为和精确预测方面表现卓越，大模型则凭借其强大的语义理解能力和对未见数据的泛化能力，为推荐系统引入了新的可能性。然而，大模型在推荐任务中也面临一些挑战，例如出现"幻觉"，或者缺乏某些特定领域的知识。为了应对这些问题，我们需要寻找一种解决方案，在无须重新训练模型的前提下确保推荐任务的顺利进行，并防止"幻觉"现象的发生。在这种情况下，检索增强（retrieval-augmented）技术成为最常见的解决方法，尤其是在非微调模型的应用中尤为重要。检索增强技术通过从外部知识源检索信息，并将其融入模型的输入或提示中，从而提升了大模型在推理或生成任务中的性能表现。

在推荐系统中，将大模型与检索增强技术结合可以解决数据稀疏和数据不平衡的问题。这种方式既利用了大模型的预训练泛化知识，提高了推荐的泛化性，又可以通过检索增强技术有效地防止"幻觉"的出现。同时，由于检索增强技术能够帮助大模型获取足够的外部知识作为提示，因此无须微调模型即可补充领域知识。

5.5.1   检索增强的范式

与普通的输入或数据构造方式不同，检索增强技术强调通过一定的策略、算法或规则，查询或构造当前任务的必要信息，以达到特定的预处理目的。常用的检索方式包括基于文本匹配的搜索（如 BM25、ES 等）和基于向量相似度的搜索（如基于 Faiss、ES+E5 等）。在推荐系统中，检索增强技术与大模型结合的方式可以分为两种：一种是检索增强提示，通过检索有价值的信息或知识，构建大模型的提示输入，以实现更专业、更具针对性的推理；另外一种是检索增强训练，通过检索收集有价值的训练样本数据，为大模型提供微调训练所需的数据支撑。

检索增强提示旨在通过检索策略和算法，以高效的方式聚合大模型推理所需的知识，以提示等方式辅助或引导大模型生成预期的推理结果。针对不同场景、不同任务，检索增强的检索目标内容和检索策略可以有所不同。检索结果可能包括具有特定意义的用户－物品历史交互信息、用户－物品的协同交互信息、多种检索方式结合得到的内容等。

例如，Jianghao Lin 等人[19]提出的推荐系统增强框架 ReLLa，针对用户生命周期行为序列的理解问题，采用语义用户行为检索（semantic user behavior retrieval，SUBR）技术，从用户－物品历史交互信息中提取出语义上最相关的 K 个行为，将这些行为作为最重要的交互进行学习，并基于此构建提示输入大模型，以生成语义向量，最终用于执行物品的相关性检索。Run-Ze Fan 等人[20]结合检索增强技术提出了一种话题标签推荐方法 RIGHT，该方法首先查找与推文主题相关的前 N 个推文－标签对，过滤掉低质量和非主流话题标签后，将输入的推文和筛选后的话题标签相结合，直接生成所需的话题标签并进行推荐。

检索增强训练旨在通过检索引入与训练目标高度相关的数据样本或知识来改进大模型的训练过程，加速大模型收敛，从而提升其在特定任务上的性能。该方法通常用于大模型的微调或对齐。

例如，ReLLa 框架中不仅采用了 SUBR 技术，还进一步提出一种与之密切相关的检索增强指令微调（retrieval-enhanced instruction tuning，ReiT）方法，用以构建一个包含丰富用户行为模式的混合训练数据集。通过这种方式，不仅增加了训练样本的多样性，还丰富了用户行为模式，从而提升大模型从长行为序列中提取有用信息的能力，并防止模型在面对新任务时发生灾难性遗忘。

此外，前文介绍过的 RecRanker 框架也提出了一种采样方法，可以视为检索增强训练的范畴。针对不同用户的行为数据对模型的贡献差异，RecRanker 采用了多种自适应用户采样技术，包括重要性采样（根据交互频率赋予权重）、用户聚类采样（通过 K-means 算法进行分组并按组大小采样），以及重复采样惩罚（减少重复用户的影响），从而筛选出更有价值的用户。在物品选择上，RecRanker 在训练阶段随机选取用户喜欢和不喜欢的物品，并通过负采样技术构建排名数据集；在推理阶段，检索模型计算物品分数并选取高分物品作为推荐候选。此外，5.1.3 节中提到的 NoteLLM 通过分析用户行为数据挖掘笔记间的隐藏联系，采用共现计数方法确定笔记间的相关性，筛选出与特定笔记最相关的若干笔记，以进行大模型的生成对比学习 [5]。这些方法通过优化用户和物品的选择，都在一定程度上提升了大模型的微调效率和效果。

需要注意的是，检索增强提示的方式不涉及大模型的训练，应用相对灵活，实现成本较低，同时也大大增强了大模型的可扩展性。检索增强训练方式可以从本质上提升大模型的性能，但实现成本较高。以下几节将主要围绕检索增强提示，介绍大模型与检索增强技术结合的具体应用。

5.5.2   基于协同过滤进行检索增强

推荐系统中，大模型通常仅依靠物品的语义信息来进行推理，忽视了用户-物品交互中的协同信息，导致大模型的推理结果无法充分反映特定任务中用户和物品之间的协同关系。对此，可以结合检索增强技术，将特定的用户-物品交互知识作为输入，辅助大模型进行推理。

Junda Wu 等人 [21] 提出了一种名为 CoRAL 的协同检索增强方法，该方法基于用户-物品交互信息，直接把协同信息融入提示，使得大模型能识别用户的共同偏好和具体偏好，并总结出吸引不同用户群体的物品类型。

利用 CoRAL 进行检索增强的流程如图 5-11 所示。首先，基于训练数据集中的评分矩阵，构建代表用户偏好的正负样本，汇总用户对各个物品共同或具体的偏好。在 CoRAL 中，协同信息提示用于表示用户之间的共同偏好；用户偏好提示则用于描述单个用户的具体偏好。结合这两种提示，CoRAL 进一步利用大模型来预测用户偏好。通过这种方式，大模型能够深入理解物品特征及用户-物品交互知识，同时关注用户间的比较偏好。

为了有效整合协同信息和用户偏好，CoRAL 采用了如下提示模板：

协同信息提示：
角色扮演：作为一个推荐系统，请解决以下问题。
协同信息（对于物品集合中的每个物品）：物品 < 物品索引 > 的文本描述为：< 物品描述 >
喜欢该物品的用户有：< 用户列表 >
不喜欢该物品的用户有：< 用户列表 >
总结：请从上述信息中总结出物品 < 物品索引 > 通常受到哪些类型的用户喜欢
用户偏好提示：
用户正向偏好：用户 < 用户 ID > 喜欢的物品如下：< 物品列表 >
用户负向偏好：用户 < 用户 ID > 不喜欢的物品如下：< 物品列表 >
查询问题：根据物品 < 物品 ID > 的描述，你会推荐给用户 < 用户 ID > 吗？

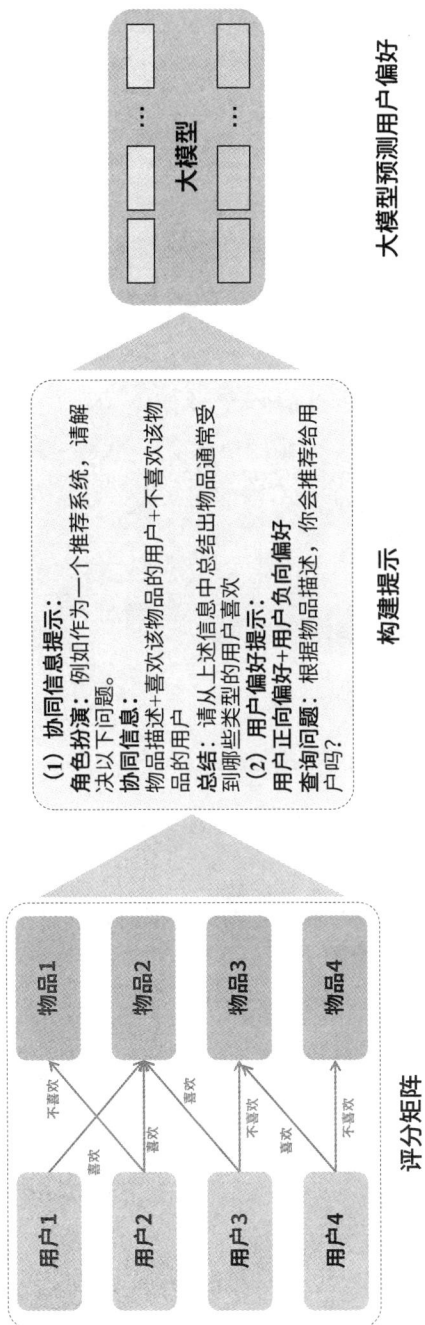

图 5-11 利用 CoRAL 进行检索增强的流程图

评分矩阵

用户1　物品1
用户2　物品2
用户3　物品3
用户4　物品4

喜欢　不喜欢

喜欢

不喜欢　喜欢

不喜欢

构建提示

（1）协同信息提示：
角色扮演：例如作为一个推荐系统，请解决以下问题。
协同信息：
物品描述＋喜欢该物品的用户＋不喜欢该物品的用户
总结：请从上述信息中总结出物品通常受到哪些类型的用户喜欢
（2）用户偏好提示：
用户正向偏好＋用户负向偏好
查询问题：根据物品描述，你会推荐给用户吗？

大模型预测用户偏好

大模型

　　检索增强模块需要构建包含当前推荐任务完整信息的最小充分词元，并确保长期信息收益的最大化。CoRAL 框架采用了深度确定性策略梯度（deep deterministic policy gradient，DDPG）算法 [22] 来训练其检索策略。这种策略通过学习用户和物品的连续向量表示，直接预测下一个用户和物品，而不仅仅是学习所有用户和物品的行动分布。在每个时间步中，该策略基于当前状态来检索下一个用户 - 物品对，状态信息在每次检索后都会更新，而检索策略通过多层感知机跟踪检索过程并聚合收集的信息。通过 DDPG 算法，CoRAL 的检索策略能够进一步在连续空间中进行探索。

　　综上所述，CoRAL 通过检索增强技术，将用户 - 物品交互的协作信息直接纳入提示，使大模型的推理结果与数据集中的协作信息更加一致。此外，CoRAL 通过强化学习框架开发的检索策略，能够在有限的输入提示容量下找到最小充分的协作信息，从而最大化预测的准确性。

5.5.3   基于混合方法的检索增强

　　混合检索增强是一种融合了不同检索技术的综合方法，旨在实现更全面的检索结果。常见的是基于 ID 和基于文本的混合检索方法。

　　Huimin Zeng 等人 [23] 提出了一种结合大模型和混合检索增强的推荐框架 GPT-FedRec，它采用两阶段的方法来克服推荐系统中的数据稀疏性和异质性问题。在第一阶段，混合检索机制挖掘用户偏好模式及物品特征，并生成候选物品；在第二阶段，这些候选物品与历史交互物品序列被转化为提示，输入大模型中进行重排序，从而提升推荐性能。GPT-FedRec 的框架示意图如图 5-12 所示。接下来，我们将详细介绍它如何通过混合检索增强机制来提高推荐的准确性。

　　GPT-FedRec 混合了基于 ID 的推荐方法和基于文本的推荐方法，以提高泛化性。

　　基于 ID 的检索器 $f_I(x)$ 检索潜在的候选物品。它根据用户的历史交互物品序列，生成物品的向量表示，然后基于相似度分数召回最相关的候选物品。例如，LRURec[24] 等方法便是基于 ID 的检索器的实现，其训练过程中采用的交叉熵损失函数可定义为

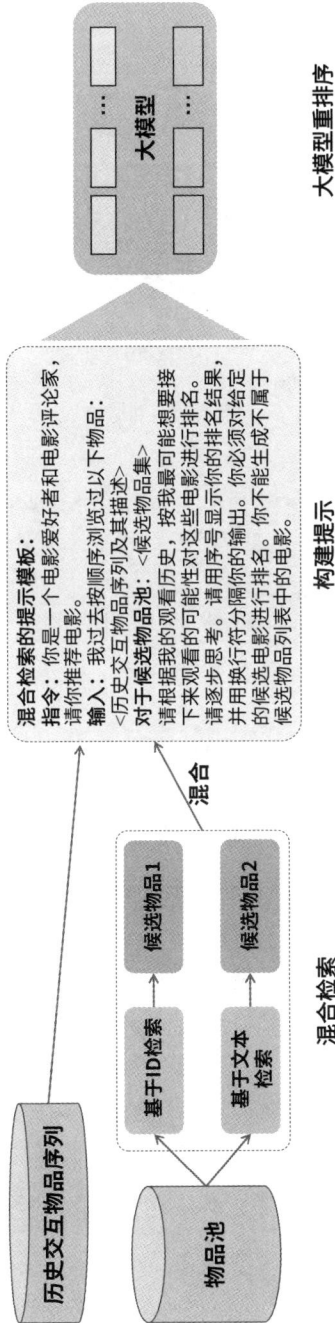

图 5-12 GPT-FedRec 框架示意图

$$\mathcal{L}_{\text{ce}} = \mathbb{E}_{(x,y)\sim\mathcal{D}^k} \left[\mathcal{L}\big(f_I(x), y\big) \right]$$

其中，x 为训练样本，y 为标签物品。

基于文本的检索器 $f_T(x)$ 旨在捕捉物品之间的相关性，以弥补 $f_I(x)$ 在新数据上可能存在的性能限制。通过预训练语言模型（如 E5[25] 等）进行文本检索，从物品描述中提取泛化的文本特征，其训练采用的 InfoNCE[26] 损失函数可定义为

$$\mathcal{L}_{\text{info}} = -\frac{1}{|\mathcal{D}|} \sum_{m}^{|\mathcal{D}|} \log \frac{e^{s\left(f_T(t)^{(m)}, f_T(t_y)^{(m)}\right)}}{e^{s\left(f_T(t)^{(m)}, f_T(t_y)^{(m)}\right)} + \sum_n e^{s\left(f_T(t)^{(m)}, f_T(\bar{y})^{(n)}\right)}}$$

其中，t 为输入文本，t_y 为真实标签文本，$\bar{y}$ 为物品集合中除目标物品 y 外的其他物品。

接下来，GPT-FedRec 通过 Tikhonov 原理 [27] 计算由 $f_I(x)$ 和 $f_T(x)$ 返回的标准化预测分数的加权和，即

$$\hat{P}_{\text{hybrid}} = \lambda \cdot \sigma\big(f_I(x)\big) + (1-\lambda) \cdot \sigma\big(f_T(t)\big)$$

从而生成用户的混合检索结果，即候选物品集。然后将历史交互物品序列和候选物品集对应的标题和类别构建文本提示，输入到大模型中进行重新排序。

GPT-FedRec 混合检索的提示模板：

指令：你是一个电影爱好者和电影评论家，请你推荐电影。

输入：我过去按顺序浏览过以下物品：<历史交互物品序列及其描述>

对于候选物品池：<候选物品集>

请根据我的观看历史，按我最可能想要接下来观看的可能性对这些电影进行排名。请逐步思考。请用序号显示你的排名结果，并用换行符分隔你的输出。你必须对给定的候选电影进行排名。你不能生成不属于候选物品列表中的电影。

5.5.4　基于图检索增强方法

在上一节中，我们探讨了推荐系统中大模型与检索增强技术的融合应用。本节将进一步介绍图检索增强技术在大模型推荐系统中的应用。

在推荐系统中，物品和用户的信息都可以视为知识图谱中的实体节点，而用户与物品的交互相当于实体节点之间的关系，用户画像与物品属性则可视为这些实体的属性。通过利用知识图谱中的实体和关系，推荐系统能更深入地理解物品间的语义联系，挖掘用户的潜在兴趣，实现更精准的推荐。同时，这种方法还可以为推荐结果提供解释[28]。

图检索增强生成（graph retrieval-augmented generation，GRAG）[29]是一种有效提升大模型对特定领域知识的理解和推理能力的技术。它与检索增强技术非常类似，通过将知识图谱中的结构化信息整合到大模型中，弥补模型在处理具体领域数据时的局限性，从而提升推荐的准确性和可靠性。基于知识图谱中的特定实体和关系，可以设计针对性的提示并将其输入大模型，使其进行逻辑推理和决策支持[30]。

在图检索增强推理中，知识图谱中的事实知识被视为额外的、最小必需的上下文信息，以提示形式输入大模型。这种方法结合了知识图谱的显式知识和大模型的隐式知识，帮助大模型做出更准确的预测，同时无须对大模型进行额外训练就能充分利用其强大的语言理解和生成能力。这种与模型无关的方法不仅提升了大模型处理专业知识的能力，还保持了一定的灵活性和适应性，使得推荐系统能够更好地满足用户的需求。

中国科学技术大学、BOSS直聘[31]提出了一种针对在线招聘场景的框架GLRec（graph-understanding LLM recommender）。GLRec的框架示意图如图5-13所示，它基于用户行为图数据构建提示，结合大模型对用户的行为进行预测，从而推荐与用户最匹配的职位。接下来，我们将简要介绍GLRec算法的核心概念，以帮助读者了解如何通过图数据增强对用户行为的分析预测，为其他推荐场景的图检索增强应用提供借鉴和思路。

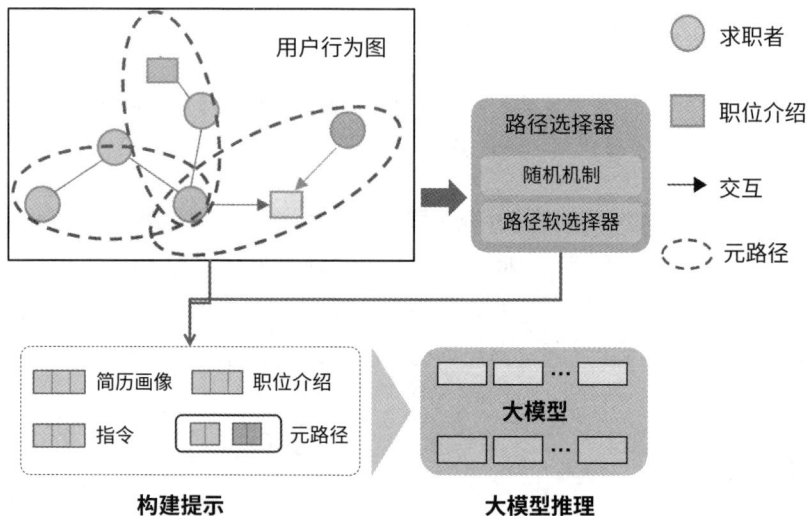

图 5-13   GLRec 框架示意图

在招聘推荐场景中，将用户与物品（职位）的交互行为表示为图形式，可以包含更多样化和复杂的语义。在 GLRec 中，我们使用异构图来构建求职者与职位的关系，其中节点代表求职者、职位等实体，边代表消息推送、面试、匹配等行为关系，如元路径 $c_1 \xrightarrow{\text{面试}} j_1 \xrightarrow{\text{推送}} c_2$，表示求职者 c_1 面试了职位 j_1，职位 j_1 推送给了求职者 c_2。

对于每个求职者，GLRec 根据元路径构建提示，以增强用户的个性化表示。将元路径与大模型整合的示例如图 5-14 所示。

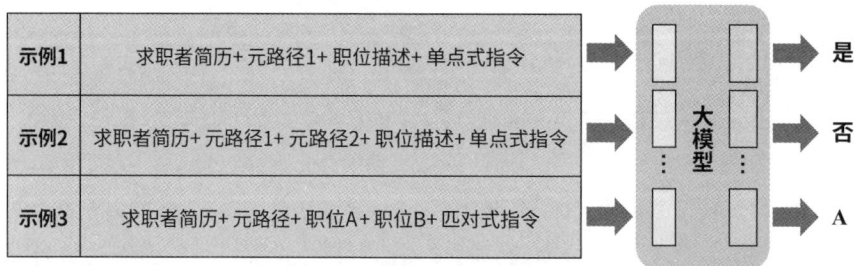

图 5-14   元路径提示输入示例

GLRec 还设计了单点式和匹对式两种匹配任务提示。为了更直观地展示提示的内容，表 5-2 列出了针对求职者和职位的提示模板。

表 5-2　GLRec 的提示模板

提示类型	提示模板
求职者简历提示	年龄：28 岁，所在城市：广东省深圳市。 学历：学士，毕业学校：XXXX 大学，专业：软件工程，工作经验：4 年。
元路径提示	求职者交互的职位是推荐算法工程师，该职位需要 Python/C++/ 自动化开发背景。该职位被从事信息管理、Java 研发工程师等求职者浏览过……
职位描述提示	职位名称：全栈研发工程师，学历要求：大专及以上，工作经验：2~3 年，技能要求：HTML/Java/Spring Boot/SQL
单点式匹配	你是一个推荐系统，决定求职者是否会对推荐的职位感到满意。请回答"是"或"否"
匹对式匹配	你是一个推荐系统，决定哪个职位和求职者匹配。请回答"[A]"或"[B]"

不同的元路径对模型决策的影响权重不同，元路径提示在序列中的顺序不同也会导致答案不稳定。为了解决这些问题，GLRec 采用了以下几种优化策略。

(1) 引入随机机制，在多路径样本中混排提示，以此微调大模型，增强模型的稳定性和稳健性；

(2) 采用路径软选择器，通过计算元路径嵌入向量的权重来减少路径顺序的影响；

(3) 结合以上两种策略，更全面地解决顺序偏差的问题。

GLRec 框架通过构建基于用户行为图数据的提示，使大模型能够直接生成个性化的职位推荐，这不仅提升了模型处理未见物品的能力，还增强了推荐系统的生成联想能力，为招聘市场开发先进职位推荐系统提供了重要参考。

5.6　小结

本章围绕大模型作为推荐算法这一核心内容，详细介绍了大模型在推荐系统中的应用与研究进展，这也是当前业界广泛关注的重要方向。

本章首先探讨了大模型如何作为推荐系统的核心模型，包括在推荐召回、序列推荐、推荐排序等环节中的具体应用，同时，还介绍了协同信息与语义知识的融合，这是实现大模型与传统 ID 推荐模型融合的关键。此外，本章还介绍了检索增强和图增强等技术在大模型推荐场景下的创新应用。在上述内容的基础上，本章还进一步讨论了如何优化这些应用方法，包括模型微调、时间意识优化、上下文感知、资源消耗优化等。

尽管大模型在推荐场景中展现出巨大的应用潜力，但目前仍处于探索和研究阶段。如何更有效地融合推荐系统与大模型，以及提升大模型的推理效率等，仍然是需要进一步解决的问题。

下一章将从另一个角度切入，介绍大模型作为组件增强推荐系统的相关应用，旨在帮助读者从数据的角度认识并了解大模型在推荐系统中的作用和价值。

参考文献

[1]   Wu L, Zheng Z, Qiu Z, et al. A Survey on Large Language Models for Recommendation[J]. ArXiv, 2023,abs/2305.19860.

[2]   Li J, Zhang W, Wang T, et al. GPT4Rec: A Generative Framework for Personalized Recommendation and User Interests Interpretation[J]. ArXiv, 2023,abs/2304.03879.

[3]   Friedman L, Ahuja S, Allen D, et al. Leveraging Large Language Models in Conversational Recommender Systems[J]. ArXiv, 2023,abs/2305.07961.

[4]   Zhang Y, Yu W, Zhang E, et al. RecGPT: Generative Personalized Prompts for Sequential Recommendation via ChatGPT Training Paradigm[J]. ArXiv, 2024,abs/2404.08675.

[5]   Zhang C, Wu S, Zhang H, et al. NoteLLM: A Retrievable Large Language Model for Note Recommendation[J]. ArXiv, 2024,abs/2403.01744.

[6]   Wang L, Lim E. Zero-Shot Next-Item Recommendation using Large Pretrained Language Models[J]. ArXiv, 2023,abs/2304.03153.

[7]   Li Y, Zhai X, Alzantot M F, et al. CALRec: Contrastive Alignment of Generative LLMs For Sequential Recommendation[J]. ArXiv, 2024,abs/2405.02429.

[8]   Hou Y, Zhang J, Lin Z, et al. Large Language Models are Zero-Shot Rankers for Recommender Systems[C], 2023.

[9] Chu Z, Wang Z, Zhang R, et al. Improve Temporal Awareness of LLMs for Sequential Recommendation[J]. ArXiv, 2024,abs/2405.02778.

[10] Wang H, Liu X, Fan W, et al. Rethinking Large Language Model Architectures for Sequential Recommendations[J]. ArXiv, 2024,abs/2402.09543.

[11] Chao W, Zheng Z, Zhu H, et al. Make Large Language Model a Better Ranker[J]. ArXiv, 2024,abs/2403.19181.

[12] Zhuang S, Zhuang H, Koopman B, et al. A Setwise Approach for Effective and Highly Efficient Zero-shot Ranking with Large Language Models: SIGIR '24[C], New York, NY, USA, 2024.

[13] Yue Z, Rabhi S, De Souza Pereira Moreira G, et al. LlamaRec: Two-Stage Recommendation using Large Language Models for Ranking[J]. ArXiv, 2023,abs/2311.02089.

[14] Luo S, He B, Zhao H, et al. RecRanker: Instruction Tuning Large Language Model as Ranker for Top-k Recommendation[J]. ArXiv, 2023,abs/2312.16018.

[15] Fu Z, Li X, Wu C, et al. A Unified Framework for Multi-Domain CTR Prediction via Large Language Models[J]. ArXiv, 2023,abs/2312.10743.

[16] Li X, Chen B, Hou L, et al. CTRL: Connect Collaborative and Language Model for CTR Prediction[C], 2023.

[17] Zhu Y, Wu L, Guo Q, et al. Collaborative Large Language Model for Recommender Systems[J]. ArXiv, 2023,abs/2311.01343.

[18] Li X, Chen C, Zhao X, et al. E4SRec: An Elegant Effective Efficient Extensible Solution of Large Language Models for Sequential Recommendation[J]. ArXiv, 2023,abs/2312.02443.

[19] Lin J, Shan R, Zhu C, et al. ReLLa: Retrieval-enhanced Large Language Models for Lifelong Sequential Behavior Comprehension in Recommendation[J]. Proceedings of the ACM on Web Conference 2024, 2023.

[20] Fan R, Fan Y, Chen J, et al. RIGHT: Retrieval-augmented Generation for Mainstream Hashtag Recommendation[C], 2023.

[21] Wu J, Chang C, Yu T, et al. CoRAL: Collaborative Retrieval-Augmented Large Language Models Improve Long-tail Recommendation[J]. ArXiv, 2024,abs/2403.06447.

[22] Lillicrap T P, Hunt J J, Pritzel A, et al. Continuous control with deep reinforcement learning[J]. CoRR, 2015,abs/1509.02971.

[23] Zeng H, Yue Z, Jiang Q, et al. Federated Recommendation via Hybrid Retrieval Augmented Generation[J]. ArXiv, 2024,abs/2403.04256.

[24] Yue Z, Wang Y, He Z, et al. Linear Recurrent Units for Sequential Recommendation[J]. Proceedings of the 17th ACM International Conference on Web Search and Data Mining, 2023.

[25] Wang L, Yang N, Huang X, et al. Text Embeddings by Weakly-Supervised Contrastive Pre-training[J]. ArXiv, 2022,abs/2212.03533.

[26] van den Oord A A R, Li Y, Vinyals O. Representation Learning with Contrastive Predictive Coding[J]. ArXiv, 2018,abs/1807.03748.

[27] Tikhonov A N. On the solution of ill-posed problems and the method of regularization: Dokl Akad Nauk Sssr[C], 1963.

[28] Guo Q, Zhuang F, Qin C, et al. A Survey on Knowledge Graph-Based Recommender Systems[J]. IEEE Transactions on Knowledge and Data Engineering, 2020,34:3549-3568.

[29] Hu Y, Lei Z, Zhang Z, et al. GRAG: Graph Retrieval-Augmented Generation[J]. ArXiv, 2024,abs/2405.16506.

[30] Pan S, Luo L, Wang Y, et al. Unifying Large Language Models and Knowledge Graphs: A Roadmap[J]. IEEE Transactions on Knowledge and Data Engineering, 2023,36:3580-3599.

[31] Wu L, Qiu Z, Zheng Z, et al. Exploring Large Language Model for Graph Data Understanding in Online Job Recommendations[J]. ArXiv, 2023,abs/2307.05722.

第 6 章

大模型增强推荐系统

近期，以 GPT-3.5、GPT-4 及 DeepSeek 为代表的大模型在各种自然语言处理任务中取得了显著的突破。这些大模型在大规模语料库上进行训练，展现出接近人类的思考能力，并能够进行无缝推理。凭借庞大的世界知识库、丰富的语料库，以及卓越的零样本或少样本学习能力和逻辑推理能力，将大模型作为现有推荐系统的增强工具，能够帮助推荐系统更深入地理解用户需求。

6.1 大模型构建特征工程

特征工程在推荐系统中占据着重要位置，好的特征工程能显著提高推荐系统算法的精准度。特征工程的核心任务就是把原始的输入（如文本、图片、音频、视频等）转换为可以直接用于模型训练和推理的格式。例如，电商网站的大模型可根据用户的浏览、搜索、购买行为总结其兴趣偏好和消费习惯，如"热爱运动""喜欢稀奇古怪的商品"等。对于商品，大模型可以结合商品描述、用户评价等信息生成属性表示，如"适合年轻人""长辈很喜欢"等。

特征工程涉及从用户信息、物品信息、场景信息中提取关键信息。在这一过程中，如何从杂乱、冗余的数据中提取有效特征，最大限度地表达推荐任务中的所有信息，并尽可能地剔除冗余信息，是特征工程面临的主要挑战。

大模型出现之前，推荐系统中的特征工程通常包含特征转化、特征选择、特征组合等步骤，一般做法是从用户、物品以及上下文维度收集信息。随着深度学习技术及嵌入方法的引入，工业级组件开始使用嵌入方式进行特征的表征、提取和组合，实现端到端的特征工程。具体内容可以参考第 2 章。

在基于内容的个性化推荐中，特征嵌入是核心技术之一。例如，Google News 根据用户兴趣推荐新闻报道，Goodreads 平台为用户推荐感兴趣的书籍。嵌入特征是这些推荐系统的核心组成部分，通常使用内容编码器对物品的信息进行编码以捕捉语义特征。

大模型作为特征工程强有力的增强工具，能够利用其强大的语义能力以及知识能力，提升特征工程的质量，并优化推荐模型的输入。具体来说，用户的历史交互数据和附加信息可以作为大模型的输入，大模型利用自然语言处理能力从中提炼出用户画像、偏好和物品属性等有价值的特征。这些信息最终被编码为特征向量，供下游推荐任务使用，从而实现基于大模型的语义嵌入增强。第 5 章中介绍的多种方法也或多或少地使用大模型进行用户或物品的特征工程。

Qijiong Liu 等人 [1] 提出一个基于大模型的生成式新闻推荐框架 GENRE。GENRE 利用预训练的语义知识丰富新闻数据，结合设计的提示，实现大模型在用户画像和新闻摘要等方面的特征工程应用。Yunjia Xi 等人 [2] 提出了一个名为开放世界知识的增强推荐框架 KAR（Knowledge Augmented Recommendation），它利用大模型获取用户偏好和物品两种类型的事实知识。

通过大模型的特征工程，可以将大模型的推理能力融入现有推荐模型中，结合方法可以分为两种 [3]：第一种方法将推理文本视为补充知识，并将它们与基于 ID 的推荐模型结合起来，以改进传统的依赖用户–物品交互的模型学习方式；第二种方法是将用户历史行为的描述文本和候选物品的描述文本编码为用户和物品的表示，根据文本相似性进行推荐，不依赖 ID。

本节将对相关研究进行介绍，旨在帮助读者理解大模型用于特征工程的范式，并运用到实际的业务场景中。

6.1.1　用户画像构建

在推荐系统中，用户画像通过对用户数据的建模来刻画用户的特征。用户建模的目标是从用户的数据中挖掘潜在的知识和行为模式，以便更好地标识用户的个人资料、偏好和个性化需求。在构建用户画像时，通常会收集和分析用户的各种信息，包括基本属性（如年龄、性别、地理位置等）、历史交互（如浏览历史、购买记录等）、兴趣偏好等。

推荐效果的优劣与用户画像密切相关。从广义上讲，用户画像是指能够代表用户特征的数据，或者通过对用户的历史交互数据的加工处理而形成的标签和特征。这些历史交互数据既可以包括用户当前的行为，也可能涉及过去一段时间的行为。

大模型的通用知识和逻辑推理能力能够丰富用户画像，提高推荐系统的准确性。特别是在面临新用户（没有交互行为）或者用户交互数据稀少的情况下，能够帮助推荐系统学习零样本和少样本数据。

作为用户画像生成器，大模型可以提取包括基本属性和兴趣偏好在内的用户信息，如物品类型、标签、物品特点等。用户建模能够更好地理解用户，从用户行为中提取有价值的洞见和模式，将模型生成的用户向量作为用户画像库中的用户语义，应用在推荐系统的用户分群、召回、排序等多个阶段。

例如，在广告推荐场景中，用户的点击、分享、评论数据往往比较稀疏，因为大部分用户倾向于屏蔽广告或者对广告弹窗非常敏感，因此，精准投放广告是一项极具挑战性的工作。如果在广告投放的链路中分阶段进行优化，可能会大大提升投放的效果。

以受众定向这一阶段为例，现有的广告投放系统大多基于用户标签来选定目标用户。这些标签集合不仅有限，而且对于用户的刻画往往较为粗略，如基于性别、年龄段、兴趣、城市等标签来圈定人群。这类标签包含的用户信息较少，而且无法有效反映用户的历史行为习惯与偏好，导致推荐精准度较低。而基于大模型生成的用户向量进行圈定，不仅能够克服数据稀疏性的难题，还可以在语义层面上更深入地理解用户，从而更精准地定位目标用户。

以下列举部分电商物品特征工程的提示模板，以供读者参考。

电商类用户画像生成指令模板：

你是一个电商平台的用户画像分析器。根据用户的个人资料和使用行为，分析用户的特征，并补全对应的用户画像信息。

用户曾经购买过的商品及其日志：

物品 1：{'商品标题'：经典美式胶囊咖啡，'品类'：胶囊咖啡，'价格'：59 元，'购买时间'：2024-03-01，'登录地址'：北京，'优惠'：满 50 元减 5 元券，'评价'：5 星 }

物品 2：{'商品标题'：红色唇膏，'品类'：唇膏，'价格'：136 元，'购买时间'：2023-12-12，'登录地址'：北京，'优惠'：双 12 活动满 100 元减 5 元券，'评价'：3 星 }

物品 3：{'商品标题'：粉红色围脖，'品类'：围脖，'价格'：68 元，'购买时间'：2023-03-05，'登录地址'：北京，'优惠'：店铺新客满 60 元减 1 元券，'评价'：4 星 }

物品 4：{'商品标题'：电脑支架，'品类'：办公用品，'价格'：128 元，'购买时间'：2023-01-15，'登录地址'：北京，'优惠'：满 100 元减 1 元券，'评价'：5 星 }

…

用户画像信息模板：{'常驻城市'：''，'性别'：''，'职业'：''，'偏好物品'：''，'优惠敏感型'：''，'历史总消费'：''，'历史平均评价'：''}

请你根据用户曾经购买过的商品及其日志推理用户的特征，并根据用户画像信息模板生成用户画像。

输出：

{'常驻城市'：'北京'，'性别'：'女'，'职业'：'职场白领'，'偏好物品'：'生活用品、办公用品、化妆用品'，'优惠敏感型'：'是'，'历史总消费'：'391 元'，'历史平均评价'：'4 星'}

用户兴趣的提取

为了进一步提升推荐系统的个性化服务能力，深入探讨大模型在用户兴趣提取方面的应用显得尤为重要。与传统的特征工程方法不同，大模型作为一种端到端的特征工程方法，不仅可以基于用户的历史交互数据完善用户画像，还可以整合现有画像和历史交互数据，推断出用户的隐性特征，从而构建更加完善的用户画像。

例如，Yingpeng Du 等人[4] 提出了 LGIR，这是一种招聘求职场景中的用户画像生成方法，结合了求职者的自我描述（用户画像）和求职者与职位之间的历史互动行为（隐式交互），通过构建特定的提示，生成更完善的简历（用户画像），从而提升求职者简历的质量。

LGIR 的提示模板：

请根据用户的原始简历和感兴趣的工作描述进行适当的改进和修订，生成一个简洁明了的新简历，突出更多的技能和经验信息，以提高匹配推荐系统在定位和识别用户能力方面的准确性。用户的简历是：<简历内容>。用户感兴趣的职位描述是：<感兴趣的职位描述>。

香港理工大学、早稻田大学[5] 提出了一个 ONCE 框架，它通过分析用户历史交互数据，利用大模型生成用户画像、历史偏好汇总信息（如：主题、地理位置），再用经过微调后的大模型进行注意力融合，生成历史交互向量，将用户画像信息和历史偏好编码器生成的用户历史偏好向量进行拼接，得到最终的用户偏好表示。整个过程的示意图如图 6-1 所示。

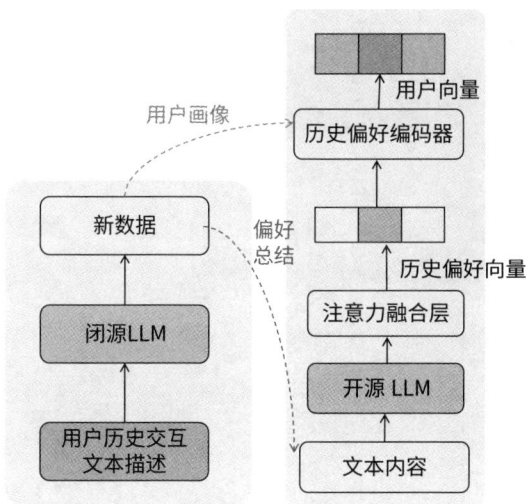

图 6-1 ONCE 构建用户偏好表示的示意图

用户偏好的总结

除了利用大模型进行用户兴趣提取，还可以利用大模型对用户偏好进行总结。例如，Zhi Zheng 等人[6] 提出了分块总结、分层总结和循环总结，其中后两种范式如图 6-2 所示。

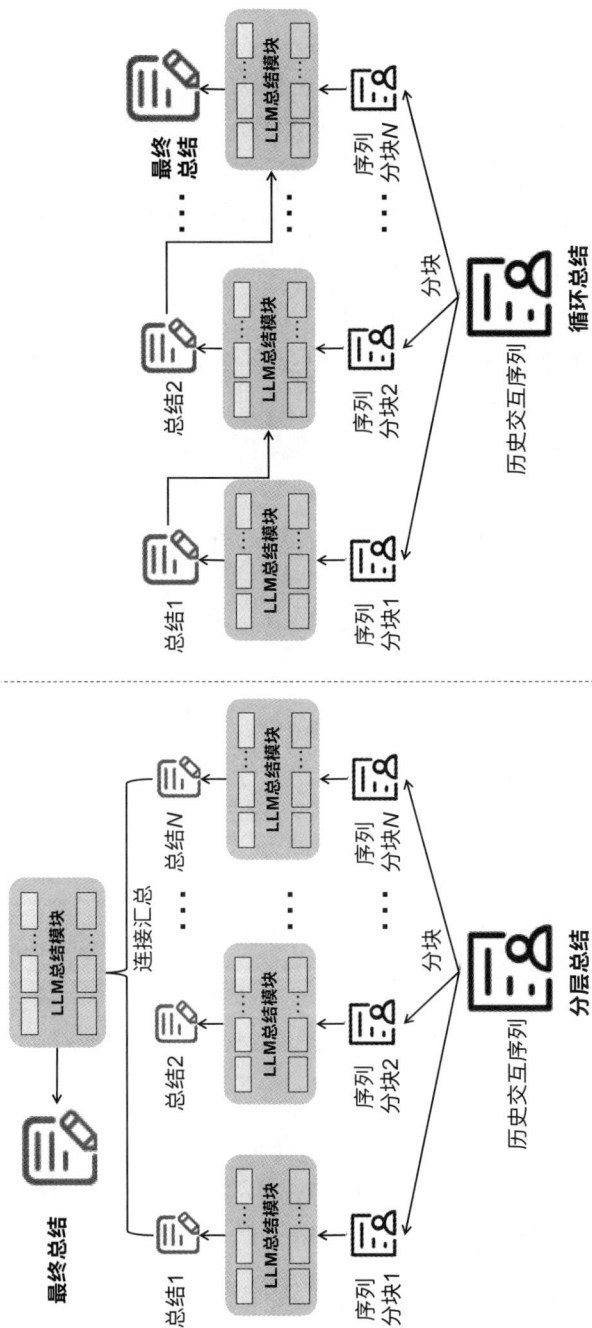

图 6-2　分层总结与循环总结

分块总结：将用户的行为序列转换为包含历史交互物品信息的文本，并按时间段将其切分为多个块，然后利用大模型对每个文本块单独进行总结，以揭示每个特定时间内的用户偏好。

> **Zhi Zheng 等人的分块总结的提示：**
> 提示：给定用户的历史购买数据，包括他们购买的物品标题、描述和属性，制作一个简洁的总结，捕捉用户的偏好、个性和购物习惯。
> **历史购买数据：**
> <用户历史物品交互列表>
> **输出：**
> <用户偏好总结>

分层总结：在获得每个块的总结之后，采用一种类似于卷积神经网络的分层提取高级特征的方法，将多个块的总结输入大模型，并指导它进一步汇总这些分块总结，最终得到用户偏好的全面总结。可以根据实际情况增加总结的层数，以处理尽可能多的包含物品信息的行为序列。这种方法展示了大模型高度抽象概括的能力，能够有效捕捉用户的整体购物习惯。

> **Zhi Zheng 等人的分层总结的提示：**
> 提示：给定用户的历史购买数据，包括他们购买的物品标题，制作一个简洁的总结，捕捉用户的物品偏好。
> **用户购买物品数据：**
> <用户历史物品交互列表>
> **输出：**
> <用户偏好总结>

循环总结：受到循环神经网络的启发，在对用户行为序列进行分块后，将前一个分块的总结和下一个块的用户行为输入大模型，并更新用户偏好的总结，这一迭代过程将持续到所有分块都被处理完毕，从而得到最终的用户偏好总结。这种方法使得大模型在捕捉用户长期兴趣的同时还能结合用户的短期行为变化进行更新。

Zhi Zheng 等人的循环总结的提示：

提示：给定以下用户的物品偏好摘要和他们最近购买的物品列表，分析用户的物品偏好和习惯是否发生了变化。同时考虑到现有的用户偏好摘要和用户最近的购买记录，生成一个更新的简洁摘要，捕捉用户的物品偏好。

注意，新生成的用户偏好摘要应与之前的偏好摘要的格式一致。它应作为用户的完整摘要，而不是用户原始摘要和当前偏好的单独叙述。

用户之前的偏好总结：< 用户偏好总结 >

用户最近购买的物品：< 最近购买的物品列表 >

输出：

< 最终的用户偏好总结 >

这三种方法都可以进行用户偏好总结，该框架充分利用了大模型的强大能力，能够有效地处理丰富的文本信息，提取出用户的长期和短期偏好，为推荐系统提供有价值的参考。

6.1.2　物品特征提取

在推荐系统中，物品的表示和特征是决定推荐效果的关键因素。传统的推荐系统通常依赖手工设计特征或者基于用户行为的协同过滤方法来获取物品的嵌入向量。然而，这些方法往往难以充分利用物品的丰富语义信息，如物品描述、用户评论等。

大模型凭借其强大的知识表达和推理能力，在理解和生成自然语言方面具有显著优势。因此，通过将物品描述、用户评论等文本信息输入大模型，可以生成包含丰富语义信息的嵌入向量。这些嵌入不仅包含了物品的基本特征，还能够捕捉更深层次的语义信息，如隐含的语义关联、内容倾向、用户偏好等。

通过使用具有物品先验知识的特征可以让推荐系统更好地理解物品的特性，提高推荐的准确性和多样性[7]。具体实践过程中可以与其他推荐模型进行集成或者输入到大模型中进行推荐的生成[8]。

本节将进一步介绍如何基于大模型进行物品特征工程。通过大模型的世界知识以及提示设计，可以实现多种特征工程任务，包括物品分类、物品信息补全、物品标签提取等。

作者列举部分电商物品特征工程的提示模板，以供读者参考。

电商类物品信息补全指令模板：

你是一个商品分析器。根据商品现有的描述信息，分析物品的相关特点。

商品描述：

{'商品标题':'星巴克经典美式胶囊咖啡巴西进口','品牌':'','一级品类':'','二级品类':'咖啡','三级品类':'','风味':'','价格':'39元','产地':'','商品描述':'…'}

请你根据现有商品的信息，补全对应的商品属性。

输出物品特征：

{'商品标题':'星巴克经典美式胶囊咖啡巴西进口','品牌':'星巴克','一级品类':'饮品','二级品类':'咖啡','三级品类':'胶囊咖啡','风味':'经典美式','价格':'39元','产地':'巴西','商品描述':'…'}

新闻类物品标签生成指令模板：

你是一个新闻推荐器。根据新闻内容，分析新闻的相关标签和分类。

输入行为：{'新闻标题':'…','新闻主题':'…','新闻内容':'…'}。

新闻分类候选集："政治""经济""科技""体育""娱乐""军事"…

新闻标签候选集：#量子力学#、#人工智能#、#互联网#、#体育#、#足球#、#奥运会#…

输出：{'标签':'','分类':''}。

物品 ID 的嵌入

目前，有不少专门用大模型构建编码器的方法，如 Behnam Ghader 等人提出了一种名为 LLM2Vec[9] 的方法，可以将任何只使用解码器的预训练大模型转化为文本编码器。LLM2Vec 包括三个步骤：启用双向注意力机制、掩码下一个词元预测，以及无监督对比学习。尽管通过大模型直接提取物品文本特征的嵌入向量是一种可行的方案，但这些嵌入很可能难以捕捉具体物品的独特属性或差异。

为了解决这个问题，Jun Hu 等人 [8] 提出了 SAID 框架，该框架利用大模型显式学习基于文本描述的语义对齐物品 ID 嵌入向量。如图 6-3 所示，对于每个物品，SAID 首先通过一个投影模块将物品 ID 转换为嵌入向量。在语义对齐的嵌入学习阶段，这个嵌入向量与物品描述文本拼接在一起输入大模型，大模型基于此输出与该物品相匹配的描述文本。然后，物品 ID 投影嵌入和物品描述词元嵌入被作为输入，令大模型中生成其物品描述。投影器的输出维度应与大模型的词元嵌入大小匹配。

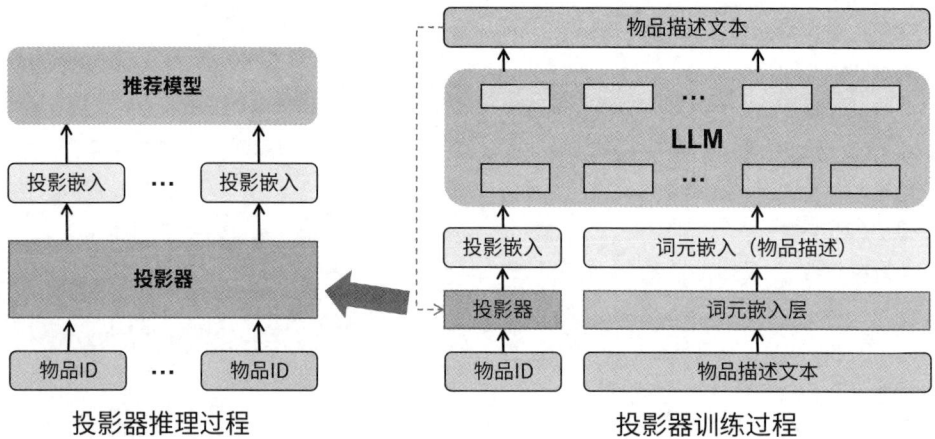

图 6-3　SAID 框架中语义对齐的嵌入学习

此外，SAID 框架还提供了对应嵌入学习的具体训练方法，感兴趣的读者可以阅读原论文。

多模态物品特征

在推荐系统中，多模态信息越来越受到重视。推荐系统可以根据用户对物品多模态信息的兴趣进行更精准的推荐，利用多模态表示，将原始的多模态内容转换为密集的嵌入向量并进行特征融合，最后通过这些多模态嵌入来衡量物品间的相似性。增强的多模态表示可以从根本上改善许多下游推荐任务，尤其是显著提高了对物品图片信息的处理能力。

大模型在多模态领域同样具有很大潜力。对于视觉模态，最直接的方法就是通过从图片到文字（image-to-text）的方式提取图像特征。

例如，Xiangyang Li 等人[10]对表格和文本两种模态信息进行跨模态知识对齐，用于物品的点击率预测。此外，另一种可行的方法是使多模态大语言模型（multimodal large language model，MLLM）[11]适应不同模态的表示。不过，预训练 MLLM 通常需要收集大规模高质量的多模态数据，它的训练过程复杂且成本高昂。

Chao Zhang 等人[12] 提出了一种端到端训练的多模态大表示模型（multimodal large representation model，MLRM）。MLRM 基本表示可通过一个明确的词元限制提示来实现，该提示将多模态内容压缩成一个嵌入向量。以下是 MLRM 的笔记压缩提示模板：

笔记内容为：{图片：<笔记图片的视觉嵌入>，标题：<笔记标题>，话题：<笔记话题>，内容：<笔记内容>}。
将此笔记压缩成一个词：

MLRM 框架首先通过视觉编码器从图像中提取特征，并通过连接器转换为视觉嵌入向量。同时，文本提示经过标记化处理形成文本嵌入向量。将视觉嵌入向量插入到文本嵌入向量的位置，形成多模态嵌入向量。随后，这些嵌入向量被送入大模型进行处理并生成一系列隐藏状态，这些隐藏状态中的最后一个嵌入向量被选作笔记的最终表示。

基于 MLRM，Chao Zhang 等人[12] 针对视觉和文本这两种模态的关键信息融合提出了 NoteLLM-2 框架，并结合两种不同视角的方法，进一步增强了大模型对视觉信息的特征识别能力。这两种框架的示意图对比如图 6-4 所示。

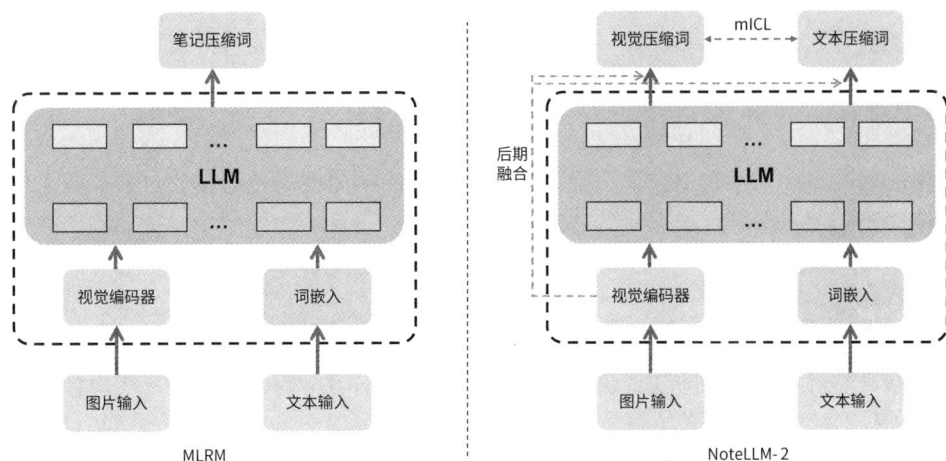

图 6-4 MLRM 与 NoteLLM-2 的框架示意图对比

第一种方法是多模态上下文学习（multimodal in-context learning，mICL）提示。基于 MLRM[12]，将多模态笔记分解为两个单模态表示——视觉笔记和文本笔记，并分别以它们对应的隐藏状态表示。接着，使用上下文学习的方式将这两部分信息合并表示为多模态信息。具体的提示模板可表示如下：

> 笔记内容：{ 图片：<IMG>}，将此笔记压缩成一个词："" 。
> 笔记内容：{ 标题：…，话题：…，内容：… }，将此笔记压缩成一个词：""

第二种方法是从模型架构出发，引入后期融合机制（late fusion mechanism），将原始视觉信息融入文本信息中。具体来说，视觉编码器首先提取图像特征，接着选取一个包含整个图像信息的视觉特征向量。然后，使用线性层将这一特征向量转换为与大模型的嵌入空间相兼容的向量。

NoteLLM-2 采用门机制将原始视觉信息融入笔记中，并在此基础上进行对比学习。最终的损失函数由视觉嵌入向量的损失函数和多模态嵌入向量的损失函数组成。通过整合大模型和视觉编码器，NoteLLM-2 构建了一个强大的多模态大模型，实现对多模态（图片及文本）特征信息的充分利用。

6.1.3   用户与物品的特征组合

我们在第 2 章中已经介绍了特征组合在推荐系统中的重要性及其应用实例。双塔模型可以看作一种特征组合的实现方法。在双塔模型中，一个塔用于处理用户特征，另一个塔用于处理物品特征。这两个塔分别将用户和物品的特征映射到高维空间中的向量表示，然后通过计算这两个向量之间的相似度来预测用户对物品的偏好程度。

大模型的嵌入技术应用于双塔结构，可以进一步提升特征工程的效果。具体来说，大模型通过处理带有构造性提示的文本输入，能够更好地识别用户兴趣、提取物品信息关键词。这种方法允许下游任务通过对比学习等简单的方式，实现输入和输出的物品与用户对齐，从而提升推荐系统的准确性。

例如，本书 5.2.1 节所介绍的 CALRec[13]，就是采用了双塔训练框架进行对齐学习，其中只接收目标物品的部分可以视为物品塔，接收整个用户 - 物品交互序列的部分可以视为用户塔。本章开头所介绍的 ONCE 框架，也可以视为借鉴了双塔模型的思想，利用大模型分别提取用户画像和物品特征，形成用户向量和物品向量，再将这些特征向量整合到下游推荐模型，实现点击率预测。ONCE 中的用户 / 物品特征组合示意图如图 6-5 所示。

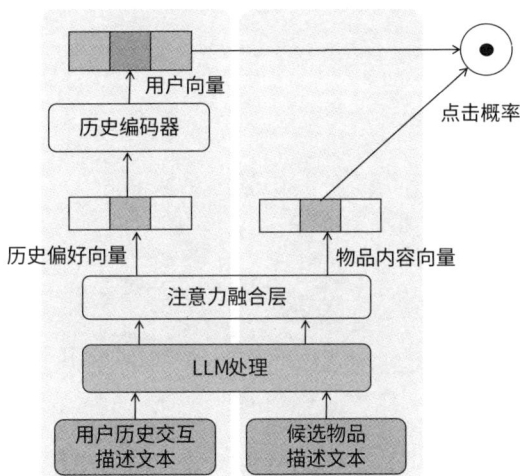

图 6-5　ONCE 中的用户 / 物品特征组合示意图

Jian Jia 等 人 [14] 提 出 了 一 种 名 为 LEARN（Llm-driven knowlEdge Adaptive RecommeNdation）的知识适应框架，旨在结合大模型的开放世界知识和推荐系统的协同知识。LEARN 采用自监督对比学习机制来模拟用户偏好，以最大化感兴趣物品的嵌入相似性。整个框架示意图如图 6-6 所示。该框架通过采用了用户塔和物品塔的双塔结构，分别处理用户的历史交互物品序列和目标交互物品。

在 LEARN 框架中，内容嵌入生成（content-embedding generation，CEG）模块采用预训练的大模型作为编码器，对每个词元的最终隐向量进行平均池化，以生成物品的特征向量。而偏好理解（preference comprehension，PCH）模块则负责将这些向量与推荐任务进行对齐，以弥补开放世界知识与协同信息之间的差距，并生成反映用户偏好的嵌入向量。最终，PCH 模块通过线性层输出用于推荐的特征嵌入向量，以封装大模型对用户和物品信息的理解和推理。

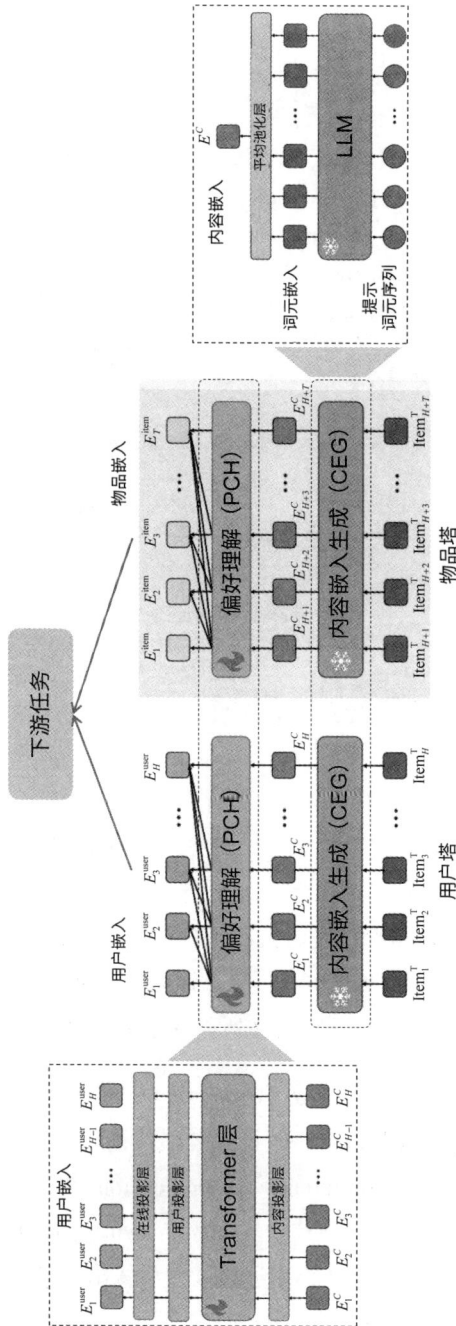

图 5-6　LEARN 的框架示意图

LEARN 框架将大模型作为内容提取器，以推荐任务作为训练目标，从而实现了从大模型的开放世界领域到推荐系统的无缝过渡，更好地符合工业在线推荐系统的实际需求。

6.2 大模型构建图

图推荐（graph recommendation）[15] 是一种利用图结构数据来增强推荐系统性能的方法。在这种系统中，用户和物品被视为图中的节点，用户与物品之间的交互通过边（edge）来表示。图结构能够自然地表示用户和物品之间的复杂交互关系，包括用户之间的社交关系、物品之间的相似性等。图推荐系统能够利用图结构刻画用户的属性偏好、用户－物品交互，提高推荐的多样性，并利用图中的连接信息缓解推荐的冷启动问题。

大模型和图推荐系统各有其优势和适用场景，它们的解决方案也存在一些基本区别。在数据处理方式方面，大模型主要依赖大量的参数和复杂的网络结构来捕捉数据中的模式和关系，图推荐系统则是通过构建用户和物品之间的关系图来进行推荐。在资源消耗方面，大模型需要大量的计算资源和较长的训练时间，这可能会限制它在资源受限环境中的应用，但它非常适合解决复杂问题。相比之下，图推荐系统的使用成本较低，适合处理具有明确用户和物品关系的推荐问题。此外，图在表示和分析网络关系以及现实世界复杂关系方面具有独特优势，是大模型无法完全替代的。

将大模型与图推荐系统结合，可以为推荐系统带来巨大的价值。本书第 5 章已经介绍了基于图的检索增强技术，展示了大模型在推理方面的能力。本节将从另外一个角度出发，探讨如何在推荐系统中应用大模型进行图的构建。这也可以视作大模型在特征工程中的一种扩展。

鉴于大模型在推理和知识提取方面的显著优势，通过提示工程可以进一步增强图的构建能力。以下是一个提示模板，供读者参考：

推荐系统用户知识提取提示：

根据用户（ID：U666）的如下历史购买记录及评价，请你提取其中相关的知识图谱信息。

历史记录：

物品1：{'商品ID'：I1234, '商品标题'：经典美式胶囊咖啡, '品类'：胶囊咖啡, '价格'：39元, '购买时间'：2023-03-01, '评价星级'：3, '评论'：咖啡味道不够浓郁，甚至有些酸涩，性价比不高。}

物品2：{'商品ID'：I5678, '商品标题'：全自动磨豆咖啡机, '品类'：咖啡机, '价格'：299元, '购买时间'：2023-04-02, '评价星级'：5, '评论'：咖啡机使用方便，磨豆和冲泡功能都全自动，体验不错，物有所值}

物品3：{'商品ID'：I4281, '商品标题'：夏季卡通连衣裙, '品类'：连衣裙, '价格'：199元, '购买时间'：2023-08-02, '评价星级'：5, '评论'：我喜欢的类型，尤其是公仔图案，给我打气，考研准备更有干劲了}

…

请你根据用户的评论及评价星级，从用户角度提取对应的知识图谱三元组信息。

用户画像三元组（包括但不限于）：

产品偏好：偏好物品、偏好物品类型等

产品属性偏好：偏好属性、偏好价格范围等

用户画像：职业、位置等

请你输出对应三元组信息，格式为：用户 - 属性 - 值

输出：

用户画像三元组：

U666-偏好物品类型-咖啡；U666-偏好物品类型-连衣裙；U666-偏好属性-使用方便

U666-偏好属性-公仔图案；U666-职业-考研学生

推荐系统物品知识提取提示：

根据商品（ID：I1234）的如下评价星级与评价记录，请你提取其中相关的知识图谱信息。

物品描述：{'商品ID'：I1234, '商品标题'：'星巴克经典美式挂耳咖啡巴西进口', '品牌'：'', '一级品类'：'', '二级品类'：'咖啡', '三级品类'：'', '风味'：'', '价格'：'39元', '产地'：'', '商品描述'：'…'}

历史评论记录：

评论1：{'评论时间'：2023-03-01, '评价星级'：3, '评论'：包装虽然精美，但咖啡味道不够浓郁，甚至有些酸涩，性价比不高。}

评论2：{'评论时间'：2023-04-01, '评价星级'：4, '评论'：风味适中，不会太苦，是我喜欢的类型}

评论 3: {'评论时间': 2023-05-01，'评价星级': 5，'评论': 第二次购买了，依旧是之前的口味，加油！}

…

请你根据用户的评论及评价星级，从物品角度提取对应的知识图谱三元组信息。

物品属性三元组（包括但不限于）：

产品类型属性：品牌、一级品类、二级品类、三级品类

产品功能：功能、包装、快递

产品本身特点：产品质量、风味

受欢迎程度：复购情况、整体评价

请你输出对应三元组信息，格式为：物品 - 属性 - 值

输出：

I1234- 二级品类 - 咖啡；I1234- 包装 - 精美；I1234- 风味 - 适中

I1234- 复购情况 - 有二次购买；I1234- 整体评价 - 评价星级介于 3 星和 5 星之间

Wei Wei 等人[16]同样提出了一种简单而有效的提示方法，通过构建基于大模型的图增强策略来优化推荐系统。这种方法包括以下两个方面：(1) 用户 - 物品交互边的建模增强；(2) 用户或物品节点属性的建模增强。

用户 - 物品交互边的建模增强：在用户 - 物品交互建模中，大模型作为知识感知采样器，从自然语言角度对用户与物品的交互数据进行采样。通过融入上下文知识，捕捉隐式反馈，增加有效监督信号，从而更准确地理解用户偏好。具体而言，将用户的历史交互物品及其附带信息与候选物品集合以文本格式输入大模型，大模型学习并预测用户与候选物品之间的交互可能性。这种方法可以直观反映用户偏好，是利用大模型增强用户 - 物品交互边提取与建模的一种思路，具体实现的提示模板如下：

根据用户的历史记录推荐电影，每部电影都有标题、年份、类型。

历史记录：

< 用户历史观看电影列表 >

候选物品集合：

请从候选电影中输出用户喜欢和不喜欢的电影的索引。请只在 < 候选电影列表 >

中给出索引。

输出：< 候选电影索引 >

　　用户或物品节点属性的建模增强：大模型可以利用用户的历史交互和物品侧信息生成提示，从而提取用户画像和物品属性。这些提取信息以统一的语义形式进行表示，有助于个性化推荐的实现。提取用户和物品节点属性的提示模板如下所示：

> 根据用户的历史记录生成用户的个人资料，每部电影都有标题、年份、类型。
> **历史记录：**
> ＜用户历史观看电影列表＞
> 请输出用户的以下信息，输出格式：{年龄：，性别：，喜欢的类型：，不喜欢的类型：，喜欢的导演：，国家/地区：，语言：}
> 输出：＜用户画像属性描述＞

> 提供给定电影的查询信息。
> ＜查询电影信息＞
> 查询的信息是：导演，国家/地区，语言。并请以以下形式输出它们：导演，国家/地区，语言
> 输出：＜电影属性信息＞

　　此外，Wei Wei 等人[16]还提出了对以上边和节点信息的融合方法，具体步骤如下。

(1) 通过带 dropout 的线性层对增强特征降维，并映射到语义空间。

(2) 使用图神经网络（gragh neural network，GNN）编码器将高阶协同上下文信息注入增强特征。

(3) 将增强特征视为 ID 嵌入向量的附加部分，通过缩放因子和归一化技术微调其影响，得到最终的预测表示。

本节将介绍更多利用大模型构建图的方法。

6.2.1　用大模型构建推理图

　　基于用户的历史交互预测用户未来的兴趣这一问题通常被视为一个序列建模问题，系统通过模拟用户兴趣的动态变化来进行推荐。虽然推荐系统能够为用户提供相关建议，但通常缺乏可解释性，并且难以捕捉用户行为和偏好之间的高级语义关系。Yan Wang 等人提出了一种新范式——大模型推理图（large language model reasoning graph，LLMRG）[17]，该方法基于用户 - 物品交互序列，通过因果推断和逻辑推理将用户的偏好和行为序列联系起来，以可解释的方式呈现用户兴趣的动态演变过程。

LLMRG 的框架如图 6-7 所示，它包含两个组成部分：自适应推理模块和基础序列推荐模型。自适应推理模块基于用户的交互序列和属性构建推理图和发散图；基础序列推荐模型则直接处理输入数据并产生嵌入向量。通过结合这两部分，得到的融合嵌入向量将用于预测用户的下一个物品。

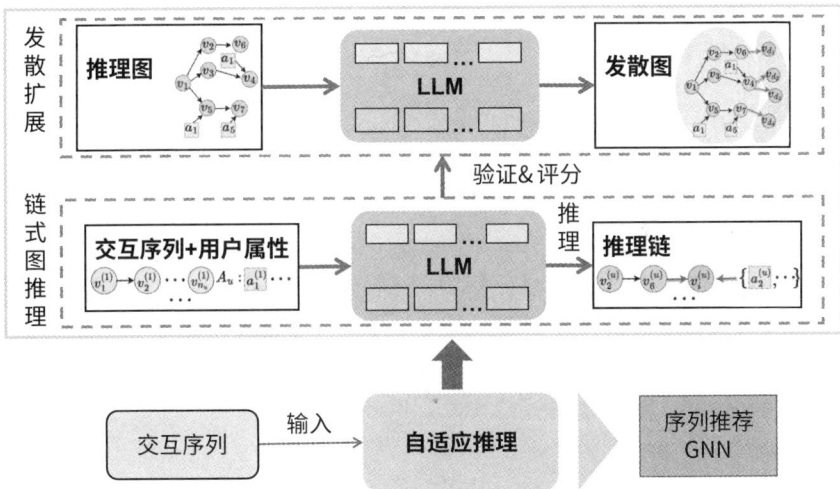

图 6-7　LLMRG 框架示意图

本节将重点介绍基于大模型能力构建的自适应推理图，为读者提供大模型与图技术融合的方法和思路，具体包括两个关键部分：链式图推理和发散扩展。

链式图推理（chained gragh reasoning）：通过因果和逻辑关系来推理用户的个人资料和未来行为。在链式图推理框架中，每个物品都可构建推理链，这些链可以与现有的推理链连接，或者以本身为起点构建全新的链。链式推理的构建根据用户的行为序列逐步进行，直到推理到最后一个物品。LLMRG 基于已知的下一个物品、现有推理链和用户属性设计提示，通过大模型生成可能的新推理链，并将其集成到逻辑推理图中，从而模拟用户行为和兴趣轨迹演变过程。LLMRG 链式图推理的提示模板如下所示：

> **任务描述**：你是一个电影推荐专家。对于用户下一部要观看的电影（电影 X），根据因果相关的电影推理链，以及关于用户的属性，生成新的推理链，*以引导用户接下来观看电影 X。电影 X 可以与现有链中的某电影链接，如果它们之间存在因果关系。新的链可以依据用户属性来解释推理。请返回符合所有新推理链的完整列表。
>
> **输入**：
>
> 用户属性：<用户画像的信息（性别、年龄、职业等）>
>
> 用户下一部要观看的电影：<目标物品标题>，
>
> 现有推理链如下：(1)<物品 11 标题>、<物品 12 标题>、<物品 13 标题>；(2)…
>
> **推理结果**：
>
> 推理链 1:<物品 11>、<物品 12>、<目标物品标题>，依据的用户属性：…

　　发散扩展（divergent extension）：大模型不仅可以观察用户行为，还可以根据推理图进行发散思考。采用基于大模型提示的方式，可以深入分析每个用户动机的推理链，将链扩展到最后一个已知物品之外，为每个推理链生成多个可能的扩展物品，从而捕捉用户的多面兴趣。例如，如果某个推理链代表了用户对未来主义科幻电影的兴趣，那么发散扩展可以预测用户可能喜欢的更多类似主题的科幻电影。发散扩展有助于建模用户的多样化兴趣，为每个推理链生成多个未来的轨迹，进而预测用户可能采取的下一步行动。

> **LLMRG 的发散扩展的提示：**
>
> **任务描述**：你是一位电影推荐专家。根据用户的观影历史和用户属性，基于用户现有的、符合因果关系的电影推理链，预测用户观看的下一部电影最有可能沿着的推理链。可以基于用户的属性来解释推荐每部未知的下一部电影背后的推理。目标是以一种提供准确和个性化推荐的方式，沿着每个推理链的发展方向。
>
> **输入**：
>
> 用户属性：<用户画像的信息（性别、年龄、职业）>
>
> 现有推理链：(1)<物品 11>、<物品 12>、<物品 13>；(2)…
>
> **推理结果**：
>
> 推理链 1:<物品 11>、<物品 12>、<物品 13>、<预测物品标题>，依据用户属性：…

　　LLMRG 框架利用大模型构建个性化推理图，实现了具备逻辑性和可解释性的推荐。与传统推荐模型相比，LLMRG 通过大模型增强的图推理过程，能够为推荐系统提供更多的解释性知识。这种方法突出了大模型在推荐系统中的应用，提供了一种全新的、能跟踪用户行为演变轨迹的推荐方式。

6.2.2　用大模型提取互补关系

传统的推荐系统依赖历史数据和用户反馈，难以捕捉用户意图的转变。尽管基于知识库的模型能够融入专家知识，但同样难以适应新商品的引入和环境的变化。如果能提取出存在互补关系的物品，就能在一定程度上缓解该问题。

蚂蚁集团 Qian Zhao 等人 [18] 提出了 LLM-KERec 推荐方法。LLM-KERec 的框架示意图如图 6-8 所示。该方法结合了传统模型的协同信息处理能力、大模型的推理能力，以及互补图（complementary graph）技术，帮助用户快速找到自己喜欢的物品。LLM-KERec 通过基于大模型的世界知识和常识构建互补图，克服了传统推荐系统所面临的问题，并通过精心设计的提示和手动注释提升大模型的推理精度。互补知识增强模块创建统一实体系统，连接支付宝内容，实现个性化推荐，并成功应用于支付宝推荐场景。接下来，我们将展开介绍基于大模型的互补知识增强模块。

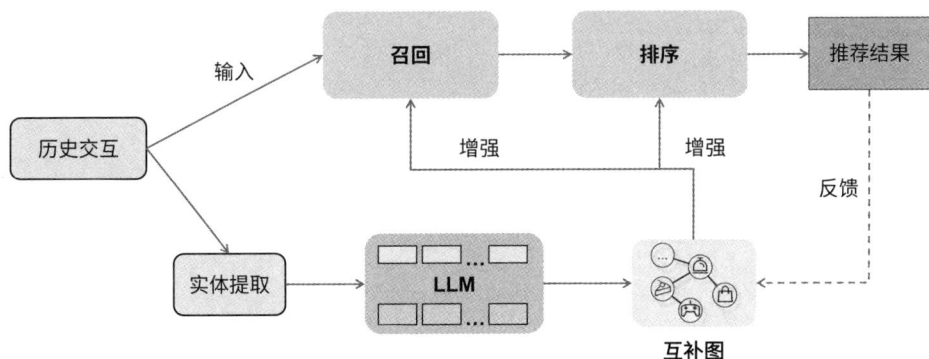

图 6-8　LLM-KERec 的框架示意图

互补知识增强模块包括实体提取、互补图构建以及 E-E-I 决策模型。首先，通过从用户账单和物品信息中提取统一的概念术语（实体），并基于实体流行度和策略生成候选实体对。接着，利用大模型判断每个实体对之间是否存在互补关系，并构建互补图，以深入了解用户的购买模式。然后利用提示的方法引导大模型对物品的实体对进行推理，从而构建可靠的互补图。提示的示例如下：

> **任务描述**：你是一位商品推荐专家。请你根据如下提供的物品，确定用户在购买物品 A 后购买物品 B 的可能性。
>
> **样例及原因参考：**
>
> **互补关系示例**：面包和豆浆是互补关系，因为它们构成了受欢迎的早餐组合。人们通常一起购买这两种商品。
>
> **非互补关系示例**：手机和咖啡之间没有互补关系，因为它们在购买时没有明显的相关性。
>
> **输出格式解释：**
>
> **对两个物品的目的的简洁描述**：描述物品 A 和物品 B 的用途或功能。
>
> **是否存在互补关系**：指示实体 A 和实体 B 之间是否存在互补关系（Y 表示存在，N 表示不存在）。
>
> **详细解释**：提供关于互补关系或非互补关系的详细信息。
>
> **输入**：物品 A：<物品 A 描述>、物品 B：<物品 B 描述>
>
> **输出**：

E-E-I 决策模型包括排序与集成阶段。排序阶段涉及图构建、关系建立和对比学习。图构建基于用户与物品的互动、实体间的依赖和互补关系；对比学习通过聚合替代和互补图信息，优化实体表示。集成阶段将 E-E-I 模型融入推荐系统的召回和排序流程，从而增强物品召回和用户交互的学习。训练过程结合了主任务、对比学习损失和正则化项的损失函数，以进行整体优化。

LLM-KERec 利用大模型推理能力改进了推荐系统中的场景偏好分析问题，通过结合用户物品关系图，使得排序模型能够关注互补物品。这种将图与大模型结合的方法有效降低了推荐同质性，从而提高最终的推荐效果。

6.2.3　用大模型构建超图

用户的行为多样且接触到的内容广泛，这使得系统难以识别潜在的模式或兴趣。超图学习（hypergraph learning）[19] 是一种机器学习方法，它通过将数据表示为一个超图来解决这一问题。超图的示意图如图 6-9 所示。在传统图结构中，每条边只能连接两个节点，而超图引入了一种新的边：超边 [20]。超边可以同时连接两个或更多的节点，从而可以描述和处理更为复杂的关系和结构。在推荐系统中，超图学习方法可以帮助更好地理解用户的兴趣和偏好。将大模型的推理能力与超图结构的优势结合，能够对用户历史行为中的偏好进行结构化表示和分类，进而从稀疏的数据中提取和解释用户偏好，实现更精确的超图学习。

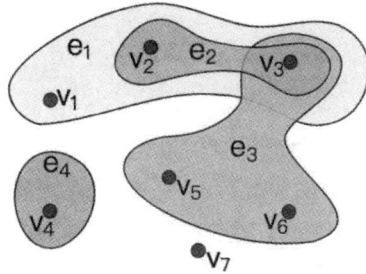

图 6-9 超图的示意图

Zhixuan Chu 等人 [21] 提出了一种可解释推荐框架 LLMHG，它将大模型的推理能力和超图神经网络的结构优势相结合，有效地解释用户兴趣的细微差别，从而更全面地捕捉人类兴趣的复杂性。LLMHG 的任务聚焦于电影推荐，通过分析用户的历史行为序列，揭示其中隐含的用户兴趣。该框架的工作流程包括四个主要步骤：兴趣角度提取、构建多视图超图、大模型内容精练的超图结构学习，以及用于推荐预测的表示融合。LLMHG 的框架示意图如图 6-10 所示。

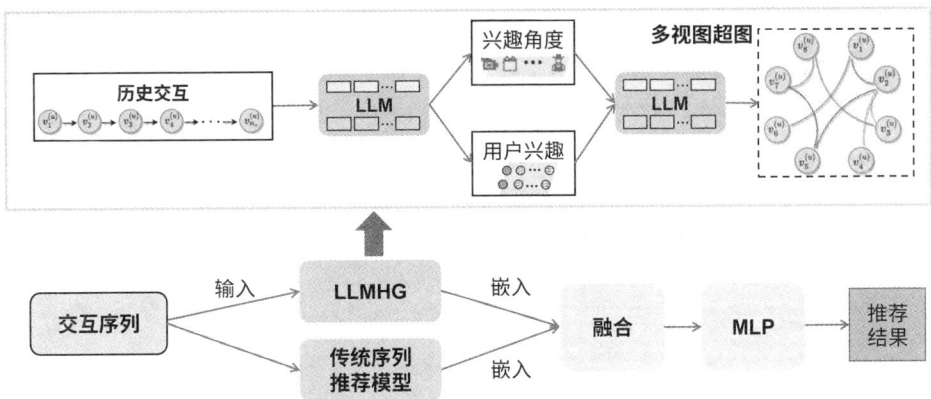

图 6-10 LLMHG 的框架示意图

　　兴趣角度生成：LLMHG 首先基于大模型分析用户行为序列，推导出用户的兴趣角度（interest angle，IA）。这些兴趣角度代表了可能影响用户偏好的关键因素，如电影类型、导演、主题、上映时间或发行地。兴趣角度作为组装多视图超图的基本构建块，每个视图都包含与特定兴趣角度相关的电影的超边。以下提示模板用于指导大模型从用户的历史观看记录中提取兴趣角度：

> **任务描述：**
> 你是一个电影推荐专家。给定用户的历史观看序列，总结用户观看电影的兴趣。每个兴趣类别至少包括历史序列中的两部电影。兴趣类别可以包括但不限于：电影类型（如动作片、喜剧片等）、电影主题（如历史片、战争片等）、电影制作特点（如动画片、纪录片等）、电影导演、电影演员、电影产地、语言、时间等。
> **输入：**
> 用户的历史观看序列：<历史交互物品序列>
> **推理结果：**
> 用户在选择电影时可能考虑的兴趣方面包括：
> 兴趣角度 1：电影类型：兴趣类别 1：科幻片，兴趣类别 2：动作片，兴趣类别 3：冒险片···
> 兴趣角度 2：···

　　多视图超图构建：LLMHG 以用户的兴趣角度为中心，通过大模型将用户历史行为序列中的物品分类到特定集合，构建多视图超图。每个视图包括用户在某一兴趣角度下的观看偏好，如"类型"视图包括恐怖、动作等类型的电影。这些视图和超边综合了多个兴趣角度，全面反映了用户偏好。在超图结构中，物品集合是顶点集，兴趣角度下的类别集是超边集，每条超边表示某些物品在某个兴趣角度下属于同一类别。以下提示模板用于指导大模型组织用户历史行为中与兴趣角度相关的物品集合，从而构建多视图超图：

> **LLMHG 的多视图超图构建的提示：**
> **任务描述：**
> 你是一个电影推荐专家。给定用户的历史观看序列，以及分析师根据用户的历史观看序列总结的用户的兴趣角度和兴趣类别，组织历史观看序列中每个兴趣类别包含的电影。如果兴趣类别不包含任何电影，输出"无"。

输入：
用户的历史观看序列：<历史交互物品序列>
用户的兴趣类别：<用户兴趣类别>。
推理结果：
电影的输出如下：<用户兴趣类别>、<推荐物品标题>…

最后，LLMHG从超图结构学习中得到用户兴趣向量，并与从序列推荐模型中生成的基础向量进行融合。最终，最后通过多层感知机预测用户的下一个物品。通过将用户的行为和偏好编码到图中的节点和边，大模型结合超图技术能够更准确地预测用户的兴趣，从而实现更个性化的推荐。

6.3 大模型增强冷启动推荐

推荐系统的核心在于将物品或内容精确传递给用户，而个性化推荐的目标就是通过用户–物品交互数据和相关的辅助信息，预测用户对物品的偏好，形成独特的推荐列表。然而，随着新物品不断涌现，由于缺少初始曝光和交互数据，推荐系统长期面临着推荐新物品和长尾物品的挑战。

传统推荐系统在用户–物品交互数据丰富的情况下能够表现出良好的效果，但在冷启动情况下，它们往往难以对新用户提供有效的推荐。这是因为推荐算法的训练集中缺乏新用户或者新物品的相关数据，系统无法根据历史数据作出个性化的推荐。大模型以其强大的推理和泛化能力，为解决推荐系统的冷启动问题提供了新的可能。它所展现出的情境意识和面对未知数据时的自适应能力，可以帮助推荐系统更好地识别用户偏好和物品特性，从而显著优化推荐系统的冷启动性能。大模型在处理推荐系统的冷启动问题时通常采用两种方法，一种是通过提示工程进行在线推理，通过分析用户与物品的特征以及用户偏好，利用零样本和少样本学习能力，在缺乏历史交互数据的情况下对新的或者稀有物品进行有效召回；另一种是基于世界知识离线推导特定用户人群对特定物品或品类的偏好，模拟生成用户偏好或用户–物品交互数据，从而将冷启动转变为"热启动"。

6.3.1   大模型作为冷启动模型

提示工程是大模型应用中的一项重要技术，通过设计合适的提示来引导模型生成期望的输出。在冷启动场景中，可以基于提示工程技术，构建零样本或少样本提示，将用户信息、用户偏好物品及其描述、场景描述等信息整合为提示模板，令大模型输出候选物品的相关描述或品类，从而实现冷启动场景下的物品召回。

以下是电商场景下物品冷启动和用户冷启动的两种提示示例，供读者参考：

> 你是一个电商商品推荐器。请你根据用户最近的购买行为，预测用户接下来会更喜欢购买哪个新产品。
>
> **用户历史购买产品：**
>
> <用户历史购买物品列表>
>
> **新产品：**
>
> <电商平台新物品列表>
>
> **输出：**

> 你是一个电商商品推荐器。请你根据该新用户最近的购买行为，预测用户接下来会需要什么产品。
>
> **用户历史搜索关键词：** <用户历史搜索记录>
>
> **用户历史浏览物品：** <用户历史浏览物品列表>
>
> 请你推测用户可能喜欢什么类型的产品，关键词有哪些。
>
> **输出：**

Scott Sanner 等人在研究中通过提示工程验证了在冷启动场景下预训练大模型的明显优势 [24]。他们设计了零样本和少样本的提示模板，并在仅基于物品名称、仅基于物品文字描述以及结合物品名称和物品文字描述这三种情况下，将不同的提示策略与基于物品的协同过滤方法进行了比较。实验证明，在冷启动场景下，预训练大模型也能展现出与基于物品的协同过滤方法相当的推荐性能。

此外，提示微调（prompt tuning）[25] 也是提示工程的一种实现方式。通过文本模板或将连续向量作为提示，它将下游任务转化为与预训练任务类似的形式。在零样本和少样本场景中，提示微调技术表现出显著优势。提示微调只需调整少量的参数，就能高效从大模型推荐模型中提取有价值的知识，因此非常适合解决冷启动问题。

6.3.2　用大模型嵌入增强冷启动

冷启动问题的核心在于分析用户偏好和属性的相关性。嵌入方法可以将高维离散特征映射到低维连续向量空间，使得用户、物品或其他特征的表示更加紧凑，有助于推荐系统更好地理解它们之间的关系，并结合相似度计算实现冷启动推荐。因此，推荐系统除了直接通过大模型进行冷启动推荐，还可以借助大模型的编码能力，助力传统推荐模型进行冷启动推理。例如，大模型对用户画像或物品属性生成嵌入向量表示，并将这些向量用于冷启动推荐任务，帮助推荐系统更好地理解用户之间、物品之间、用户和物品之间的关系。

大模型的嵌入表示能力可以与元学习方法相结合，进一步提高推荐质量。元学习（meta-learning）是解决用户冷启动问题的一种有效方法[26]。元学习[27]方法是机器学习的一个分支，旨在让模型"学习如何学习"，即凭借过去的经验快速适应新任务。基于元学习技术，模型能够利用先验知识，快速识别新用户的偏好，即便这些用户只有少量的交互行为或信息。利用大模型增强元学习方法，可以更快地获取冷启动所需的先验知识，从而快速识别新用户的偏好，而无须与用户进行过多的交互。

Yu Li 等人[29]提出了基于大模型增强的元学习推荐方法（LLM empowered meta-learning based recommendation，LLM-MetaRec），用于预测用户偏好。该方法通过整合元学习和大模型的先验知识，为冷启动推荐提供了一种有效的解决方案。

在 LLM-MetaRec 框架中，预训练的大模型被用于编码用户和物品的文本信息。编码过程捕捉了用户属性和物品属性之间的上下文和隐含关系。随后，这些用户和物品的嵌入向量被连接起来，组合成为统一的嵌入向量。通过利用这个组合嵌入，下游的多层神经网络可以有效地结合互联网数据集中的先验知识，提升冷启动物品的推荐效果。在这一过程中，大模型的参数被冻结，以防止在特定任务的学习中遗忘先验知识。

MAML 是 LLM-MetaRec 框架的关键组成部分，用于学习推荐场景中的特定先验知识，并存储在初始神经网络的权重中。如图 6-11 所示，MAML 采用内循环学习

（inner-loop learning）和外循环学习（outer-loop learning）策略进行训练。具体来说，训练数据集被划分为支持集和查询集：支持集用于在内循环中对神经网络（带有初始权重）进行微调，而查询集用于在外循环中根据微调模型计算的测试损失更新初始权重。在推荐任务的上下文中，用户偏好预测的损失函数为 L1 范数。

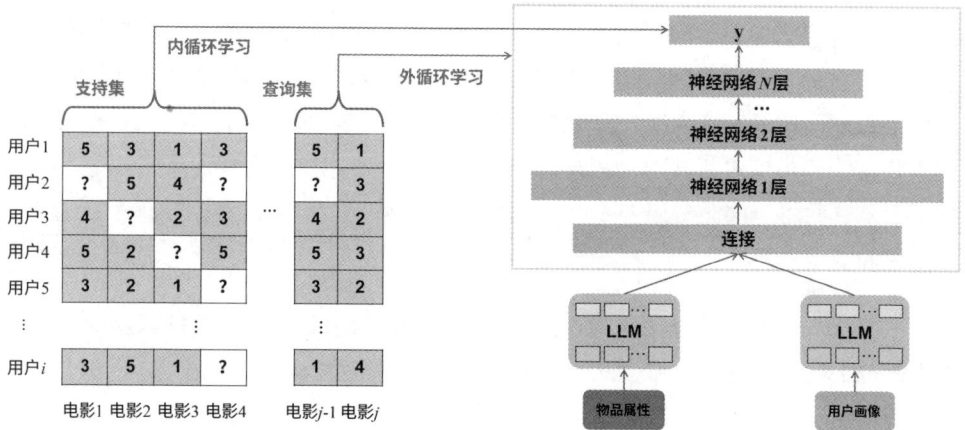

图 6-11　基于 MAML 和大模型的用户冷启动推荐方法示意图

通过结合特定的推荐知识与大模型提供的通用先验信息，LLM-MetaRec 有效地缩小了推荐系统中新用户或新物品与个性化推荐之间的距离，提升了冷启动推荐的性能。

6.3.3　冷启动与热启动的兼顾

近年来，推荐系统领域开始利用预训练模态编码器和大模型处理用户和物品的模态信息，以解决协同过滤方法在冷启动场景下表现不佳的问题。然而，这些方法虽然在冷启动场景下取得了一定成效，但在热启动场景下，由于缺乏协同信息的支持，大模型的性能难以保证。对此，如果大模型能够直接利用现有的推荐系统中包含的协同信息，那么推荐系统可以获得更高质量的用户 / 物品嵌入，并且兼顾冷启动场景和热启动场景。

对此，Sein Kim 等人[30] 提出了一种新型的大模型推荐框架 A-LLMRec（all-round LLM-based recommender system），它能够兼顾冷启动与热启动场景下的推荐性能。A-LLMRec 的框架示意图如图 6-12 所示。通过将预训练的协同过滤推荐模型中的协同信息与大模型的词元空间对齐，它实现了协同和文本知识的联合投影到大模型上，从而提升了两种场景下的推荐性能。

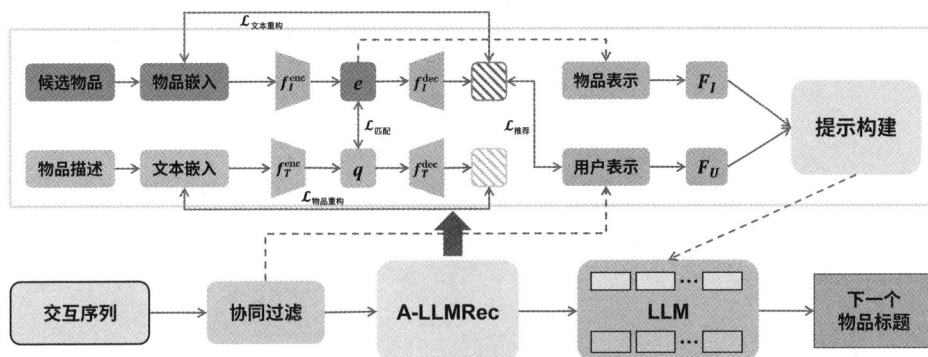

图 6-12　A-LLMRec 的框架示意图

在协同知识与文本信息对齐方面，A-LLMRec 采用了基于多层感知机的物品编码器 $f_I^{\text{enc}}(\cdot)$ 和文本编码器 $f_T^{\text{enc}}(\cdot)$，以对齐协同过滤模型中的物品嵌入向量 $\boldsymbol{E}_i$ 与语言模型（如 SBERT[31] 等）中的物品文本嵌入向量 $\boldsymbol{Q}_i$ 的潜在空间。匹配损失函数为

$$\mathcal{L}_{\text{匹配}} = \mathbb{E}_{S^u \in S}\left[\mathbb{E}_{i \in S^u}\left[\text{MSE}\left(f_I^{\text{enc}}(\boldsymbol{E}_i), f_T^{\text{enc}}(\boldsymbol{Q}_i)\right)\right]\right]$$

其中 $\text{MSE}(\cdot)$ 表示均方误差。

此外，为保留物品的原始信息，A-LLMRec 分别为 $f_I^{\text{enc}}(\cdot)$ 与 $f_T^{\text{enc}}(\cdot)$ 添加解码器 $f_I^{\text{dec}}(\cdot)$ 和 $f_T^{\text{dec}}(\cdot)$，并引入了重构损失（reconstruction loss）函数：

$$\mathcal{L}_{\text{物品重构}} = \mathbb{E}_{S^u \in S}\left[\mathbb{E}_{i \in S^u}\left[\text{MSE}\left(\boldsymbol{E}_i, f_I^{\text{dec}}\left(f_I^{\text{enc}}\left((\boldsymbol{E}_i)\right)\right)\right)\right]\right]$$

$$\mathcal{L}_{\text{文本重构}} = \mathbb{E}_{S^u \in S}\left[\mathbb{E}_{i \in S^u}\left[\text{MSE}\left(\boldsymbol{Q}_i, f_T^{\text{dec}}\left(f_T^{\text{enc}}\left((\boldsymbol{Q}_i)\right)\right)\right)\right]\right]$$

最后，为对齐用户-物品交互的协同信息与相关物品的文本知识，A-LLMRec 将匹配损失、重构损失和推荐损失结合，构成框架的总体优化目标：

$$\mathcal{L} = \mathcal{L}_{推荐} + \mathcal{L}_{匹配} + \alpha \mathcal{L}_{物品重构} + \beta \mathcal{L}_{文本重构}$$

在联合协同-文本嵌入与大模型的词元空间对齐方面，A-LLMRec 通过两个多层感知机 F_U 和 F_I，分别将用户向量和联合协同-文本嵌入向量投影到大模型的词元空间。然后，将用户向量和联合协同-文本嵌入向量融入大模型的文本提示输入中，以便大模型能够利用协同信息完成推荐任务。这一阶段的优化目标为

$$\max_{\theta} \sum_{S^u \in S} \sum_{k=1}^{|y^u|} \log(P_{\theta,\Theta}(y_k^u \mid p^u, y_{<k}^u))$$

其中，θ 表示 F_U 和 F_I 的参数，Θ 是大模型的冻结参数，p^u 是用户 u 的输入提示，y^u 是目标物品标题，y_k^u 表示 y^u 的第 k 个词元，$y_{<k}^u$ 表示 y_k^u 之前的词元。

A-LLMRec 用于偏好提取和物品预测的提示模板如下：

A-LLMRec 的偏好提取提示模板：
输入：
用户画像：<用户画像信息>
该用户过去观看过<用户历史交互物品序列>。
请指定这个用户会喜欢观看的电影类型。
输出：<电影类型>
A-LLMRec 的物品预测提示模板：
输入：
用户画像：<用户画像信息>
该用户过去观看过<用户历史交互物品序列>。
请从以下电影标题集合中为这个用户推荐下一部要观看的电影：<候选物品列表>。
输出：<电影标题>

A-LLMRec 的设计使其能够与任何现有的推荐系统集成，简化了传统推荐模型与大模型的整合过程。此外，A-LLMRec 只需训练对齐网络，无须微调大模型，从而显著降低了计算成本，实现冷启动与热启动场景下的性能提升。

6.3.4　生成用户 - 物品交互数据

在推荐系统中，新出现的"冷启动"物品缺乏足够的用户交互数据，因此很难生成能够反映物品特征与用户行为模式之间关系的嵌入向量。面对这一问题，最直接的解决方案就是"提前"收集用户 - 物品的交互数据。通过使用大模型，可以推断出冷启动物品对应的潜在用户特征及其偏好，从而生成用户 - 物品交互集。

具体而言，大模型可以根据用户的历史行为和物品描述，推断用户对冷启动物品的偏好，并生成合成数据来模拟用户对冷启动物品的交互，缓解冷启动中的知识缺失问题。比如，将用户画像描述、用户历史偏好描述以及候选的冷启动物品作为提示词，大模型通过提示工程预测冷启动物品的相关度或点击率，或者生成用户偏好物品的分类或特征。接下来，我们将介绍两种具体的应用方法。

模拟用户的物品偏好

Jianling Wang 等人 [32] 提出了一种利用大模型为推荐系统中的冷启动物品生成训练数据的方法，以缓解物品冷启动问题。该方法通过用户的历史交互来表示用户偏好，并利用大模型从描述性提示中推断用户对不同冷启动物品的偏好。这一设计的提示模板如下：

用户按顺序购买了以下美容产品。请你预测用户接下来会更喜欢购买产品 A 还是产品 B。
示例如下：
用户历史购买记录: < 用户历史购买物品列表 >
冷启动物品 A: < 物品 A 的描述 >
冷启动物品 B: < 物品 B 的描述 >
请根据以上信息，回答 A 或 B。

在这种方法中，大模型将冷启动物品对的偏好预测作为辅助任务，与常规的推荐任务相辅相成，并整合冷启动增强数据到推荐模型（如协同过滤或深度学习模型等）的训练过程中。大模型返回的冷启动物品对的正样本 pos 和负样本 neg 将用于计算损失函数，这一损失函数结合了贝叶斯个性化排序（Bayesian personalized ranking，BPR）[33] 损失，得到的总损失函数为

$$\mathcal{L}_{\text{aug}} = - \sum_{(u,\text{pos},\text{neg})} \ln \sigma \left(\hat{y}_{u,\text{pos}} - \hat{y}_{u,\text{neg}} \right)$$

然后将这个损失函数添加到通常用于训练推荐模型的 softmax 损失中。通过梯度反向传播，更新正、负样本对应的冷启动物品嵌入向量，利用主任务的训练信号缓解冷启动物品由于缺乏交互而训练不足的问题。

生成物品的潜在用户

Feiran Huang 等人 [34] 提出了一种名为 LLM-InS（LLM interaction simulator）的大模型交互模拟器方法，该方法基于每个冷启动物品的内容，构建模拟用户交互行为的向量集合，将物品的冷启动问题转为非冷启动问题。LLM-InS 的框架示意图如图 6-13 所示。

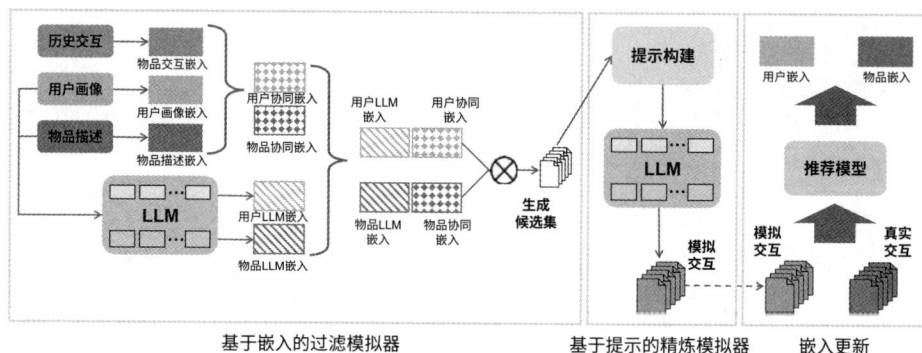

图 6-13　LLM-InS 的框架示意图

LLM-InS 的模拟器包含两大部分：基于嵌入向量的筛选模拟器和基于提示的精炼模拟器。

基于嵌入的过滤模拟器（embedding-based filtering simulator）：旨在同时利用语义和协同空间来选择潜在候选用户，包括基于语义空间的语义子塔（Llama）和基于协同空间的协同子塔。语义子塔基于用户和物品的内容信息生成语义向量，协同子塔旨在获取用户和物品的协同向量。最后，将语义子塔和协同子塔的向量进行合并，通过内积运算计算出用户与冷启动物品之间的相似度，从而筛选出每个冷物品的 Top-K 个潜在用户。

基于提示的精炼模拟器（prompt-based refining simulator）：在筛选出潜在用户后，该模块通过构建包含用户历史交互数据和目标冷启动物品的提示，模拟冷启动物品的用户交互行为。具体来说，大模型基于提示预测用户是否会与冷启动物品发生交互，并将预测结果为"是"的用户纳入用户集。然后，将这些用户集的交互与冷启动物品及非冷启动物品的历史交互集合并，得到最终的交互集。最后，利用传统推荐模型处理这些合并后的交互数据，得到最终的用户和物品嵌入向量，用于冷启动推荐。LLM-InS 的提示模板如下：

> 根据 < 用户偏好 >，确定用户是否会喜欢 < 目标物品描述 >，回答 [是] 或 [否]。

LLM-InS 通过联合建模语义空间和协同空间中的用户物品关系，精确筛选冷启动物品的潜在用户，并使用基于提示的大模型来完成模拟用户交互的过程。最后，该方法将模拟交互和真实交互结合，在推荐模型中训练冷启动物品和非冷启动物品，从而提高推荐系统的整体性能。

6.4 基于大模型蒸馏的推荐

大模型强大的语言理解能力为推荐系统开启了全新的可能。然而，使用大模型也面临着一个重大挑战，那就是大模型巨大的资源需求远远超出了大部分推荐系统的承受能力。大模型通常需要大量的内存和计算能力，并依赖专门的基础设施来运行。在处理复杂任务时，如果计算资源不足，大模型的推理速度就会非常慢，甚至无法运行。例如，Llama-2-7b 模型为数万名用户进行一次推理需耗时三小时 [35]，显然这在需要快速响应的工业级推荐系统中是不可接受的。尽管在某些场景下，可以通过离线推理来缓解上述资源限制问题 [2]，但这显然无法从根本上解决高推理延迟的瓶颈。

针对上述问题，知识蒸馏（knowledge distillation，KD）技术提供了一种有效的解决方案。知识蒸馏是一种将大型复杂模型（教师）的知识转移到更小、更高效的模型（学生）的过程。它能够促进开源大模型学习专有模型的知识和高级技能，如提示学习、上下文学习、意图对齐和思维链推理等。这一技术不仅能在不显著降低性能的情况下提升计算效率，还能够压缩大模型体积，从而实现轻量化应用[36]。同时，知识蒸馏还可以缩小开源模型与具体应用场景之间的差距，促进了大模型在推荐系统中的实际应用。

6.4.1　大模型的蒸馏

在大模型出现之前，知识蒸馏[37] 主要通过训练较小的学生网络来模拟较大的教师网络的输出，从而实现将复杂的神经网络知识转移到更紧凑的架构中，以满足资源受限环境下部署机器学习模型的需求。这种技术对于缓解在实际应用中部署大规模模型所带来的计算需求和资源限制问题具有重要意义。

随着大模型的出现，知识蒸馏也迎来了新的发展。当前大模型知识蒸馏不再集中于单纯的架构压缩，而是转向更细致的知识引出和转移过程。这种转变的核心在于大模型（如 GPT-4 和 Gemini）所拥有的广泛和深入的知识。与早期的目标（如复制教师模型的输出或减小模型的大小）不同，大模型的知识蒸馏是提取和转移这些模型所发展出的丰富、细致的理解。

大模型蒸馏的通用流程如图 6-14 所示，可分为以下四个阶段[39]。

图 6-14　大模型蒸馏的通用流程图

首先，通过精心设计的指令模板，引导教师模型聚焦于特定的技能或领域，生成目标任务所需的特定知识。

其次，向教师模型提供目标领域的种子知识（seed knowledge）[40]，例如一个小型数据集或与目标任务相关的数据线索。

接下来，教师模型根据这些指令模板和种子知识生成知识示例。生成的知识示例

是蒸馏的核心数据，它封装了教师模型的推理、理解和技能。这一过程可以表示为

$$\mathcal{D}_I^{(\mathrm{kd})} = \left\{ \mathrm{Parse}(o,s) \mid o \sim p_T(o \mid I \oplus s) \right\}$$

其中 $\oplus$ 表示融合两段文本，I 表示一个引出大模型知识任务的指令模板，s 表示种子知识示例，$\mathrm{Parse}(o,s)$ 表示从教师模型的输出 o 中解析出蒸馏示例，p_T 表示教师模型的参数。

最后，利用生成的知识示例来训练学生模型。通过最小化与学习目标相关的损失函数，学生模型学习、模仿教师模型的目标技能或领域知识，从而获得与教师模型类似的能力。对于给定为蒸馏构建的数据集 $\mathcal{D}_I^{(\mathrm{kd})}$，损失函数可表示为

$$\mathcal{L} = \sum_I \mathcal{L}_I \left(\mathcal{D}_I^{(\mathrm{kd})}; \theta_S \right)$$

其中 $\sum_I$ 表示可能有多个任务或技能被蒸馏到学生模型中，$\mathcal{L}_I(\cdot;\cdot)$ 表示一个特定的学习目标，θ_S 为学生模型参数。经过反复微调，学生模型逐步缩小与教师模型之间的输出差异，确保蒸馏过程的有效性。

此外，知识蒸馏还可以学习大模型中的其他知识，如推理模式、偏好对齐和价值对齐等。这与早期对输出复制的关注形成了鲜明的对比，表明了蒸馏技术向更全面、综合的认知能力转移的趋势。当前的技术不仅涉及对输出的复制，还包括模仿教师模型的思考过程和决策模式。这一过程涉及复杂的策略，如，其中学生模型被训练用于学习教师的推理过程，从而提升其解决问题和决策的能力。

大模型蒸馏还广泛结合了数据增强（data augmentation，DA）[38] 技术，通过生成新颖且包含丰富上下文的数据，进一步引导大模型学习特定领域的知识，弥补了专有模型和开源模型之间的能力差距。此外，蒸馏过程不仅关注输出复制，还涉及思维链（chain-of-thought，CoT）提示等复杂策略，帮助学生模型模仿教师模型的推理过程，提升其解决问题和决策的能力。

综上所述，大模型的蒸馏不仅有助于提高推荐模型的计算效率，还增强了模型的可访问性，使更多用户能够利用先进的模型技术。未来，大模型蒸馏将成为推荐系统性能优化的关键方向。

6.4.2   利用蒸馏增强推荐推理能力

传统的推荐模型往往仅依赖分数进行推荐，忽略了中间的推理步骤，这限制了推荐的准确性和可解释性。大模型的出现则在理解人类行为并通过思维链提示生成逐步推理方面带来了重大突破。因此，推荐系统可以通过引导大模型生成关键推理，如用户偏好、感兴趣的物品类别等，这些推理是提供适当推荐的必要条件。通过逐步引导大模型的思考过程，能够理解用户的复杂行为模式，并生成高质量的推荐推理。然而，由于大模型的庞大规模和计算开销，它们不适合需要低延迟的推荐场景。例如，部署一个具有 1750 亿个参数的大模型至少需要 350GB 的 GPU 内存[41]。

为了解决这个问题，Yuling Wang 等人[3] 提出了一种为推荐场景定制的逐步知识蒸馏框架——SLIM（Step-by-step knowLedge dIstillation fraMework for recommendation），通过将大模型（教师模型）的推理能力转移到一个较小的语言模型（学生模型）中，以资源高效的方式将大模型的推理能力融入推荐系统。SLIM 的框架示意图如图 6-15 所示。

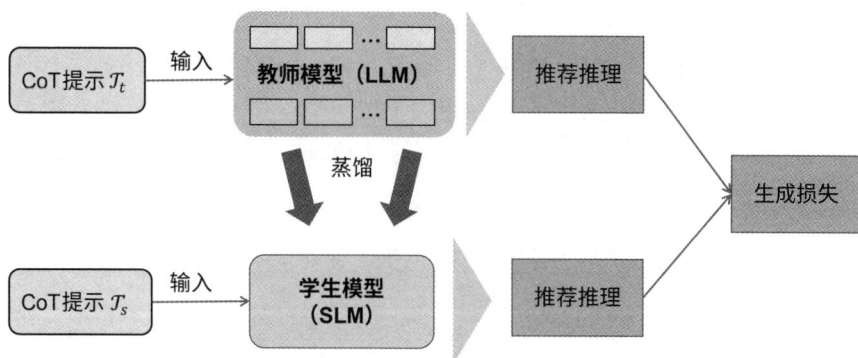

图 6-15   SLIM 的框架示意图

SLIM 的核心蒸馏策略是使用与用户行为相关的零样本思维链提示来引导大模型（教师模型）逐步思考，以完成在推荐场景中的推理。将用户集 $\mathcal{U}$ 及其行为数据集 $\mathcal{D}$ 的样本，填充到 CoT 提示模板中生成提示输入 $X = \{x_u \mid u \in \mathcal{U}\}$，引导教师模型进行逐步推理，推断出用户未来可能感兴趣的物品内容或特征。教师模型根据每个 x_u 生成相应的推荐推理 $r_u \in \mathcal{R}$。收集这些推理 $\mathcal{R}$ 作为预期输出，用于微调学生模型。

SLIM 教师模型的思维链提示模板 $\mathcal{T}_t$ 示例如下：

我过去按顺序购买了以下产品：<历史购买物品列表>

请帮助我按顺序完成以下操作：

第 1 步：你能通过分析我的购买历史（简要总结我的偏好）帮助我识别影响我选择产品的关键因素吗？让我们一步步来确保我们有正确的答案。

第 2 步：你会选择最符合我个人偏好的产品类别或品牌。请用换行符分隔这些输出（格式：编号、产品类别或品牌）。

第 3 步：基于我的购买历史，你能推荐 5 个符合第 2 步中选择的类别或品牌的产品吗？请用换行符分隔这些推荐的产品（格式：编号、推荐产品）。

输出：

第 1 步：<用户类型 / 品牌描述>

第 2 步：<用户偏好物品类型 / 品牌列表>

第 3 步：<推荐物品列表>

对于学生模型，SLIM 根据提示模板 $\mathcal{T}_s$ 生成学生模型的提示输入 $\mathcal{P} = \{p_u \mid u \in \mathcal{U}\}$，并根据给定的输入指令 p_u，训练学生模型来生成相应的推荐推理 r_u。通过最小化损失函数，训练学生模型逐步模仿教师模型的推理过程。损失函数可以表示为

$$\mathcal{L}_{\text{distill}} = \sum_{u \in \mathcal{U}} \sum_{t=1}^{|r_u|} \log \left(P_\theta \left(r_{u,t} \mid p_u, r_{u,<t} \right) \right)$$

其中，$r_{u,t}$ 是 r_u 的第 t 个词元，$r_{u,<t}$ 表示 $r_{u,t}$ 之前的词元，θ 为学生模型的参数。为了节省资源，可采用 LoRA 进行参数的高效微调。

SLIM 学生模型的思维链提示模板 $\mathcal{T}_s$ 示例如下：

我已按顺序购买过以下产品：

<历史购买物品列表>

请提供我产品偏好的简要总结，然后推荐五个符合我兴趣的产品类别或品牌，然后建议每个类别或品牌下的 5 个产品。

输出：

步骤 1：<用户类型 / 品牌描述>

步骤 2：<用户偏好物品类型 / 品牌列表>

步骤 3：<推荐物品列表>

通过思维链提示，学生模型可以有效推理用户对类别、品牌和特定物品的偏好，而不是生成似是而非的伪标签，在推理能力上能够与比它大 25 倍的教师模型相媲美。这使得学生模型不仅可以直接作为推荐模型，也可以灵活地与任何推荐模型（包括基于 ID 和不基于 ID 的场景）集成，并生成高质量的推荐。

6.4.3   多任务推荐的提示蒸馏

大模型在多任务推荐场景中表现出色，但其输入通常限于纯文本，这些文本可能过长且包含噪声信息，因此处理效率不足以满足需要即时响应的推荐系统需求。此外，长文本提示的处理时间较长也会影响用户体验。多任务提示蒸馏方法可以用于解决这些问题。

Lei Li 等人[42]提出了一种名为 POD（PrOmpt Distillation，POD）的提示蒸馏方法，它将特定任务的离散提示（discrete prompt）蒸馏为一组连续的提示向量，减少推理时间。POD 基于编码器－解码器架构，在输入样本的离散提示模板开始处添加一组向量，同一组向量由相同推荐任务的样本共享。POD 涵盖了解释生成、序列推荐、Top-N 推荐等任务。在 POD 中，每个任务的输入－输出序列对被表示为 X 和 Y。通过将输入序列 X 进行嵌入，获得其词元表示 $\boldsymbol{x}$，并将 $\boldsymbol{x}$ 添加到连续提示向量 $\boldsymbol{p}$ 的末尾得到新的表示 $[\boldsymbol{p}, \boldsymbol{x}]$，然后通过大模型的编码器生成对应的隐藏向量 $\boldsymbol{H}$。具体来说，在每个时间步 t，解码器会输出当前时间步之前生成的词元 $Y_{<t}$，其概率分布可表示为

$$p(y \mid Y_{<t}, \boldsymbol{H})$$

随着训练的进行，连续提示向量可以通过损失函数学习离散提示中的表达。

POD 采用了常用的负对数似然损失函数来优化模型参数 Θ，其损失函数可表示为

$$\mathcal{L}_{\Theta} = \frac{1}{|\mathcal{D}|} \sum_{(X,Y) \in \mathcal{D}} \frac{1}{|Y|} \sum_{t=1}^{|Y|} -\log p(y_t \mid Y_{<t}, X)$$

其中，$\mathcal{D}$ 是由所有输入－输出对 (X,Y) 组成的训练集，$|\mathcal{D}|$ 和 $|Y|$ 分别表示训练样本的数量和输出序列中的词元数量，$p(y_t \mid Y_{<t}, X)$ 表示在给定输入序列 X 和已生成的词元 $Y_{<t}$ 的情况下，生成词元 y_t 的概率。

连续提示向量相比离散提示具有更强的表达能力和灵活性。在蒸馏阶段完成后，可以只保留连续提示，以提高推理效率。POD 通过提示蒸馏增强了大模型的性能，并减少了推理时间。

Xinfeng Wang 等人 [43] 提出了一种名为 RDRec（rationale distillation recommender）的推理蒸馏推荐器，它基于 POD 框架，并在此基础上加入了额外的推理生成任务，通过思维链提示策略，挖掘用户偏好和物品属性等交互背后的深层理由，从而提升大模型在推荐任务中的推理能力。

与 POD 的蒸馏过程类似，RDRec 将提示模板向量 $\boldsymbol{P}$ 与用户和物品的词元表示 $\boldsymbol{X}$ 相结合，形成输入 $[\boldsymbol{X}, \boldsymbol{P}]$，将蒸馏得到的用户偏好 $p_{u,i}$ 和物品属性 $a_{u,i}$ 作为输出来训练模型。在每个时间步 t 中，模型会获得词汇表上的每个词元及其相应的概率分布 $p(y|Y_{<t}, X)$，其中 $Y_{<t}$ 表示在时间步 t 之前已生成的词元序列。RDRec 采用对数似然损失函数来优化模型参数，具体公式如下：

$$\mathcal{L}_{\Theta} = \frac{1}{|\mathcal{D}|} \sum_{(X,Y) \in \mathcal{D}} \frac{1}{|Y|} \sum_{t=1}^{|Y|} -\log p(y \mid Y_{<t}, X)$$

其中，$\mathcal{D}$ 表示包含所有输入 - 输出对的训练集，$|\mathcal{D}|$ 和 $|Y|$ 分别表示训练样本的数量和输出序列中的词元数量。

这里给大家列出一些指令模板供参考，如表 6-1 所示。

表 6-1　POD 与 RDRec 的多任务推荐指令模板示例

来源	任务类型	任务指令模板	结果及示例
POD	序列推荐	用户 < 用户 ID> 的购买历史如下：< 用户历史购买物品序列 >。下一个要向用户推荐的物品是什么？	< 物品 ID>：I123
	Top-N 推荐	用户 < 用户 ID> 的购买历史如下：< 用户历史购买物品列表 >。 请你向用户推荐 N 个物品。	< 物品序列 >：I123、I234…
	解释生成	帮助用户 < 用户 ID> 生成关于商品 < 物品 ID> 的 < 评论 > 解释。	< 解释理由 >：为了更好地保护新手机。
RDRec	推理生成	用户 < 用户 ID> 购买了商品 < 物品 ID>，评论如下 < 评论 >。请推理用户的偏好。	< 用户偏好 >：用户更喜欢需要思考的游戏。
		用户 < 用户 ID> 购买了商品 < 物品 ID>，评论如下 < 评论 >。请推理物品的属性。	< 物品属性 >：物品的属性包括意外和复杂性元素。

6.4.4   整合大模型知识与协同信息

无论是大模型还是传统推荐模型，它们在知识蒸馏过程中都面临着如下挑战 [35]。

❑ 教师模型与学生模型的容量差异：教师模型通常拥有十亿级别的参数量，而
学生模型的参数量仅在百万级别，这种巨大的参数量差异导致学生模型难以
完全吸收或模仿教师模型的知识。

❑ 语义空间差异：大模型和传统推荐模型采用完全不同的语义框架，这使得两
者的语义空间难以对齐。

为解决这些问题，Yu Cui 等人 [35] 提出了 DLLM2Rec 蒸馏策略，该策略包括两
个核心组件：重要性感知蒸馏和协同嵌入蒸馏，如图 6-16 所示。重要性感知蒸馏通
过引入重要性权重，筛选出对学生模型友好的知识；协同嵌入蒸馏则将教师模型的
嵌入知识与数据中的协同信息相结合。这种设计既有效利用了教师模型的知识，又
保留了学生模型捕捉协同信息的能力。

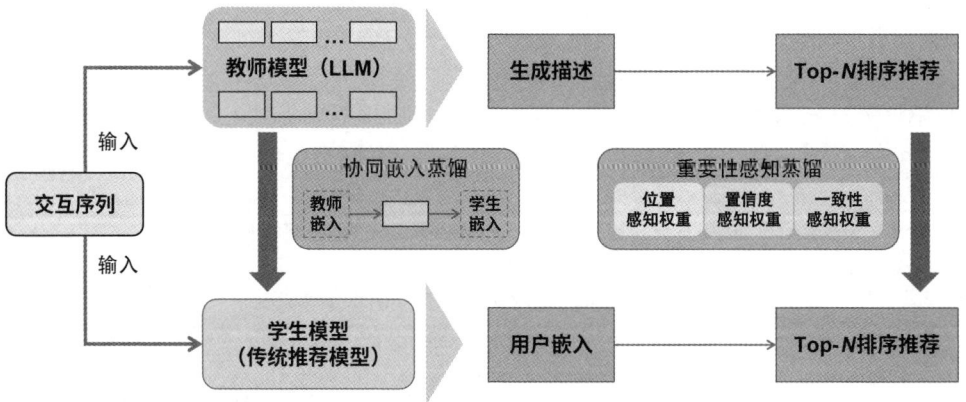

图 6-16   DLLM2Rec 框架

DLLM2Rec 对于排名的重要性进行了细致考虑，主要包括以下三个方面。

(1) 位置感知权重 w_{si}^p：优先考虑候选物品在教师模型中的排名，排名越靠前的
物品被赋予更高的权重。

(2) 置信度感知权重 w_{si}^c：计算生成描述与实际内容之间的距离，距离越小表示生成质量越高，因此被赋予更高的权重。

(3) 一致性感知权重 w_{si}^o：当物品在学生模型和教师模型中的预测一致时，其排序的可靠性提升，因此被赋予更高的权重。

DLLM2Rec 将上述三个方面的权重整合到排名蒸馏中，得到计算式

$$w_{si} = \gamma_p \cdot w_{si}^p + \gamma_c \cdot w_{si}^c + \gamma_o \cdot w_{si}^o$$

其中，$\gamma_p, \gamma_c, \gamma_o$ 表示超参数。蒸馏损失函数定义为

$$\mathcal{L}_d = -\sum_{s \in \Gamma} \sum_{i \in O^T} w_{si} \log \sigma(\hat{y}_{si})$$

最终的训练目标是最小化总损失，其计算式为

$$\mathcal{L} = \mathcal{L}_r + \lambda_d \mathcal{L}_d$$

其中，$\mathcal{L}_r$ 表示推荐损失，λ_d 是一个超参数，用于平衡推荐损失和蒸馏损失之间的贡献。

针对教师模型和学生模型语义空间的差异问题，DLLM2Rec 采用了协同嵌入蒸馏的策略。通过使用投影器（如多层感知机）将教师模型的物品嵌入向量映射到学生模型的嵌入空间，以缩小两者间的语义差距

$$z_i^p = g(z_i)$$

其中，z_i 表示由推荐器编码的物品 i 的文本嵌入向量。然后，为每个物品引入一个可学习的偏移向量 b_i，用于捕捉用户行为数据中的协同信息。将该向量与教师模型的投影嵌入向量相结合，生成学生嵌入

$$e_i^{new} = f(z_i^p, b_i)$$

通过结合重要性感知的排名蒸馏和协同嵌入蒸馏，DLLM2Rec 能够在保持学生模型推理效率的同时提高其性能，使其能够与原始大模型相媲美。

6.5   小结

本章主要介绍了大模型增强的推荐系统，包括大模型用于特征工程、大模型构建图、大模型增强冷启动推荐、大模型蒸馏推荐等场景，旨在帮助读者更好地了解大模型的优势，以便更灵活、高效地将大模型应用到现有推荐系统中。

在特征工程一节中，我们介绍了利用大模型构建用户画像和提取物品特征的方法，包括基于用户隐式交互信息来丰富画像、挖掘偏好，以及通过补全物品属性、生成物品 ID 嵌入向量和提取多模态物品特征等技术增强物品特征。

在大模型构建图一节中，我们介绍了三种主要方法：利用大模型构建推理图、补充图和超图，并通过相关的文献解读，帮助读者更好地理解如何将大模型高效应用于图推荐算法，构建物品与物品、用户与物品之间的关系网络，以提供个性化的推荐结果。

在冷启动推荐一节中，我们介绍了大模型的两种主要应用方式：在线推理和模拟生成交互数据。在线推理能够在无用户交互数据的情况下，分析用户和物品特征，进行有效的冷启动物品召回。模拟生成用户 - 物品交互数据则利用大模型的世界知识，模拟生成用户偏好或交互数据，帮助推荐模型训练，并实现从冷启动到热启动的转变。

最后，我们介绍大模型蒸馏技术在推荐系统中的应用，包括多任务能力的蒸馏方法和整合协同信息与大模型知识点蒸馏方法。

参考文献

[1]   Liu Q, Chen N, Sakai T, et al. A First Look at LLM-Powered Generative News Recommendation[J]. ArXiv, 2023,abs/2305.06566.

[2]   Xi Y, Liu W, Lin J, et al. Towards Open-World Recommendation with Knowledge Augmentation from Large Language Models[J]. ArXiv, 2023,abs/2306.10933.

[3]   Wang Y, Tian C, Hu B, et al. Can Small Language Models be Good Reasoners for Sequential Recommendation?[J]. Proceedings of the ACM on Web Conference 2024, 2024.

[4] Du Y, Di Luo, Yan R, et al. Enhancing Job Recommendation through LLM-based Generative Adversarial Networks[C], 2023.

[5] Liu Q, Chen N, Sakai T, et al. ONCE: Boosting Content-based Recommendation with Both Open- and Closed-source Large Language Models[C], 2023.

[6] Zheng Z, Chao W, Qiu Z, et al. Harnessing Large Language Models for Text-Rich Sequential Recommendation[J]. Proceedings of the ACM on Web Conference 2024, 2024.

[7] Harte J, Zorgdrager W, Louridas P, et al. Leveraging Large Language Models for Sequential Recommendation[J]. Proceedings of the 17th ACM Conference on Recommender Systems, 2023.

[8] Hu J, Xia W, Zhang X, et al. Enhancing Sequential Recommendation via LLM-based Semantic Embedding Learning[J]. Companion Proceedings of the ACM on Web Conference 2024, 2024.

[9] BehnamGhader P, Adlakha V, Mosbach M, et al. LLM2Vec: Large Language Models Are Secretly Powerful Text Encoders[J]. ArXiv, 2024,abs/2404.05961.

[10] Li X, Chen B, Hou L, et al. CTRL: Connect Collaborative and Language Model for CTR Prediction[C], 2023.

[11] Li J, Li D, Savarese S, et al. BLIP-2: Bootstrapping Language-Image Pre-training with Frozen Image Encoders and Large Language Models[C], 2023.

[12] Zhang C, Zhang H, Wu S, et al. NoteLLM-2: Multimodal Large Representation Models for Recommendation[J]. ArXiv, 2024,abs/2405.16789.

[13] Li Y, Zhai X, Alzantot M F, et al. CALRec: Contrastive Alignment of Generative LLMs For Sequential Recommendation[J]. ArXiv, 2024,abs/2405.02429.

[14] Jia J, Wang Y, Li Y, et al. Knowledge Adaptation from Large Language Model to Recommendation for Practical Industrial Application[J]. ArXiv, 2024,abs/2405.03988.

[15] Wang X, He X, Wang M, et al. Neural Graph Collaborative Filtering[J]. Proceedings of the 42nd International ACM SIGIR Conference on Research and Development in Information Retrieval, 2019.

[16] Wei W, Ren X, Tang J, et al. LLMRec: Large Language Models with Graph Augmentation for Recommendation[J]. Proceedings of the 17th ACM International Conference on Web Search and Data Mining, 2023.

[17] Wang Y, Chu Z, Xin O, et al. LLMRG: Improving Recommendations through Large Language Model Reasoning Graphs[C], 2024.

[18] Zhao Q, Qian H, Liu Z, et al. Breaking the Barrier: Utilizing Large Language Models for Industrial Recommendation Systems through an Inferential Knowledge Graph[J]. ArXiv, 2024,abs/2402.13750.

[19] Wang J, Ding K, Zhu Z, et al. Session-based Recommendation with Hypergraph Attention Networks[J]. ArXiv, 2021,abs/2112.14266.

[20] Zhou D, Huang J, Scholkopf B. Learning with Hypergraphs: Clustering, Classification, and Embedding[C], 2006.

[21] Chu Z, Wang Y, Cui Q, et al. LLM-Guided Multi-View Hypergraph Learning for Human-Centric Explainable Recommendation[J]. ArXiv, 2024,abs/2401.08217.

[22] Liu P, Zhang L, Gulla J A. Pre-train, Prompt, and Recommendation: A Comprehensive Survey of Language Modeling Paradigm Adaptations in Recommender Systems[J]. Transactions of the Association for Computational Linguistics, 2023,11:1553-1571.

[23] Sileo D, Vossen W, Raymaekers R. Zero-Shot Recommendation as Language Modeling[C], 2021.

[24] Sanner S, Balog K, Radlinski F, et al. Large Language Models are Competitive Near Cold-start Recommenders for Language- and Item-based Preferences[J]. Proceedings of the 17th ACM Conference on Recommender Systems, 2023.

[25] Brown T B, Mann B, Ryder N, et al. Language Models are Few-Shot Learners[J]. ArXiv, 2020,abs/2005.14165.

[26] Lee H, Im J, Jang S, et al. MeLU: Meta-Learned User Preference Estimator for Cold-Start Recommendation[J]. Proceedings of the 25th ACM SIGKDD International Conference on Knowledge Discovery \& Data Mining, 2019.

[27] Vanschoren J. Meta-Learning: A Survey[J]. ArXiv, 2018,abs/1810.03548.

[28] Finn C, Abbeel P, Levine S. Model-Agnostic Meta-Learning for Fast Adaptation of Deep Networks: Proceedings of Machine Learning Research[C], 2017.06--11 Aug.

[29] Li Y, Liu Y, Furukawa T. Integrating Prior Knowledge from Meta-Learning and Large Language Models for Cold-Start Recommendation[J]. Proceedings of International Exchange and Innovation Conference on Engineering \& Sciences (IEICES), 2023.

[30] Kim S, Kang H, Choi S, et al. Large Language Models meet Collaborative Filtering: An Efficient All-round LLM-based Recommender System[J]. ArXiv, 2024,abs/2404.11343.

[31] Reimers N, Gurevych I. Sentence-BERT: Sentence Embeddings using Siamese BERT-Networks[J]. 2019.

[32] Wang J, Lu H, Caverlee J, et al. Large Language Models as Data Augmenters for Cold-Start Item Recommendation[J]. Companion Proceedings of the ACM on Web Conference 2024, 2024.

[33] Rendle S, Freudenthaler C, Gantner Z, et al. BPR: Bayesian personalized ranking from implicit feedback: UAI 2009, Proceedings of the Twenty-Fifth Conference on Uncertainty in Artificial Intelligence, Montreal, QC, Canada, June 18-21, 2009[C], 2009.

[34] Huang F, Yang Z, Jiang J, et al. Large Language Model Interaction Simulator for Cold-Start Item Recommendation[J]. ArXiv, 2024,abs/2402.09176.

[35] Cui Y, Liu F, Wang P, et al. Distillation Matters: Empowering Sequential Recommenders to Match the Performance of Large Language Model[J]. ArXiv, 2024,abs/2405.00338.

[36] Gupta M, Agrawal P. Compression of Deep Learning Models for Text: A Survey[J]. ACM Trans. Knowl. Discov. Data, 2020,16:61.

[37] Gu Y, Dong L, Wei F, et al. Knowledge Distillation of Large Language Models[J]. ArXiv, 2023,abs/2306.08543.

[38] Feng S Y, Gangal V, Wei J, et al. A Survey of Data Augmentation Approaches for NLP[C], 2021.

[39] Xu X, Li M, Tao C, et al. A Survey on Knowledge Distillation of Large Language Models[J]. ArXiv, 2024,abs/2402.13116.

[40] Ding N, Chen Y, Xu B, et al. Enhancing Chat Language Models by Scaling High-quality Instructional Conversations[C], 2023.

[41] Zheng L, Li Z, Zhang H, et al. Alpa: Automating Inter- and Intra-Operator Parallelism for Distributed Deep Learning[J]. 2022.

[42] Li L, Zhang Y, Chen L. Prompt Distillation for Efficient LLM-based Recommendation[J]. Proceedings of the 32nd ACM International Conference on Information and Knowledge Management, 2023.

[43] Wang X, Cui J, Suzuki Y, et al. RDRec: Rationale Distillation for LLM-based Recommendation[J]. ArXiv, 2024,abs/2405.10587.

[44] Cho J H, Hariharan B. On the Efficacy of Knowledge Distillation[J]. 2019 IEEE/CVF International Conference on Computer Vision (ICCV), 2019:4793-4801.

第 7 章

可信的大模型推荐系统

推荐系统已成为互联网的重要组成部分，帮助用户在浩如烟海的网络信息中筛选出感兴趣的内容。随着技术的不断进步，业界越来越关注推荐系统的可信度，而不仅仅是算法的性能。这意味着在设计并实施推荐系统时，必须以用户为中心，确保所推荐的内容能够得到用户的广泛认可。

因此，当前推荐系统所面临的挑战之一就是增强用户的理解与信任。这不仅要求系统精准预测用户的偏好，还需能够为推荐结果提供充分的理由和解释。因此，推荐系统必须具备高度的透明性和可解释性。

公平性也是设计推荐系统时必须考虑的关键因素。一个合格的推荐系统应确保所有用户受到公正对待，避免因算法偏见而产生歧视性内容，引发用户的不满和反感。同时，推荐系统的个性化推荐可能会涉及用户的隐私信息，必须在尊重用户隐私的基础上提供服务。这要求推荐系统在处理用户数据和进行跨机构合作时，要高度重视数据安全和隐私保护，遵循相关法律法规，保障用户隐私不受侵犯。

此外，在训练或更新推荐模型时，常涉及大量用户隐私信息、过时知识和偏见信息，这些都会影响推荐系统的性能和伦理性。为此，推荐系统需要采用遗忘计算，使得模型能够"忘记"不该学习的数据。

大模型作为推荐系统的有效性源于其所拥有的开放世界知识和强大的推理能力。然而，随着信息的不断增长与环境的变化，推荐系统必须具备灵活性和自我更新的能力，确保能够适应用户偏好的变化，保持推荐结果的时效性和有效性。

7.1　推荐系统的可解释性

7.1.1　可解释性的概述

推荐系统的可解释性是一种重要特性，它能够提高模型的透明度，帮助用户理解推荐结果是如何产生的。可解释推荐旨在解答"为什么"，通过为推荐结果提供解释，用户可以理解推荐背后的逻辑，从而增加对系统的信任。

一个优秀的推荐系统应能准确识别和表示用户与物品之间的关系，并根据这些关系生成有说服力的解释。推荐的可解释性涉及两个方面：一方面是关系的识别与表示，另一方面是解释描述的生成。关系的识别与表示涉及推荐系统如何理解和描绘用户与推荐物品之间的关系，可以通过知识图谱、向量计算等方式实现。解释描述的生成则是指如何根据关系的识别与表示来生成可解释的推荐理由。这通常涉及自然语言生成、知识图谱等技术。在实际应用中，关系的识别与表示和解释描述的生成相辅相成，前者为后者提供输入，后者是前者的呈现结果。

可解释的推荐系统可以分为三个主要任务：推荐、评分预测和生成推荐的解释文本。根据解释生成的阶段，可解释推荐方法主要分为两类：嵌入式（embedded）方法[1]和置后式（post-hoc）[2]方法。嵌入式方法将解释直接融入推荐模型的构建中，是一种"白盒"的可解释性，通常具有较好的可读性、一致性，但需要在推荐过程中完成。基于图技术的推荐就是一种嵌入式方法，本书的 6.2 节中有相关介绍。置后式方法则是在推荐模型训练完成后，结合模型输出和预设模板，反向推理生成易于理解的解释，是一种"黑盒"的可解释性。尽管这一方法未充分利用模型信息或操作机制，但能将复杂模型行为简化为人类可以理解的形式，提供接近实际推荐结果的解释，这些解释通常在可读性和说服力上表现较好。

大模型在推荐可解释性中的应用，最直接的方式就是生成解释文字，这一方法属于置后式方法。通过设计提示，结合用户和物品的特征，生成自然语言来解释为什么推荐某个物品。一个大模型生成推荐结果解释的提示模板示例如下：

你是一个商品推荐器。根据用户的个人资料和物品交互行为，对用户即将被推荐的物品
进行解释。

用户画像描述：

用户是女性，年龄 29 岁，登录位置中国北京，职业是职场新人。

用户最近购买的商品为：

< 历史交互物品序列 >

候选物品为：

< 候选物品列表 >

请你根据候选物品生成对应的推荐解释：

下面我们将深入介绍在推荐系统中，如何提高大模型的可解释性。

7.1.2　可解释性推荐的大模型微调

得益于在预训练过程中学习到的语言模式和结构，大模型在理解和生成文本方面表现出色。在产生推荐结果后，大模型能够结合用户偏好、物品属性以及场景上下文，生成易于理解的解释，从而增强用户对推荐结果的信任，做出更明智的决策。

为更好地进行可解释推荐任务，Lei Li 等人[3] 提出了个性化提示微调的可解释推荐方法 PEPLER。PEPLER 并非依赖手动构建模板，而是采用两种方法自动生成可解释推荐，包括离散提示微调（discrete prompt tuning）和连续提示微调（continuous prompt tuning）。

在离散提示微调中，通过与用户–物品相关的特征集构建离散提示，引导预训练模型生成推荐文本。在训练阶段，预训练模型的输入序列由特征组成的离散提示和解释的词元序列构成。而连续提示微调中则使用向量表示的连续提示，将用户和物品的 ID 编码为向量形式，直接作为模型的输入，以生成推荐解释。在推荐解释生成的推理阶段，通过最大化对数似然来指导模型生成解释性的词元序列。

推荐任务和解释任务是两种不同的任务，因此对于大模型推荐的可解释性微调可以分为两种范式：独立训练和联合训练。接下来，我们将分别介绍这两种范式。

独立训练

在将大模型用于可解释推荐任务时，独立训练（微调）是最简单的方式之一。这一方法将物品推荐与解释生成分为两个阶段。在第一阶段，使用用户-物品交互数据训练推荐系统，涉及用户集合、物品集合以及用户-物品历史交互记录等输入，旨在为每个用户生成推荐物品列表。第二阶段则专注于为推荐结果生成解释，即从推荐列表中选择一个物品，并基于用户、用户历史交互记录和候选物品信息，使用大模型生成自然语言文本，阐明为什么推荐系统会向特定用户推荐该物品。

Yucong Luo 等人[4]在其研究中提出了 LLMXRec，这是一个简单而有效的两阶段可解释推荐框架，旨在通过大模型进一步提高解释质量，如图 7-1 所示。LLMXRec基于经过微调的大模型（如 Llama），从推荐列表中选取物品，并基于用户信息和物品信息生成解释，阐释推荐理由。

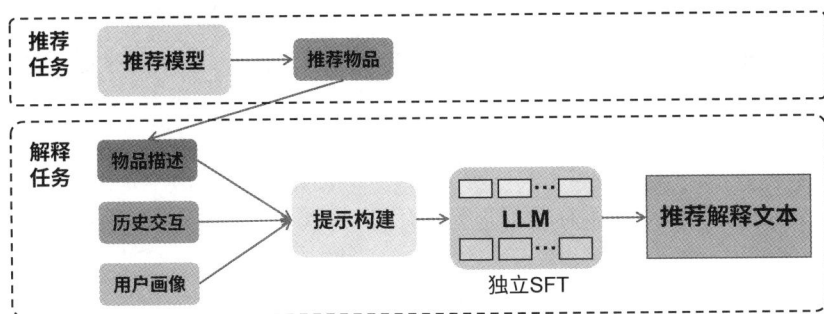

图 7-1 LLMXRec 的框架示意图

在 LLMXRec 的解释生成阶段，大模型作为解释生成器，目标是为推荐物品生成易于理解和精确的解释。LLMXRec 生成解释的提示模板如下：

> 这位用户观看过的历史电影如下（按顺序）：
> ＜历史交互物品序列（标题和类型）＞
> 用户的年龄是＜年龄＞，性别是＜性别＞，职业是＜职业＞。
> 作为电影领域的推荐系统，你需要给出用户需要观看以下标题和类别的电影的理由：
> ＜候选物品标题和类别＞

LLMXRec 将推荐解释任务转化为自然语言模板，以便大模型理解和执行，并结合思维链整合提示输入，构建指令微调数据集。

LLMXRec 在生成推荐解释的过程中，通过指令微调显著提高了大模型的生成质量。指令微调的优化目标计算式为：

$$\max_{\Phi} \sum_{(x,y) \in M} \sum_{t=1}^{|y|} \log(P_{\Phi+\theta}(y_t \mid x, y_{<t}))$$

其中，M 是训练集，$P_{\Phi+\theta}(y_t \mid x, y_{<t})$ 表示在给定输入 x 和已有的输出序列 $y_{<t}$ 的条件下，模型预测第 t 个词元的概率。Φ 是大模型的原始参数，θ 是 LoRA 参数，训练过程中只更新 θ。

联合训练

在构建具有可解释性的推荐系统时，可以将推荐目标与解释生成任务进行联合建模。在联合建模任务中，推荐系统同时学习并优化推荐评分模型与推荐解释文本生成模型，其中，推荐解释文本生成可以视为借助任务间共享知识来提升推荐任务和解释任务一致性的优化过程。

在多任务学习过程中，推荐任务可采用传统推荐模型（如矩阵分解或其他深度学习模型）与大模型生成解释模型进行多任务学习，生成的解释需要利用推荐系统的用户 - 物品对信息。

Yicui Peng 等人[5] 提出了一种可解释性推荐的多任务学习框架，该框架以用户兴趣和物品属性为基础，通过联合训练机制对评分预测任务和生成解释任务进行优化，如图 7-2 所示。

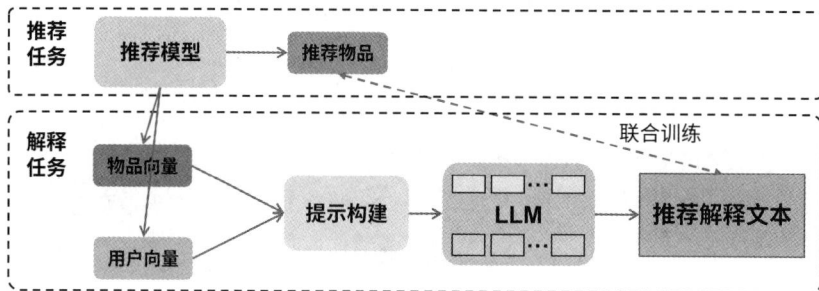

图 7-2　联合训练的推荐可解释性

评分预测任务的目标是预测用户对物品的偏好程度，这一预测结果为生成推荐解释提供关键输入。为此，可以使用传统推荐模型来获得评分预测。

在生成解释任务中，输入包括用户 u 和物品 i 的向量表示，以及推荐解释的提示文本表示 E。将这两部分输入连接起来，形成输入序列 $P = [u, i, E]$，并通过位置编码层标记每个词元的位置。随后，输入序列经过大模型生成最终的表示序列 $O = [O_1, \cdots, O_s]$，再对 O_s 的每个元素通过 softmax 函数的线性层计算每个词元的预测概率 $z_n = \mathrm{softmax}(W_{O_s} + b)$。

在训练阶段，生成解释任务的目标函数为：

$$\mathcal{L}_S = \frac{1}{|\mathcal{T}|} \sum_{(u,i) \in \mathcal{T}} \frac{1}{|E|} \sum_{n=1}^{|E|} - \log z_{2+n}^{e_n}$$

其中，$|E|$ 和 $|\mathcal{T}|$ 分别表示训练集中解释词的数量和用户 - 物品对的数量，$z_{2+n}^{e_n}$ 是在步骤 n 生成目标词元的概率。

推理阶段的目标是引导大模型生成一个解释词元序列，并通过最大化对数似然来选择最有可能的词元序列，生成式如下：

$$E^* = \operatorname*{argmax}_{E \in \hat{\mathcal{E}}} \sum_{n}^{|E|} \log z_{2+n}^{e_n}$$

在评分预测与生成解释两个子任务的联合优化中，采用多任务学习框架内的联合训练机制来优化两个任务的联合损失函数，以充分平衡推荐效果和生成解释的效果。整体损失函数的公式为：

$$\mathcal{L} = \lambda_R \mathcal{L}_R + \lambda_S \mathcal{L}_S$$

其中，$\mathcal{L}_R$ 是评分预测任务的损失函数，λ_R 和 λ_S 是可训练的权重，这些权重与推荐任务、解释任务的权重一起进行训练。

7.2　推荐系统的公平性

7.2.1　公平性的概述

随着用户越来越依赖推荐系统进行决策和需求满足，推荐系统的公平性问题也受到越来越多的关注。推荐系统的公平性要求确保其推荐结果没有偏见，并符合公正原则。提高推荐系统的公平性是一个复杂的问题，需要考虑多种因素，包括用户的个性化需求、物品的特性，以及推荐算法的设计等。大模型推荐系统面临的公平性挑战则更为复杂，这主要是由于大模型训练数据集中的固有偏见。这些偏见不仅来自微调阶段的训练集，也可能来自预训练阶段获得的语义级先验知识。此外，由于大模型推荐系统的独特性，针对物品和用户方面的公平性研究仍处于初步阶段。现有的公平性方法往往需要更新所有模型参数，不适用于具有超大规模参数的大模型。

推荐系统的公平性可以从以下两个方面来分析。

物品的公平性：推荐系统应确保具有相似特征的物品有平等的被推荐机会，并且不同类别的物品在推荐结果中的分布是均匀的。

用户的公平性：推荐结果不应受到种族、性别、年龄或其他可能导致歧视或不平等待遇的用户特征（如敏感属性）的影响。

这两种公平性都可以进一步细分为个体公平性（individual fairness）[6, 7]和群体公平性（group fairness）[7, 8]，个体公平性要求每个用户或物品被类似地、公平地对待，而群体公平性要求每个预定义的物品组合或用户群体在推荐过程中获得平等对待。

接下来，我们将详细探讨物品的公平性和用户的公平性这两个维度。

7.2.2　物品的公平性

物品公平性（Item-side Fairness，IF）[7]是确保不同物品获得平等曝光机会的关键因素。这一概念不仅关乎内容创作者的权益，如新闻报道、社交平台的图文和短视频，也适用于公共领域，推动社会议题的广泛传播，如大型流感预防、环境保护内容的有效传播。此外，提高物品公平性有助于增加弱势群体相关内容的曝光，确保他们的利益和需求得到充分关注。尽管物品公平性的重要性毋庸置疑，但在大模型推荐系统中，对物品公平性的研究仍不够完善。大模型推荐系统面临历史交互数据的分布不平衡、固有的语义偏见以及物品类型与其文本描述内容的偏差，这些都可能会导致大模型在推荐过程中的不公平性。

为了应对物品公平性问题，Meng Jiang 等人 [9] 提出了用于增强物品公平性的框架 IFairLRS。IFairLRS 从两个阶段来实现物品公平性的优化：在学习阶段，通过大模型的指令调整学习重新加权；在后学习阶段，通过重新排列推荐结果进一步优化物品公平性。

在学习阶段，IFairLRS 通过减少有偏物品样本集合的权重来降低偏见训练数据的影响。具体操作是，将用户的历史交互序列 $\mathcal{H}$ 分割为训练序列集合 $\mathcal{H}_{tr}$ 和目标物品（可能导致模型产生偏差的有偏物品）集合 $\mathcal{H}_{ta}$，然后根据整个有偏物品集合 G 在 $\mathcal{H}_{tr}$ 和 $\mathcal{H}_{ta}$ 中的交互比例计算集合 G 的权重：

$$W_G = \frac{\mathrm{GH}_{tr}(G)}{\mathrm{GH}_{ta}(G)}$$

其中，$\mathrm{GH}_{tr}(G)$ 为有偏物品集合 G 在训练系列集合 $\mathcal{H}_{tr}$ 中的交互比例，$\mathrm{GH}_{ta}(G)$ 为有偏物品集合 G 在目标物品集合 $\mathcal{H}_{ta}$ 中的交互比例。第 i 个样本 (H_i, T_i) 的权重为：

$$W_i = \frac{1}{|\mathcal{G}_i|} \sum_{G \in \mathcal{G}_i} W_G$$

其中，$\mathcal{G}_i$ 表示 T_i 所属的集合。最后，利用 W_i 重新加权每个样本的损失，损失函数为：

$$L(H_i, T_i) = W_i \times \mathcal{L}(H_i, T_i)$$

其中，$\mathcal{L}(H_i, T_i)$ 为针对大模型指令微调的损失函数。

在后学习阶段，IFairLRS 通过引入惩罚项来重新排列推荐物品。对于 Top-K 个推荐候选物品，可以用 GU(G)@K 来衡量每个集合 G 的不公平性。为调节不同 Top-K 推荐的公平性，可以通过惩罚项来调整有偏物品集合 G 的权重。惩罚项 U_G 为：

$$U_G = \sum_{K \in \mathcal{K}} \gamma_K * \mathrm{GU}(G)@K$$

其中，γ_K 用于微调不同 Top-K 值的不公平性的权重，其计算式为：

$$\gamma_K = K / \sum_{K' \in \mathcal{K}} K'$$

接着，计算第 i 个物品的惩罚 $\hat{U}_i$：

$$\hat{U}_i = \frac{1}{|G_i|} \sum_{G \in \mathcal{G}_i} \hat{U}_G$$

其中，$\hat{U}_G$ 为 U_G 的归一化。如果 $\hat{U}_i$ 为正，就表示物品 i 被过度推荐，需要降低其推荐排序；相反，$\hat{U}_i$ 为负表示物品 i 推荐不足，可能需要提高其推荐排序。

最后，对物品进行重新排列，计算经过惩罚调整后第 i 个物品的排序相关数值：

$$\tilde{D}_i = \frac{D_i}{(1 - \hat{U}_i)^\alpha}$$

其中，超参数 α 用于调节惩罚的影响，D_i 表示第 i 个物品的嵌入向量与大模型生成的物品描述的嵌入向量之间的 L2 距离。

本节介绍的基于大模型的推荐公平性优化方法可以与本书 5.3 节中提到的排序方法相结合，作为公平性排序降权的补充。同时，也可以结合 Wenshuo Chao 等人 [10] 提出的列表排序对齐框架 ALRO 共同优化，在保证排序不变性的同时，确保物品公平性。

7.2.3   用户的公平性

在推荐系统中，用户属性十分重要，然而用户的敏感属性却可能对推荐系统的性能产生负面影响，因此在大模型推荐中需要尽可能减少因用户侧公平性问题而导致的性能下降。反事实公平（counterfactual fairness）[11] 从因果角度考虑用户的公平性，确保推荐结果公平且无偏差，如图 7-3 所示。用户侧的反事实公平性要求推荐规避用户不愿被歧视的敏感属性，如种族、性别或职业等，保护用户免受不公平待遇。推荐系统应根据个别用户的偏好来决定是否去除或保留这些敏感属性，以确保所有用户在敏感属性方面受到公平对待。

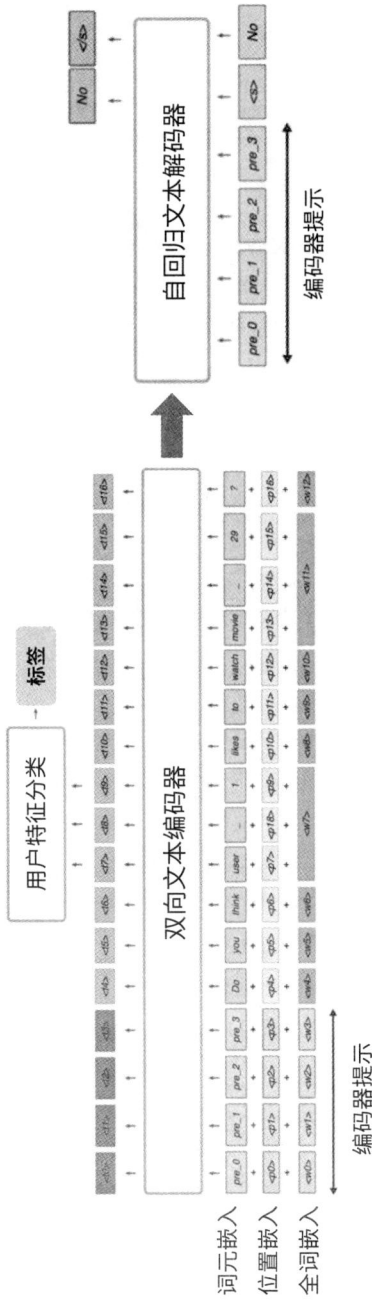

图 7-3 反事实公平提示

反事实公平的思想是让推荐系统为个体提供的推荐结果（果）不会受到敏感属性（因）的影响，即无论用户的敏感属性如何变化，只要其他属性保持不变，推荐结果都保持一致。如果一个用户有一个敏感属性 $K = k$ 和非敏感属性 $X = x$，那么在反事实（假设）的情境下改变该敏感属性，使 $K = k'$，若不影响用户的推荐结果 L，那么该推荐系统就是反事实公平的，可表示为：

$$P(L_k \mid X = x, K = k) = P(L_k' \mid X = x, K = k')$$

为了实现用户公平的推荐，Wenyue Hua 等人[12] 基于 P5 模型[13]，提出了基于反事实公平提示（counterfactually-fair-prompting，CFP）方法的无偏 P5（unbiased P5，UP5）模型方法，以降低用户不公平性。它的关键思想是让大模型具备对用户敏感属性的反事实公平性。CFP 包括两个子模块：一是反事实公平的个性化前缀提示，用于增强对个体敏感属性的公平性；二是提示混合，用于整合针对一组敏感属性的多个反事实公平提示。

反事实公平提示旨在使系统难以准确预测属性值，通过对抗学习（adversarial learning）[14] 的方式进行多类分类学习[12]，去除用户敏感信息。推荐模型的损失函数为：

$$L_{\text{rec}} = -\sum_{j=1}^{|y|} \log P(y_j \mid p_{\text{dec}}, y_{0:j-1}, \text{hidden\_state})$$

其中，p_{dec} 为解码器提示，多类分类器的损失函数为：

$$L_{\text{dis}}^k = \text{CEL}\Big(c_u \mid C\big(\text{mean}\big(\text{hidden\_state}[i:j]\big)\big)\Big)$$

其中，c_u 是用户的正确属性值。对于用户 u，每个属性 k 的对抗损失为：

$$L_k = \sum_u L_{\text{rec}} - \lambda_k \cdot L_{\text{dis}}^k$$

其中，λ_k 表示属性 k 的多类分类器权重。

为了解决用户在多个属性上可能遭受歧视的问题，UP5 引入提示混合模块来处理属性组合学习。该模块将多个单属性的提示输入连接起来，并生成一个混合提示。多属性的学习方法与单属性的对抗训练方法相似，使用多属性的对抗损失作为损失的计算方式，在大模型生成的隐藏状态中屏蔽敏感用户信息的同时保留其他细节。训练过程的每一步都从随机属性组合 K 中去除一个敏感属性组合，其损失函数为：

$$L_K = \sum_u \left(L_{\text{rec}} - \sum_{k \in K} \lambda_k \cdot L_{\text{dis}}^k \right)$$

7.3 推荐系统的隐私性

7.3.1 隐私性与联邦学习的概述

通过微调可以显著增强大模型在推荐系统中的表现，但微调往往需要大量用户行为数据，甚至需要不同组织或机构进行联合建模，而这些数据往往涉及个人的敏感信息，从而带来了相当大的隐私风险。在此情况下，联邦学习可以作为解决推荐隐私性的一种手段。

联邦学习（federated learning）[15] 是一种机器学习方法，它可以让多个参与方共享模型的学习过程，而不需要直接共享数据（数据不出域），这种方法对于保护用户隐私和数据安全非常有用。

与传统的集中式机器学习方法相比，联邦学习的去中心化特性允许数据在本地持有，在不直接共享用户数据的情况下进行模型训练，从而降低了一系列固有的隐私风险和相关限制。参与方可以有效地通过联邦学习利用各参与方本地的数据集，共同训练一个针对特定垂域的共享大模型，增加数据的多样性，提高模型的泛化能力。因此，联邦学习可以作为在隔离的数据源上有效训练大模型的解决方案。

基于大模型的联邦式推荐的实际使用场景非常广泛，包括但不限于以下几个方面。

- ❑ 个性化新闻推荐：利用用户阅读历史和偏好，通过联邦学习和大模型提供保护隐私的个性化新闻推荐。
- ❑ 电商产品推荐：结合用户购物历史、浏览行为和其他用户数据，使用大模型提取用户和物品特征，并通过联邦学习技术实现隐私保护下的个性化推荐。
- ❑ 社交媒体内容推荐：基于用户的社交网络和交互行为，以及所发表内容的主题和情感倾向，运用大模型的理解和生成能力，配合联邦学习的数据隐私保护机制进行内容推荐。
- ❑ 特定垂域的专业内容推荐：在医疗、法律、教育、银行等对数据保护要求高的领域，结合大模型和联邦学习技术，在确保数据隐私的同时，提供精准的内容推荐。

7.3.2   大模型的联邦学习方法

在理论研究方面，基于大模型的联邦推荐系统主要集中在优化算法和模型结构上，以提高系统性能。这包括更有效地聚合来自不同参与者的模型更新、设计更复杂的模型以捕捉用户的偏好，以及处理数据倾斜和非平衡问题。在工程实践中，实现联邦推荐系统还需要考虑如何在现实世界的约束下进行，包括处理网络延迟和故障、保证系统可扩展性，以及保护用户的隐私和数据安全。

业界已经进行了不少研究[16, 17]，将联邦学习技术与大模型训练相结合。接下来，我们将简要介绍联邦学习与大模型结合的相关方法。

联邦大模型预训练[16, 17]：传统的大模型依赖公开数据集进行训练，但随着模型规模的扩大，可能会出现过拟合等问题。联邦大模型预训练应用联邦学习技术，利用各参与方的本地隐私数据进行训练，增强了数据丰富度和分布的多样性，提升了模型的泛化能力，同时保护了预训练数据的隐私性，如图 7-4 所示。在联邦大模型预训练中，多个客户端（参与方）可以自行进行数据预处理和设计大模型架构，这种方法的可定制性强，性能更优，但计算通信成本高，模型收敛难度大。

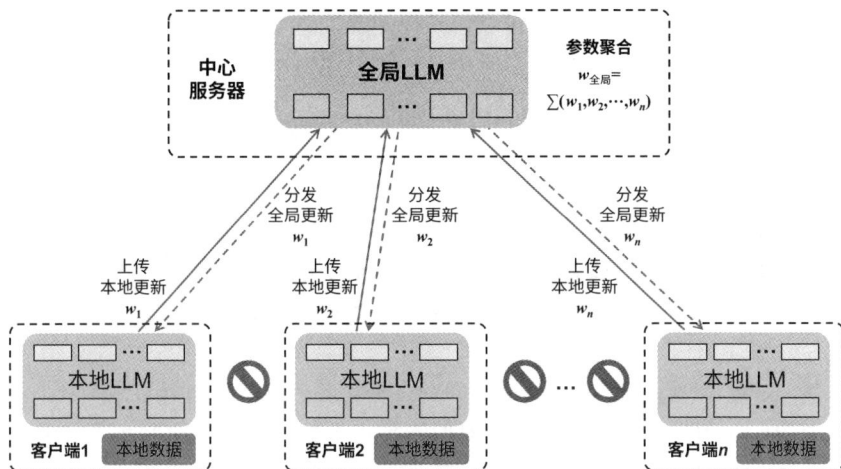

图 7-4　联邦大模型预训练示意图

联邦大模型微调[16, 17]：联邦大模型微调方法克服了传统大模型微调中的合作难题，考虑到了各参与方的特定任务需求，并支持多任务训练，如图 7-5 所示。微调后的模型参数会共享给参与方，以充分发挥联邦大模型的潜力，提升模型的泛化性能。联邦大模型微调方法主要有两种：一种是在预训练模型上进行全模型微调[16]，虽然性能优越但计算和通信成本高；另一种是将参数高效微调方法[16-19]集成到联邦学习框架中，通过最小化参数梯度计算和减少聚合参数的数量，有效节约计算和通信成本。

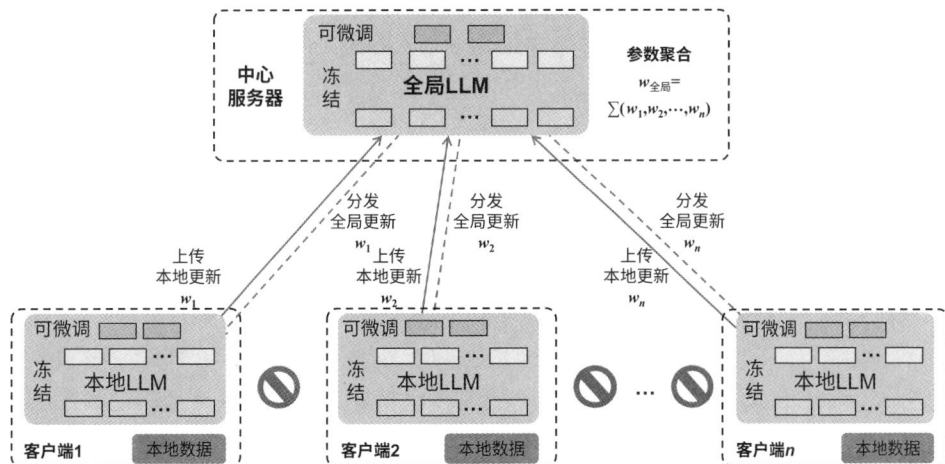

图 7-5　联邦大模型微调示意图

联邦指令和提示微调 [16, 17]：通过任务指令和提示微调大模型，可以使大模型捕捉到不同指令和文本提示之间的关系 [20]，增强大模型的个性化适应性和协同效应，以生成符合不同参与方意图的响应。这一过程不涉及输入特征嵌入，从而实现了隐私保护。

以上大模型的联邦学习方法可以应用于推荐系统中，解决推荐系统的联邦学习问题。联邦大模型预训练与微调的过程中，都需要在性能、计算效率与通信负荷之间做出权衡。特别是在提升计算效率和降低通信成本方面，高效的参数微调方法尤为关键。

接下来，我们将详细介绍联邦大模型的高效参数微调方法。Zhuo Zhang 等人 [18] 提出了 FedPETuning 框架。该框架为在联邦学习系统中实现大模型的高效参数微调提供了一种创新的方案。

在训练初始化阶段，使用 $\mathcal{W}_p$ 初始化大模型参数，并使用 $\mathcal{W}_e^0$ 初始化本地高效参数微调方法。然后，通过中心服务器执行全局聚合和客户端执行本地更新，这两个过程交替执行。

中心服务器全局聚合：对于每个通信轮次 t（最大通信轮数为 T），中心服务器首先从客户端集合中随机选择 K 个客户端，并将可训练参数 $\mathcal{W}_e$ 分发给这些选定的客户端。然后，服务器从客户端接收高效参数，更新 $\mathcal{W}_e^{k,t}$，并聚合、更新全局高效参数 $\mathcal{W}_e$：

$$\mathcal{W}_e^{t+1} = \sum_{k=1}^{K} \frac{|\mathcal{D}_k|}{\sum_{k=1}^{K} |\mathcal{D}_k|} \mathcal{W}_e^{k,t}$$

客户端本地微调：当选定的客户端接收到中心服务器的可训练参数 $\mathcal{W}_e$ 后，结合本地大模型参数 $\mathcal{W}_p$，构建一个完整的模型。然后，选定的客户端使用本地隐私数据 $\mathcal{D}_k$ 训练组装的模型参数 $\mathcal{W}'$。在本地训练之后，第 k 个客户端将其更新的高效参数 $\mathcal{W}_e^{k,t+1}$ 发送到中心服务器进行联邦聚合。

以上描述的训练过程会重复进行，直到满足特定的终止条件，如满足收敛条件或者达到最大通信轮数 T。

7.3.3 联邦推荐的平衡

使用基于大模型的联邦式推荐的核心原因有两点：一是保护用户隐私，二是提供个性化推荐。不过，大模型的联邦学习方法也存在如下局限性。

- ❑ 通信开销大：在大模型的联邦式训练中，往往需要在多个设备之间传输模型参数，这可能会导致较大的通信开销。
- ❑ 模型复杂：大模型通常非常复杂，训练和部署时需要大量的计算资源和存储空间。
- ❑ 数据不平衡：不同参与方设备的数据分布可能会有很大的差异，从而影响模型的整体性能。

针对通信开销大和模型复杂的问题，可以通过 7.3.2 节中的微调方法进行缓解。而数据不平衡问题则需要使用其他策略进行应对。

在大模型推荐系统中，将客户端－服务器架构应用于联邦模型可能会导致性能失衡。这种失衡可能由客户端数据分布多样性和学习难度不均衡引起，用户间的数据差异和学习难度不同，可能会导致某些参与方的推荐结果不准确，从而影响整体的推荐质量。

为了解决这个问题，Jujia Zhao 等人[21] 提出了一种基于大模型的联邦学习推荐框架 PPLR。如图 7-6 所示，PPLR 框架采用动态平衡策略来解决参与方之间的性能不平衡问题，同时使用 LoRA 进行微调以节省客户端资源。对于客户端 c，模型参数由原始大模型参数 P_c 和客户端特定的 LoRA 参数 R_c 组成。

由于客户端数据分布的多样性，优化目标可能难以收敛，从而导致训练过程中无法保证特定客户端的性能。PPLR 采用动态平衡策略，为每个客户端设计动态参数聚合和学习速度，分别解决客户端数据分布多样性和学习难度不同导致的性能失衡问题。PPLR 采用了一种基于注意力的参数聚合方法，根据每个客户端的独特数据分布定制聚合过程，使得模型优先从具有相似数据分布的客户端中学习，减少不相关客户端的影响。优先级机制根据客户端之间参数的余弦相似度判断它们之间的数据分布相似程度。

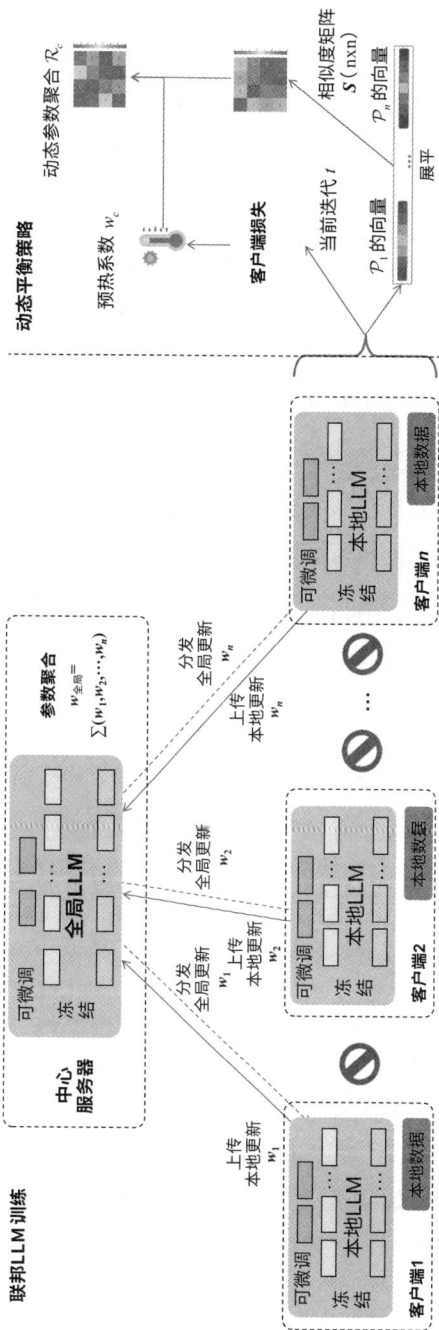

图 7-6 基于大模型的联邦学习推荐 PPLR 框架

在初始化客户端的本地 LoRA 参数 $\mathcal{R}_c$ 后，每轮通信时，客户端上传本地参数到中心聚合器进行参数聚合。动态参数聚合的计算式如下：

$$\mathcal{R}_c = \frac{\sum_{c' \in C} s_{c,c'} \mathcal{R}_{c'}}{\sum_{c' \in C} s_{c,c'}}$$

其中，$s_{c,c'}$ 是向量 $\mathcal{R}_c$ 和向量 $\mathcal{R}_{c'}$ 之间的余弦相似度，即基于注意力的聚合权重，其计算式如下：

$$s_{c,c'} = \frac{\mathrm{vec}(\mathcal{R}_c)^\top \mathrm{vec}(\mathcal{R}_{c'})}{\| \mathrm{vec}(\mathcal{R}_c) \|_2 \| \mathrm{vec}(\mathcal{R}_{c'}) \|_2}$$

不同客户端的学习速度会因为数据集内异构性而不同[22]。对此，PPLR 采用动态学习速度机制，根据其他客户端的相似性得分，动态调整某客户端学习其他客户端的程度，从而控制客户端的学习速度。预热系数 w_c 的定义为：

$$w_c = \tanh\left(\frac{\alpha}{\left[\exp(\mathcal{L}_c) \big/ \sum_{i=1}^{N} \exp(\mathcal{L}_i) \right]^{t/\beta}} \right)$$

其中，$\mathcal{L}_c$ 表示客户端 c 的本地损失函数，$\mathcal{L}_i$ 是各层训练网络的损失函数，α、β 分别是与速度和时间相关的预热因子。通过应用预热系数，PPLR 框架能够根据客户端的当前学习状态动态调整客户端的学习速度，为每个客户端提供定制的学习速度，缓解客户端之间的性能失衡。最终的动态聚合权重计算式为：

$$d_{c,c'} = w_c s_{c,c'}, \forall c' \in C, c' \neq c$$

参数聚合过程为：

$$\mathcal{R}_c = \frac{\sum_{c' \in C} d_{c,c'} \mathcal{R}_{c'}}{\sum_{c' \in C} d_{c,c'}}$$

客户端接收最终聚合的参数 $\mathcal{R}_c$，更新本地参数后将新的参数上传到中心聚合器。以上的训练过程会重复进行，直到满足特定的标准，如满足收敛条件或者达到最大通信轮数 T。

在推理阶段，各客户端结合最新的 LoRA 参数和固定参数生成完整的模型参数，为用户生成推荐排名列表。这种方法在保证数据隐私的同时，增强了各参与方的个性化体验，提升了推荐系统的整体效果。

7.4 推荐系统的时效性

7.4.1 模型更新与灾难性遗忘

在实际应用中，推荐系统所面临的环境是不断变化的，用户偏好和交互行为会不断演变，新物品也不断涌入系统。这要求推荐系统能够持续响应这些变化，确保在生命周期中获取、更新、积累和利用知识，保证推荐效果和业务发展的时效性。为了实现及时的个性化推荐，模型应根据最新数据进行更新，以积累非静态数据上的知识。在学习新的信息时，推荐系统还需避免遗忘旧知识，保证新旧知识间取得平衡，实现有效的持续学习。

推荐系统的模型更新有两种常见方法，如图 7-7 所示。一种是使用所有的历史数据和新收集到的数据对模型进行完全重新训练，这种方法训练成本极高，训练效率低，且对近期用户偏好的学习有限。另外一种是采取微调的方法，仅基于新的交互数据来微调当前的模型，以提高学习效率。但简单的微调往往忽视了来自历史数据的关键长期偏好信号，从而导致灾难性遗忘 [23] 或过拟合 [24] 等问题。

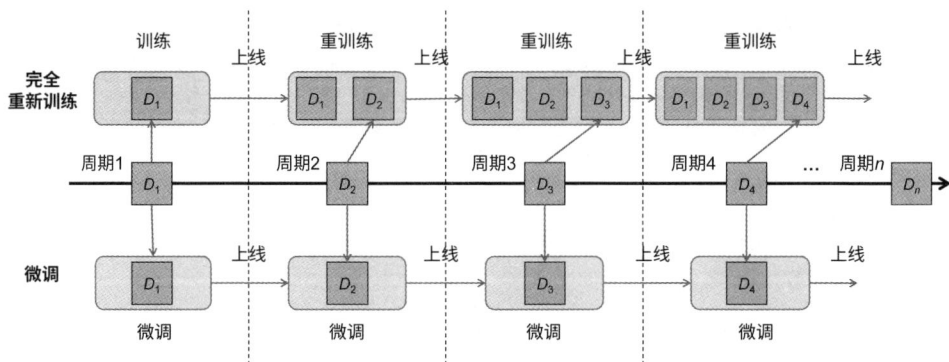

图 7-7 完全重新训练与微调的差异

灾难性遗忘是指模型在新任务上训练时，由于网络的权重或者参数的更新，无法保留之前训练过程中所积累的知识，因此在旧任务上的表现显著下降。这在推荐系统中尤为突出，当系统不断更新以适应新用户或新物品时，可能会遗忘对旧用户或旧物品的理解，从而影响推荐的准确性。

为了避免这一问题，增量学习（incremental learning）[25] 提供了一种有效的解决方案。不同于完全重新训练，增量学习侧重于通过微调模型，使其能够持续学习新数据，同时避免忘记已学过的旧知识，从而在新旧任务上均表现良好，确保模型能够及时反映最新的用户偏好。根据系统需求和资源的不同，增量学习的周期更新可以灵活调整，可能是每日、每周或当积累至一定的交互数量时进行更新。一旦满足模型更新条件，推荐系统就可利用这些新的数据来训练推荐模型并更新参数[26]。

7.4.2　大模型的持续学习

在大模型的应用中，灾难性遗忘问题同样存在，尤其是在模型更新或微调的过程中[23]。大模型在学习新任务时，可能会忘记在预训练过程中学到的知识，从而导致微调后的整体性能下降。随着大模型参数规模的不断扩大，这种遗忘的严重程度可能会加剧。由于大模型通常包含庞大的参数量和复杂的结构，频繁训练不仅成本高昂，而且可能会导致模型无法及时适应快速变化的知识。为了避免灾难性遗忘，同时保持模型的时效性，必须采用适当的持续学习策略。

大模型持续学习的目标是全面提升大模型的语言理解和推理能力，而不仅仅是更新信息或扩展模型的事实知识库。由于模型的规模和复杂性，大模型的持续学习策略与小模型的简单适应方法以及其他增强策略（如检索增强生成和模型编辑）有所不同。

大模型的持续学习通常包括如图 7-8 所示的三个阶段[28]。

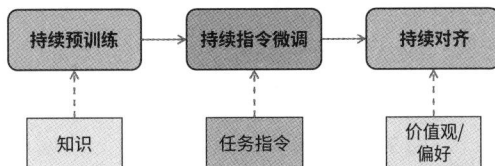

图 7-8　大模型的持续学习的三个阶段

持续预训练（continual pre-training，CPT）：这一阶段涉及在多个语料库上进行自我监督训练，以丰富大模型的知识储备[29]。通过定期更新模型，保证模型可以适应不断变化的用户需求，并在各种应用场景中保持有效性。

持续指令微调（continual instruction tuning，CIT）[30]：在一系列有监督的指令跟随数据上对大模型进行微调，目标是使大模型能够遵循用户的指令，同时将获得的知识转移到后续任务。

持续对齐（continual alignment，CA）[31]：随着人类价值观和偏好的演变，持续进行大模型对齐，使大模型适应不断变化的社会价值观、社会规范和道德指南，并考虑到不同用户群体偏好的多样性变化。

本节将以持续指令微调为例，介绍大模型持续学习方法的实现。

Anastasia Razdaibiedina 等人 [32] 提出了一种渐进式提示（progressive prompt）的持续学习方法，旨在实现知识在不同任务间的前向迁移（forward transfer），同时避免灾难性遗忘。该方法无须依赖数据重放或大量特定于任务的参数，适用于任何基于 Transformer 架构的大模型。在渐进式提示方法中，大模型为每个新任务单独学习一个提示，并将其与之前学到的所有提示连接起来，添加到输入嵌入的前面。在训练过程中，大模型的参数始终被冻结，而与新任务提示相关的参数仅在学习该任务时可训练，之后也会被冻结。

渐进式提示方法在学习新任务时不会修改旧任务的参数，从而确保旧任务不会被遗忘。这种方法虽然简单，但在多任务场景中可能难以维护。为此，另一种更具针对性的方法是动态重放策略。

Yifan Wang 等人 [33] 提出了 InsCL 框架，通过动态重放先前的训练数据，并依据任务的相似度、复杂度和多样性引导数据重放过程，高效缓解了遗忘问题。InsCL 的动态重放策略在大模型针对新任务进行微调时发挥作用，它从先前任务的数据集中采样出重放数据集。这一策略基于任务间的相似度（如 Wasserstein 距离或余弦相似度），从先前任务中选择性地重放与当前任务差异较大的数据，并据此动态分配重放数据量，帮助大模型回忆相关知识。

此外，InsCL 还引入了指令信息度量（instruction information metric，InsInfo）来引导采样过程，确保收集到的重放数据质量高，以支持持续指令微调。InsInfo 通过计算每个指令中独特标签的增加量来衡量指令集的复杂度和多样性。为了获取细粒度的指令标签，InsCL 采用了 GPT-4 作为意图标签器。

7.4.3 基于大模型的推荐增量学习

大模型具有海量世界知识和卓越的生成能力，但大模型的预训练阶段往往缺乏针对特定推荐场景的特定知识，因此，往往需要使用推荐数据对大模型进行微调。同时，随着推荐业务的发展，大模型也需要进行适当更新。此外，用户的兴趣和需求总是不断变化的，因此除了上述大模型的持续学习方法，还需要考虑如何平衡长期和短期用户偏好之间的差异。

Tianhao Shi 等人[34]提出了长短期适应调整（long-term and short-term adaptation-aware tuning，LSAT）框架，以实现大模型在推荐系统中的增量学习。LSAT 使用两个专用的 LoRA 模块，分别学习用户的长期偏好和短期偏好。

短期 LoRA 模块致力于捕捉用户的短期偏好。在每次模型更新时，该模块使用新数据集来重新开始训练，而不是在上一阶段的参数基础上进行微调，避免已有偏好可能会干扰新偏好的学习。长期 LoRA 模块致力于捕捉用户的长期偏好，通过学习足够的历史数据来提升模型的稳健性。

以下是短期 LoRA 和长期 LoRA 的优化目标。

短期 LoRA 学习目标函数为：

$$\min_{\Theta_t} L\left(\mathcal{D}_t;\Phi,\Theta_t\right)$$

长期 LoRA 学习目标函数为：

$$\min_{\Theta_h} L\left(\mathcal{H};\Phi,\Theta_h\right)$$

其中，$\mathcal{D}_t$ 是新的偏好数据集，Φ 是大模型的预训练参数，Θ_t 是短期 LoRA 的参数，$\mathcal{H}$ 为历史数据集，Θ_h 是长期 LoRA 的参数。

在推理阶段，LSAT 通过融合短期 LoRA 的参数 Θ_t 和长期 LoRA 的参数 Θ_h 实现协同推理，融合参数计算式为：

$$\overline{\Theta} = \lambda\Theta_h + \left(1-\lambda\right)\Theta_t$$

7.5　推荐系统的遗忘

7.5.1　遗忘的概述

机器遗忘（machine unlearning）[35, 36] 是指从已训练的机器学习模型中消除特定训练数据的影响。对于推荐系统而言，"有意忘记"特定用户数据同样至关重要，这一过程被称为推荐遗忘[37]。推荐遗忘的核心目标是删除"不该学习"的数据，这些数据通常包括隐私数据、老旧数据、无意义数据、污染数据等。

推荐遗忘需要在保持原始推荐性能的前提下实现遗忘，主要源于两个方面的需求。(1)隐私保护：推荐系统需要删除用户的敏感数据，以保护用户隐私；(2)性能保证：噪声数据或污染数据会严重影响推荐性能[38]，因此清除这些数据有助于提升推荐质量。

大模型推荐系统通过微调大模型，将推荐数据纳入大模型，这在实现高效推荐的同时也引发了诸多隐私问题；同时，由于大模型使用的数据规模庞大，往往存在各种无意义或带有严重偏见的数据，这使得大模型推荐系统中的推荐遗忘尤为重要。如表 7-1 所示，大模型推荐系统的遗忘方法可分为两类。

表 7-1　大模型的遗忘方法及其分类 [40]

大模型遗忘方法分类	介　　绍	方　　法
基于参数优化的方法[41]	最直接的知识遗忘学习方法，在某些约束内有效地微调模型的特定参数，选择性地修改特定行为，同时避免对模型的其他方面的任何有害影响。在这些方法中，反向梯度方法经常使用，这需要在忘记样本的梯度下降反方向上更新模型的部分参数	EUL[39]、LLMU[42]、AU[43]
基于参数合并的方法[40]	这些方法仅涉及先前训练的模型参数离线组合（例如，通过加法和减法等算术运算），不需要额外的参数训练。这种方法允许从模型中删除特定知识，同时保持其他模型行为的稳定性	TV[44]、CPEM[45]

按照遗忘的完整性程度，可分为两类：精确遗忘（exact unlearning）和近似遗忘（approximate unlearning）。

精确遗忘要求彻底消除与被遗忘数据相关的所有信息，使遗忘后的模型表现与完全重训练的模型相同。这类方法[46]需要对相关数据分片进行重训练，计算代价高且耗时长。近似遗忘则只要求遗忘后的模型性能与重训练模型相近即可[47]。这类方法效率较高，但会牺牲数据的完整性，存在统计遗忘问题，且难以准确追踪深度模型中个体训练数据的影响。接下来，我们将展开介绍近似遗忘和精确遗忘两种方法。

7.5.2 近似遗忘

近似遗忘的目标是在保留大模型整体性能的同时，尽可能地消除特定训练数据的影响。对于这些参数数量可达数十亿的大模型，通常通过微调模型参数来实现这一目标，使得模型在处理被遗忘数据时的性能与原模型相近。

为高效地实现遗忘，Hangyu Wang 等人[48]提出了 E2URec 方法，其框架如图 7-9 所示。E2URec 采用了教师 – 学生模式来提高遗忘效果，使用遗忘教师模型来指导学生模型（遗忘后的模型）学习如何遗忘特定样本，并利用记忆教师模型指导学生模型保持原始的推荐性能，从而节约了计算资源。此外，E2URec 通过在大模型中集成轻量级的 LoRA 模块，只更新少量额外的 LoRA 参数，提高了遗忘效率。

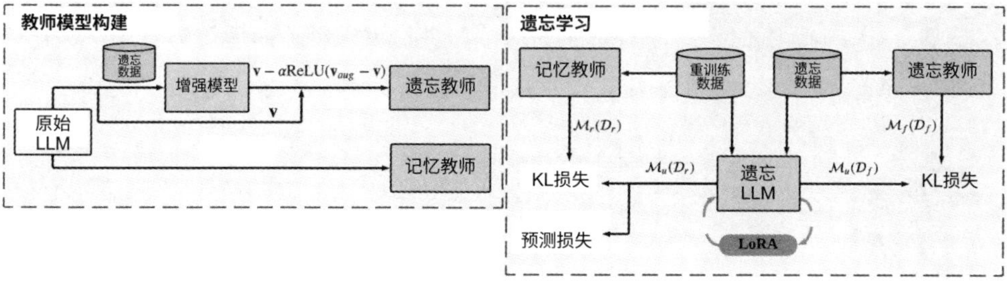

图 7-9 E2URec 框架示意图

LoRA 模块通过向大模型添加少量参数来简化遗忘过程，只需更新参数 θ 而保持参数 ϕ 不变，节省了资源和时间。遗忘过程涉及更新模型 $\mathcal{M}_u$ 以在遗忘数据 $\mathcal{D}_f$ 上匹配遗忘教师 $\mathcal{M}_f$，遗忘损失函数定义为：

$$L_{\mathrm{FGT}} = \sum_{x_f \in \mathcal{D}_f} \mathrm{KL}\big(\mathcal{M}_f\big(x_f\big)\mathcal{M}_u\big(x_f;\theta\big)\big)$$

其中，KL(·) 表示教师模型和未学习模型的输出概率分布之间的 KL 散度；同时，模型还需要在保留数据 $\mathcal{D}_r$ 上与记忆教师 $\mathcal{M}_r$ 匹配，以维持推荐性能，记忆损失函数定义为：

$$L_{\mathrm{REM}} = L_{\mathrm{pred}}\left(\mathcal{D}_r;\theta\right) + \sum_{x_r \in \mathcal{D}_r} \mathrm{KL}\left(\mathcal{M}_r\left(x_r\right) \| \mathcal{M}_u\left(x_r;\theta\right)\right)$$

其中，$L_{\mathrm{pred}}\left(\cdot\right)$ 表示大模型推荐预测中的损失函数。

E2URec 的总损失是遗忘教师 $\mathcal{M}_f$ 的损失和记忆教师 $\mathcal{M}_r$ 的损失的加权和，可表示为：

$$L = \beta L_{\mathrm{FGT}} + \left(1-\beta\right) L_{\mathrm{REM}}$$

7.5.3　精确遗忘

为了实现精确和高效的遗忘，同时保持推荐性能，Zhiyu Hu 等人 [50] 提出了适配器分区和聚合（adapter partition and aggregation，APA）框架，如图 7-10 所示。APA 的核心思想是将训练数据分区，并为每个数据分片（shard）训练一个独立的适配器。在需要遗忘特定数据时，只需对对应的适配器进行重训练，而无须对全部参数进行重训练。APA 框架包括三个关键阶段：数据和适配器分区、适配器聚合和遗忘。

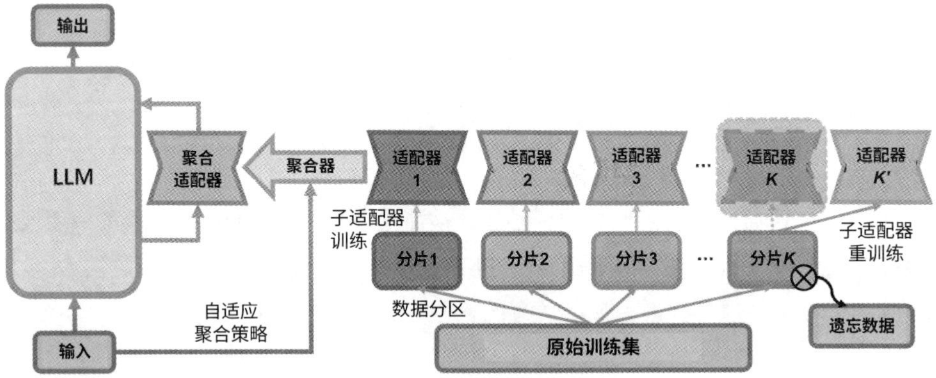

图 7-10　APA 框架示意图

在数据和适配器分区阶段，APA 将训练数据 D 分为 K 个平衡的数据分片，并在大模型中为每个分片训练一个 LoRA 子适配器。APA 基于语义对数据进行分区，利用大模型共享知识获取每个样本的隐藏表示，然后通过 K-means 聚类方法得到 K 个聚类和中心。对于每个数据分片的 LoRA 适配器，其优化目标如下：

$$\max_{\Phi_k} \sum_{(x_i, y_i) \in \mathcal{D}_k} \sum_{t=1}^{|y|} \log(P_{\Theta_0 + \Phi_k}(y_i \mid x_i))$$

在适配器聚合阶段，APA 合并不同 LoRA 子适配器的权重以创建统一适配器。为了提升性能，APA 采用自适应聚合策略，根据特定样本的需求定制聚合适配器。聚合策略包括两个层次：一是分解层次，直接聚合来自不同 LoRA 适配器的权重矩阵 A 和 B[49]；二是非分解层次，聚合所有子 LoRA 适配器的 "BA"[49] 结果。

在遗忘阶段，只需重新训练受影响的子 LoRA 适配器，而无须全面重训练整个模型。理论上，只需要投入 $|\mathcal{D}_i|/K$ 的全面重训练成本就可以实现精确的遗忘，从而加速遗忘过程。

7.6　小结

大模型推荐系统可以帮助用户筛选感兴趣的物品，但在提升推荐性能的同时，也面临着推荐系统的许多固有挑战。如何构建一个可解释、公平、透明、尊重用户隐私并且能够持续学习的推荐系统，是设计过程中必须考虑的关键因素。

首先，推荐系统需要具备透明度和可解释性，以增强用户对系统的理解和信任。本章介绍了基于提示的可解释性推荐构建方法，并介绍了大模型中的可解释性推荐及其训练方式。

其次，公平性是推荐系统设计的关键要素，系统需要确保所有用户受到公正对待，避免因算法偏见或误读而导致的歧视，确保所有物品能够被"一视同仁"地推荐和排序。本章分别从用户和物品的角度介绍了大模型中实现公平性的方法。

此外，推荐系统在提供个性化推荐的同时，必须尊重用户隐私并保障数据安全。对于大型推荐系统的训练，需要使用联邦学习等方法进行大模型训练和微调，以确保数据隐私不被泄露。

随着推荐系统业务的发展和大模型的应用，推荐系统需要具备持续自我更新的能力，以适应用户偏好的变化，保证推荐结果的时效性和有效性。本章介绍了推荐系统中大模型的增量学习方法，以防止模型在持续更新过程中出现灾难性遗忘。

最后，推荐模型在某些情况下需要进行遗忘计算，删除不该学习的数据，在优化推荐系统性能的同时确保隐私性和伦理性。本章主要讨论了推荐系统中大模型的近似遗忘和精确遗忘两种方法。

总的来说，构建一个可信的大模型推荐系统，需要在设计和实施过程中充分考虑用户需求和体验，确保推荐内容的可信度和接受度，同时也要注重系统的公平性、透明性、可解释性和用户隐私的保护。只有这样，才能真正打造一个具有长远价值的推荐系统，不仅为用户提供更好的服务，同时也推动推荐系统的持续发展和进步。

参考文献

[1]   Diao Q, Qiu M, Wu C Y, et al. Jointly Modeling Aspects, Ratings and Sentiments for Movie Recommendation (JMARS)[J]. SIGKDD explorations, 2014(-CD/ROM).

[2]   Sharma A, Cosley D. Do Social Explanations Work? Studying and Modeling the Effects of Social Explanations in Recommender Systems[J]. ACM, 2013.

[3]   Li L, Zhang Y, Chen L. Personalized Prompt Learning for Explainable Recommendation[J]. ACM transactions on information systems, 2023,41(4):1.

[4]   Luo Y, Cheng M, Zhang H, et al. Unlocking the Potential of Large Language Models for Explainable Recommendations[J]. ArXiv, 2023,abs/2312.15661.

[5]   Peng Y, Chen H, Lin C S, et al. Uncertainty-Aware Explainable Recommendation with Large Language Models[J]. ArXiv, 2024,abs/2402.03366.

[6]   Biega A J, Gummadi K P, Weikum G. Equity of Attention: Amortizing Individual Fairness in Rankings[J]. The 41st International ACM SIGIR Conference on Research \& Development in Information Retrieval, 2018.

[7]   Wang Y, Ma W, Zhang M, et al. A Survey on the Fairness of Recommender Systems[J]. ACM Transactions on Information Systems, 2022,41:1-43.

[8] Sarvi F, Heuss M, Aliannejadi M, et al. Understanding and Mitigating the Effect of Outliers in Fair Ranking[J]. Proceedings of the Fifteenth ACM International Conference on Web Search and Data Mining, 2021.

[9] Jiang M, Bao K, Zhang J, et al. Item-side Fairness of Large Language Model-based Recommendation System[J]. Proceedings of the ACM on Web Conference 2024, 2024.

[10] Chao W, Zheng Z, Zhu H, et al. Make Large Language Model a Better Ranker[J]. ArXiv, 2024,abs/2403.19181.

[11] Li Y, Chen H, Xu S, et al. Towards Personalized Fairness based on Causal Notion[J]. Proceedings of the 44th International ACM SIGIR Conference on Research and Development in Information Retrieval, 2021.

[12] Hua W, Ge Y, Xu S, et al. UP5: Unbiased Foundation Model for Fairness-aware Recommendation[J]. ArXiv, 2023,abs/2305.12090.

[13] Geng S, Liu S, Fu Z, et al. Recommendation as Language Processing (RLP): A Unified Pretrain, Personalized Prompt & Predict Paradigm (P5)[J]. Proceedings of the 16th ACM Conference on Recommender Systems, 2022.

[14] Zhao W, Alwidian S A, Mahmoud Q H. Adversarial Training Methods for Deep Learning: A Systematic Review[J]. Algorithms, 2022,15:283.

[15] McMahan H B, Moore E, Ramage D, et al. Communication-Efficient Learning of Deep Networks from Decentralized Data[C], 2016.

[16] Chen C, Feng X, Zhou J, et al. Federated Large Language Model: A Position Paper[J]. ArXiv, 2023,abs/2307.08925.

[17] Jiang F, Dong L, Tu S, et al. Personalized Wireless Federated Learning for Large Language Models[J]. ArXiv, 2024,abs/2404.13238.

[18] Zhang Z, Yang Y, Dai Y, et al. FedPETuning: When Federated Learning Meets the Parameter-Efficient Tuning Methods of Pre-trained Language Models[C], 2022.

[19] Jiang J, Liu X, Fan C. Low-Parameter Federated Learning with Large Language Models[J]. ArXiv, 2023,abs/2307.13896.

[20] Guo T, Guo S, Wang J, et al. PromptFL: Let Federated Participants Cooperatively Learn Prompts Instead of Models-Federated Learning in Age of Foundation Model[J]. IEEE Transactions on Mobile Computing, 2022,23:5179-5194.

[21] Zhao J, Wang W, Xu C, et al. LLM-based Federated Recommendation[J]. ArXiv, 2024,abs/2402.09959.

[22] Melis L, Song C, De Cristofaro E, et al. Exploiting Unintended Feature Leakage in Collaborative Learning[J]. 2019 IEEE Symposium on Security and Privacy (SP), 2018:691-706.

[23] Luo Y, Yang Z, Meng F, et al. An Empirical Study of Catastrophic Forgetting in Large Language Models During Continual Fine-tuning[J]. ArXiv, 2023,abs/2308.08747.

[24] Zhang Y, Feng F, Wang C, et al. How to Retrain Recommender System?: A Sequential Meta-Learning Method[J]. Proceedings of the 43rd International ACM SIGIR Conference on Research and Development in Information Retrieval, 2020.

[25] Lee H, Yoo S, Lee D, et al. How Important is Periodic Model update in Recommender System?[J]. Proceedings of the 46th International ACM SIGIR Conference on Research and Development in Information Retrieval, 2023.

[26] Wang Y, Guo H, Tang R, et al. A Practical Incremental Method to Train Deep CTR Models[J]. ArXiv, 2020,abs/2009.02147.

[27] Hinton G E, Vinyals O, Dean J. Distilling the Knowledge in a Neural Network[J]. ArXiv, 2015,abs/1503.02531.

[28] Wu T, Luo L, Li Y, et al. Continual Learning for Large Language Models: A Survey[J]. ArXiv, 2024,abs/2402.01364.

[29] Jin X, Zhang D, Zhu H, et al. Lifelong Pretraining: Continually Adapting Language Models to Emerging Corpora[J]. ArXiv, 2021,abs/2110.08534.

[30] Zhang Z, Fang M, Chen L, et al. CITB: A Benchmark for Continual Instruction Tuning[C], 2023.

[31] Zhang H, Gui L, Zhai Y, et al. COPF: Continual Learning Human Preference through Optimal Policy Fitting[J]. ArXiv, 2023,abs/2310.15694.

[32] Razdaibiedina A, Mao Y, Hou R, et al. Progressive Prompts: Continual Learning for Language Models[J]. ArXiv, 2023,abs/2301.12314.

[33] Wang Y, Liu Y, Shi C, et al. InsCL: A Data-efficient Continual Learning Paradigm for Fine-tuning Large Language Models with Instructions[J]. ArXiv, 2024,abs/2403.11435.

[34] Shi T, Zhang Y, Xu Z, et al. Preliminary Study on Incremental Learning for Large Language Model-based Recommender Systems[J]. ArXiv, 2023,abs/2312.15599.

[35] Cao Y, Yang J. Towards Making Systems Forget with Machine Unlearning[J]. 2015 IEEE Symposium on Security and Privacy, 2015:463-480.

[36] Nguyen T T, Huynh T T, Nguyen P, et al. A Survey of Machine Unlearning[J]. ArXiv, 2022,abs/2209.02299.

[37] Bourtoule L, Chandrasekaran V, Choquette-Choo C A, et al. Machine Unlearning[J]. 2021 IEEE Symposium on Security and Privacy (SP), 2019:141-159.

[38] Chen C, Sun F, Zhang M, et al. Recommendation Unlearning[J]. Proceedings of the ACM Web Conference 2022, 2022.

[39] Chen J, Yang D. Unlearn What You Want to Forget: Efficient Unlearning for LLMs[J]. ArXiv, 2023,abs/2310.20150.

[40] Si N, Zhang H, Chang H, et al. Knowledge Unlearning for LLMs: Tasks, Methods, and Challenges[J]. ArXiv, 2023,abs/2311.15766.

[41] Jang J, Yoon D, Yang S, et al. Knowledge Unlearning for Mitigating Privacy Risks in Language Models[C], 2022.

[42] Yao Y, Xu X, Liu Y. Large Language Model Unlearning[J]. ArXiv, 2023,abs/2310.10683.

[43] Eldan R, Russinovich M. Who's Harry Potter? Approximate Unlearning in LLMs[J]. ArXiv, 2023,abs/2310.02238.

[44] Ilharco G, Ribeiro M T, Wortsman M, et al. Editing Models with Task Arithmetic[J]. ArXiv, 2022,abs/2212.04089.

[45] Zhang J, Chen S, Liu J, et al. Composing Parameter-Efficient Modules with Arithmetic Operations[J]. ArXiv, 2023,abs/2306.14870.

[46] Yan H, Li X, Guo Z, et al. ARCANE: An Efficient Architecture for Exact Machine Unlearning[C], 2022.

[47] Sekhari A, Acharya J, Kamath G, et al. Remember What You Want to Forget: Algorithms for Machine Unlearning[J]. ArXiv, 2021,abs/2103.03279.

[48] Wang H, Lin J, Chen B, et al. Towards Efficient and Effective Unlearning of Large Language Models for Recommendation[J]. ArXiv, 2024,abs/2403.03536.

[49] Hu J E, Shen Y, Wallis P, et al. LoRA: Low-Rank Adaptation of Large Language Models[J]. ArXiv, 2021,abs/2106.09685.

[50] Hu Z, Zhang Y, Xiao M, et al. Exact and Efficient Unlearning for Large Language Model-based Recommendation[J]. ArXiv, 2024,abs/2404.10327.

第 8 章

基于大模型智能代理的推荐系统

早在大模型出现之前，智能代理（agent）[1] 这一概念便已存在，并被广泛应用于人工智能领域。智能代理也称为智能体，它能够独立感知环境、作出决策并采取行动，而无须外部指令或干预 [2]。随着大模型崛起，智能代理再度引起了人们的关注，并被赋予了新的含义：具有自主性、反应性、积极性和交互能力特征的智能实体。

在大模型的帮助下，智能代理可以更好地理解用户需求和场景变化，克服传统推荐系统的限制，提供更加精准、个性化的推荐。

如何将大模型与智能代理有机融合、取长补短，并在推荐场景中发挥最大作用，最终形成满足业务场景需求的框架和解决方案，是推荐系统中每个研究人员、开发工程师（注重工程性能）、算法工程师（侧重算法技术）、产品经理、系统架构师以及战略规划师需要关心的问题。本章将介绍智能代理在推荐系统中的应用，涵盖基于大模型的智能代理以及智能代理如何在推荐系统中有效应用等方面的内容。

8.1　基于大模型的智能代理

通过在互联网的大量数据上进行严格的预训练，大模型可以编码关于现实世界的丰富语义知识。这些知识对于旨在执行以自然语言表达的高级指令的机器人来说非常有用。随着大模型的参数规模从数亿扩展到数千亿，大模型已经展示出了新兴的通用智能，包括进行流畅的对话、执行逻辑和数学推理、遵循详细的指令来完成任务，以及协助解决软件开发问题。因此，各种各样的应用正在向整合大模型的方向发展，以增强现有模型的能力，或将其作为主要框架来提升性能。

大模型的出现极大提升了智能代理在自然语言处理、遵循指令和执行任务等方面的能力。基于大模型的智能代理可以充当不同领域的知识专家[3]，并通过思维链、思维树等技术进行归纳总结与分析规划，提升了系统的交互性、智能性和主动性。这使得智能代理能够更加灵活和智能地应对各种任务，提供更精准的服务。

尽管大模型在生成文本方面的表现令人印象深刻，但它们通常缺乏作为完整代理所需的上下文感知能力。为了弥补这一不足，大模型智能代理将大模型的强大能力与传统软件代理的结构和功能相结合，它的重要性还体现在以下几个方面。

- ❑ 可操作的智能：超越静态的文本生成。大模型智能代理可以根据指令与 API 交互，访问数据库，甚至控制物理系统。
- ❑ 推理和决策制定：大模型智能代理可以处理复杂的信息，评估不同的选项，并根据任务目标作出明智的决策。
- ❑ 上下文意识：智能代理可以记住过去的交互，并使用这些信息来在未来的响应中提供更加场景化的答案。

大模型智能代理的潜在应用非常广泛。以下是一些典型的应用示例。

- ❑ 智能聊天机器人：创建可以回答复杂问题、提供个性化推荐，甚至解决技术问题的聊天机器人。
- ❑ 智能助手：开发可以自动化任务、管理日程，并与各种服务平台集成的虚拟助手。
- ❑ 数据分析和探索：使用大模型智能代理分析大型数据集、生成报告，并以自然语言回答问题。

例如，谷歌机器人实验室的 Ahn, M 等[4] 提出了基于大模型的智能代理 SayCan 框架，将大模型用于上下文语义层面的理解与动作规划。在该框架中，机器人相当于人类的眼和手，智能代理通过对环境的实时观察对大模型的决策进行调整，并执行相应的动作。斯坦福大学的 Joon Sung Park 等人[5] 提出了生成式的智能代理，通过模拟可信人类行为，扩展了大模型的应用，使其能够用自然语言存储代理体验的完整记录。随着时间的推移，这些记忆可以合成为更高级别的反射，并可通过动态检索规划行为。

　　智能代理可以划分为单智能代理和多智能代理两大类 [2]，单智能代理框架强调的是个体能力的自治和发挥，多智能代理框架则强调多个智能代理之间的紧密合作。接下来我们将分别展开介绍这两类智能代理。

8.1.1　单智能代理

　　单智能代理系统仅包含一个智能代理，该智能代理独立地与环境进行交互，并根据环境的反馈来优化其行为策略。这种类型的智能代理注重的是如何根据当前的环境状态和目标，制定并执行最优的行动策略。

　　复旦大学的 Zhiheng Xi 等人 [1] 提出智能代理的框架由三个部分组成：作为控制端的大脑模块、作为感知输入的感知模块和作为响应输出的行动模块。通过大脑、感知、行动三大组件的集成，在机器人的结合下，每种类型的输入都会有相应的解法和路径，智能代理将依据大脑组件下达的指令，选择最合适的路径作出响应，执行一系列的动作。模块示意图如图 8-1 所示。

　　大脑模块：大脑是智能代理的决策中心，负责任务解析、自我反思和改进。类似人脑，它主管控制和决策，并具备关键的记忆与反思能力。构建记忆机制以记录常识和自我反思机制以归纳数据。记忆能力涉及动态存储、检索、更新知识 [6]。反思能力则通过检查推理步骤来增强问题解答的准确性和可信度 [7]。

　　感知模块：感知模块属于输入模块，负责接收并记录系统与环境的交互，好比人的感官，让智能代理能够更有效地从上下文环境中获取与利用信息，输入的多模态原始数据在编码后由大脑模块分析。其感知包括文本（textual）、视觉（visual）[8] 和听觉（auditory）[9] 等多模态领域。

　　行动模块：行动模块是智能代理的输出，负责作出具体的响应和回复，除了简单常见的文本输出外，还需要有具身（body）[10] 能力、使用工具的能力，以便更好地适应环境变化。通过大脑模块的决定，智能代理可以执行常见的文本类输出，也可以通过 API 调用各种工具作为输出 [11]。

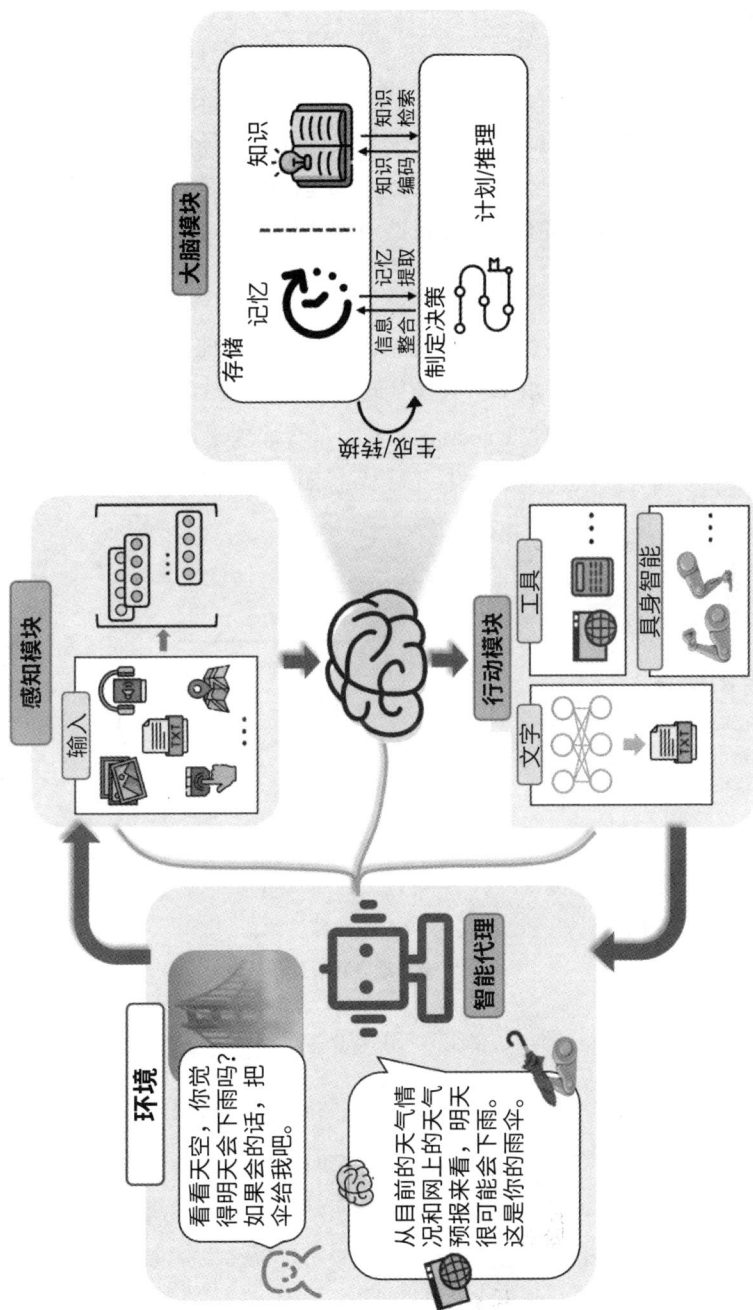

图 8-1　基于大模型的智能代理构建

8.1.2 多智能代理

多智能代理（multi-agent）包含多个同时与环境和彼此交互的智能代理。这种系统比单智能代理系统更为复杂，因为它要求智能代理在与环境和其他智能代理的实时动态交互中不断学习并更新策略。需要注意的是，每个智能代理所处的环境是非稳态的，即使在相同状态下采取相同动作，得到的状态转移和奖励信号的分布也可能不同。

多智能代理的训练往往涉及多目标优化，每个智能代理有独立的目标。在这一领域，Shuofei Qiao 等人[12] 提出了多智能代理学习框架 AUTOACT，其基本框架如图 8-2 所示。该框架通过元代理（meta-agent）自动合成规划轨迹，并利用分工策略，根据目标任务信息和合成轨迹自动分化出规划（plan）、工具（tool）、反思（reflect）这三个子智能代理，以合作解决相关任务。

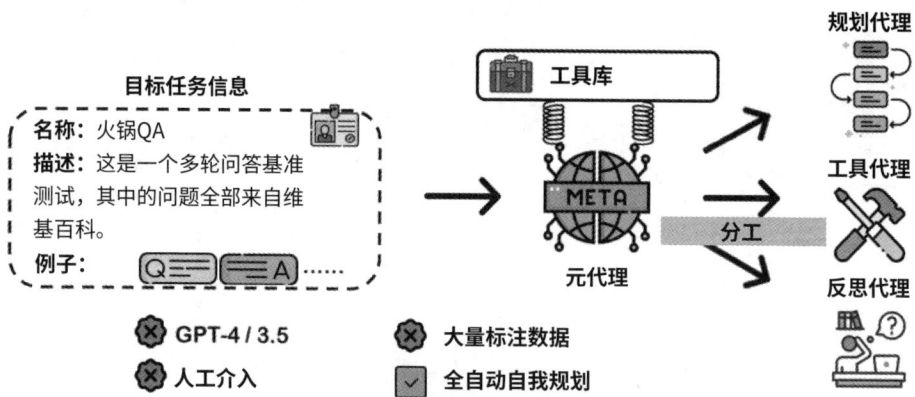

图 8-2 AUTOACT 的基本框架

元代理负责所有自我分化之前的准备工作，并作为所有子代理的主干模型。它可以在有限的目标任务信息和预先准备的工具库的支持下，分化成一个能够协作完成目标任务的代理组。在 AUTOACT 中，元代理可以用任何开源模型初始化。目标任务信息是 AUTOACT 进行自动代理学习的唯一用户提供的任务知识，元代理据此从工具库中选择适当的工具，并自主合成规划轨迹。分化后的子智能代理分工明确，各司其职：规划代理负责任务分解，并决定在每个规划循环中调用哪个工具；工具代理负责调用工具，并决定工具调用的参数；反思代理则在规划代理和工具代理的协作完成预测后，对上述过程进行反思，并验证预测是否正确。如果反思结果确认预测是正确的，整个规划过程就结束了；否则，规划代理和工具代理将根据反思信息继续规划。

除 MetaGPT 外，当前还有许多开源的多智能代理框架。以下列举一些流行的多智能代理框架，供读者了解与参考。

- ❑ AutoGen[13]：一个开源框架，支持通过多个智能代理构建大模型应用程序，智能代理之间可以相互通信以完成任务。该框架允许智能代理在多种模式下运行，并且可灵活定义智能代理的交互行为。
- ❑ CAMEL[14]：一种新的角色扮演框架，使用初始提示引导聊天代理完成任务，同时保持与人类意图的一致性。
- ❑ AgentVerse[15]：由清华大学、北京邮电大学和腾讯研究人员提出的多智能代理框架。该框架受人类群体动力学的启发，包含专家招募、协作决策、行动执行和评估四个阶段。
- ❑ OpenAgents[16]：一个专注于日常使用和托管语言智能代理的开放平台，支持多种类型的智能代理，包括基于规则的智能代理和基于机器学习的智能代理。
- ❑ CrewAI：一个模块化的智能代理框架，旨在通过角色扮演和协作简化多智能代理的团队的构建和任务执行。

通过对上述框架的介绍，我们对智能代理有了更深的认识。基于大模型的智能代理系统，其决策、行动和与环境的交互方式多种多样。有的基于大模型作为单个智能代理进行推荐，有的基于多智能代理进行决策推荐，也有的将中心智能代理分化为多个子代理，每个子代理只关心某一部分，最后由中心代理整合结果。不论是单智能代理框架，还是多智能代理框架，核心思想万变不离其宗：都借助代理的思考、记忆、感知、工具使用等能力，更好更快地服务用户。

智能代理基本都遵循"感知→反思→行动"的流程，首先从用户的角度出发，感知用户的真实需要，帮助用户思考问题并找到解决方案。智能代理的强大之处在于，在离线阶段，它不仅需要训练问题－答案对，还需要对推理步骤进行训练检查；而在线上推理阶段，它不仅要给出推荐的结果，还需要对结果进行检查与纠错。借助大模型对自然语言的理解和一系列工具，智能代理能够解决许多看似复杂的问题。

尽管智能代理功能强大，但是仍然有很多问题需要解决。例如，智能代理需要提前规划好调用哪些工具，且在调用时可能会面临工具名称和参数传递错误的问题；候选工具集中可能缺少所需工具，或者工具参数格式没有标准化等。

通过大模型赋能，不仅可以模拟人类行为，还可以赋予非智能物体以自主性，从而打造一个万物互联的智能代理生态系统。

8.2　推荐系统中的大模型智能代理

推荐系统极大地影响了商业系统中信息流动的效率、用户体验和许多其他因素。推荐系统不仅仅是推送商品，还能够进一步关心用户，预测用户的下一步需求，并实现对用户和商品全生命周期的管理。目前，大部分的推荐系统只在物品推荐层面发挥作用，只要系统判断商品已经发生了曝光（无论用户是否真正看到），一次推荐过程就结束了。然而，实际上推荐过程的生命周期远不止于此，场景更为多样，与用户的交互方式也更加多元。

传统推荐模型通过学习推荐系统的训练数据，能够在特定领域的物品推荐中表现出色，但在复杂多样的场景中，其作用却非常有限。尽管诸如深度学习等技术已经显著提升了推荐系统的性能，但传统推荐系统方法通常在特定任务的数据集上进行训练和微调，由于模型规模和数据大小的限制，它们对新推荐任务的泛化能力仍然不足。

大模型展现出令人瞩目的显著能力，业界对大模型如何改变下一代推荐系统产生了极大的兴趣。然而，并非所有场景都适合或者必须直接将大模型作为推荐模型或用于特定的推荐任务。在这种背景下，基于大模型的代理因其决策能力和处理复杂任务的能力而受到了广泛关注。

通过智能代理将大模型整合到推荐系统中，可以充分利用大模型理解上下文、生成类人文本和执行复杂推理任务的能力。智能代理可以通过分析推荐场景，作出推荐决策，制订行动计划或方案，并对用户与物品之间的正负面反馈作出响应，促进用户和推荐系统之间更自然、更有吸引力的交互，提升各种场景下的用户体验，如图 8-3 所示。与将大模型作为推荐系统的一部分不同，作为智能代理应用的大模型并不参与处理具体的推荐流程，而是作为推荐流程或任务的管理调度角色，指挥推荐系统完成推荐任务。

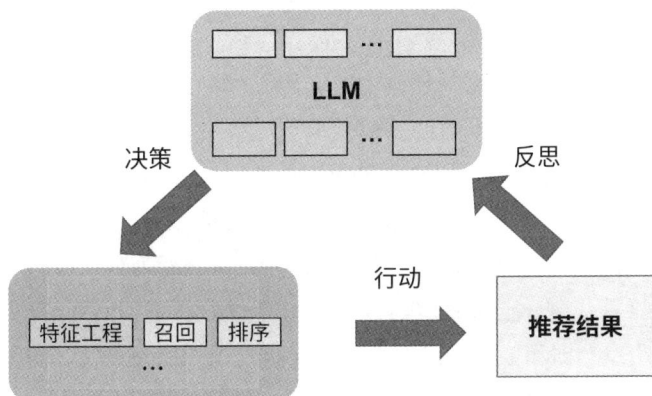

图 8-3　基于大模型智能代理的推荐系统

　　当前，将基于大模型的智能代理应用到推荐系统主要分为两个方向：作为用户模拟器或直接作为推荐系统[17]。其中，作为用户模拟器的智能代理主要关注通过模拟现实世界中的用户行为（如浏览和点击物品等）来增强推荐系统。例如，Lei Wang 等人[18, 19]提出了使用基于大模型的智能代理作为用户模拟器来增强推荐系统。Agent4Rec[20] 和RecAgent[19] 等系统则通过模拟用户和物品之间的交互行为来提供更个性化的推荐，解决冷启动等相关问题。

RecAgent 的提示模板：
<用户>必须从以下四个操作中选择一个：
1、观看推荐系统返回的项目列表中的电影。
2、查看下一页。
3、搜索物品。
4、离开推荐系统。

> 如果<用户>最近在社交网站上听说了某部特定的电影，<用户>可能想要在推荐系统中搜索该电影。
> 请在一行中回答<用户>想要采取的操作。
> 如果<用户>想要在推荐系统上观看电影，请写：[观看]：仅包含电影名称的物品列表，用分号分隔。
> 如果<用户>想要查看下一页，请写：[下一页]：<用户>查看下一页。
> 如果<用户>想要搜索特定物品，请写：[搜索]：<用户>想要搜索的单个特定项目名称。
> 如果<用户>想要离开推荐系统，请写：[离开]：<用户>离开推荐系统。

　　作为推荐系统本身的智能代理，主要利用大模型强大的推理、反思和工具调用能力来处理推荐任务。推荐系统的目标是尽可能将最合适的物品推送给用户，其中一个关键问题就是如何最大化用户与物品的匹配度。智能代理可以围绕用户特征、物品特征、上下文这三大类特征去捕捉用户当下最真实的意图和想法，并进行自主的、非人工预设的决策，推荐最适合用户的物品。Wang 等人 [21] 开发了一种自我激励规划算法的推荐代理，能追踪其过往行为以生成新状态，回顾旧路径来决定未来动作，并结合用户数据和工具来提供个性化推荐。Xu Huang 等人 [22] 提出了一种将大模型视为"大脑"，而推荐模型作为提供领域特定知识的工具的框架。在这一框架下，大模型解析用户意图并生成响应，同时制订了一套对推荐系统任务至关重要的工具，包括信息查询、物品检索和物品排序。

　　对于单智能代理的推荐系统，其核心可以分为决策、行动、反思三大模块，如图 8-4 所示。

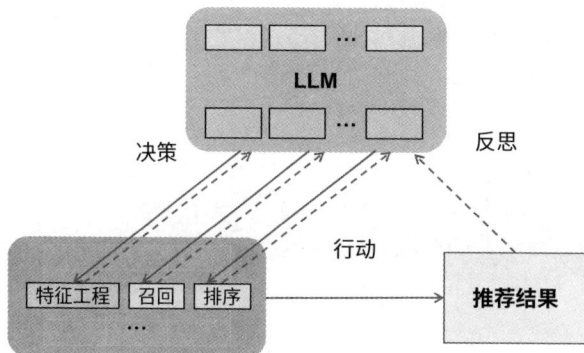

图 8-4　单智能代理的推荐系统

决策模块由大模型构成，负责根据不同用户、不同物品的特征，制订当前场景下推荐系统的行动计划和所需调用的工具。对于一个给定的任务，可能存在多个解决方案，但是每个解决方案的质量可能存在很大差异。智能代理通过权衡比较，选择最佳的推荐方案和计划。

行动模块能够接收决策模块的计划和指令，结合各种上下文的输入，调用不同的工具（如召回、排序模型），生成面向用户的推荐结果。该模块可以是推荐系统中各种复杂的工作环节，如特征工程、召回、排序等。

反思模块负责持续关注用户对推荐结果的反馈（如在电商场景下，反馈包括：点击、浏览、加购、购买、评论等）。这些反馈会促使大模型进行更加深入的"思考"，改进决策策略，更好地满足用户需求。

此外，单智能体代理还可以包括其他模块，如记忆模块，用于记录用户画像、用户长期的偏好和短期的偏好；以及感知模块，用于获取上下文和环境信息，辅助决策模块作出全面的决策。

作者以记忆模块、反思模块、行动模块的结合为例，提供一个基于单智能代理推荐系统的设计示例，以供参考（本示例基于 Coze 平台进行构建），如图 8-5 所示。

多智能代理的推荐系统通过各智能代理之间的协作，实现个性化推荐，如图 8-6 所示。多智能代理可以作为数据采集、数据处理、特征工程、物品检索、物品排序等任务的处理模块，这些智能代理之间可能存在一定的依赖关系，既可以是中心化管理，也可以是自组织、自适应地处理不同任务。多智能代理推荐系统的应用场景也多种多样，例如特征工程代理可以根据推荐系统的各种场景和业务发展情况，自动构建特征工程，实现端到端全自动特征采集、分类、加工、变换等；物品召回代理可以根据场景上下文、用户偏好和物品库内容，自行构建物品的多路召回策略，完成物品检索，无须人工干预；排序代理则结合多路召回的物品，判断各款候选物品的特点，基于用户的历史偏好进行排序，并对排序结果打分；推荐结果代理可以综合排序结果和用户偏好，对物品的卖点进行个性化展示，并补充推荐解释描述。通过多智能代理的协作，推荐系统可以提高适应性和效能，同时显著提升用户的整体满意度。

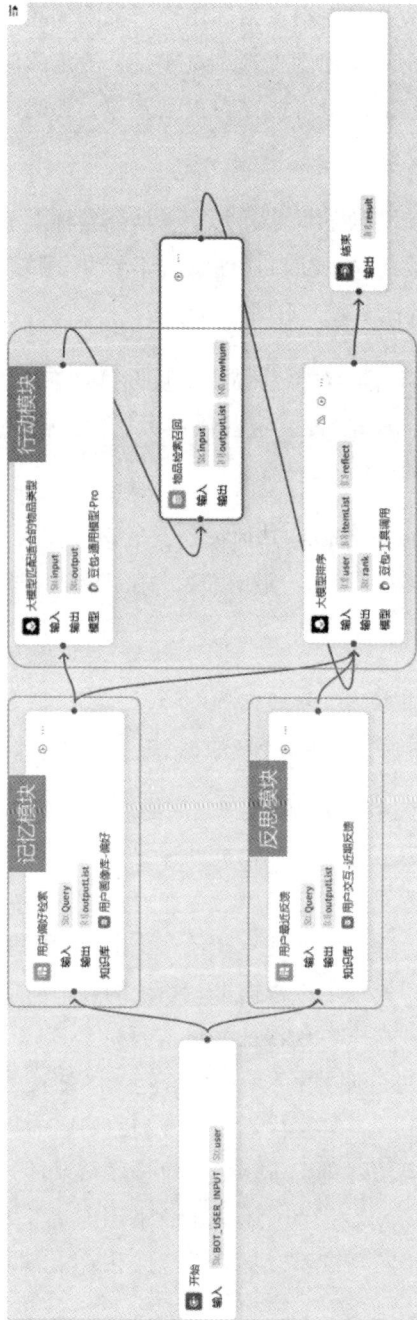

图 8-5　基于单智能代理的推荐系统设计示例

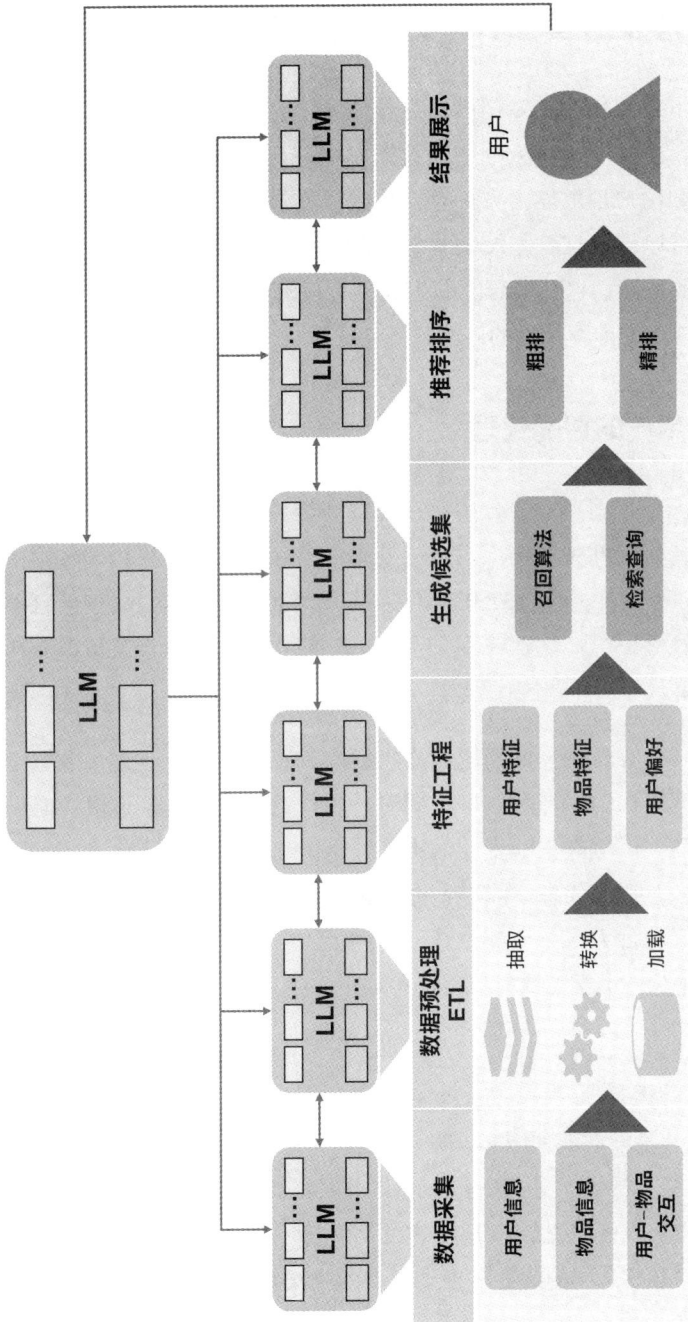

图 8-6　多智能代理的推荐系统

8.3　基于大模型智能代理的推荐系统

推荐系统可以看作一种专门的信息检索系统，通过从用户的个人资料和历史行为中捕捉偏好，简化了在庞大的物品数据库中寻找理想选择的过程。然而，传统推荐技术在推理和用户理解能力方面存在局限。通过引入智能代理，将大模型整合到推荐系统中，可以提高推荐系统的常识推理能力和世界知识获取能力，从而促进推荐系统对用户的理解。这种结合能够生成更有吸引力、更符合用户需求的推荐结果，为用户提供超越传统推荐技术的体验。

8.3.1　基于用户的智能代理

在推荐系统中，用户行为分析旨在理解和推导用户的偏好和行为模式，对推荐结果的质量和转化起到关键作用。这一分析的准确性依赖用户行为数据的质量和数量。在实际场景中，用户在系统中的行为涉及大量交互信息，这些信息不仅隐含了用户偏好，而且对于个性化建模至关重要。智能代理可以通过模拟或分析用户行为来增强推荐效果。在构建智能代理时，通常依赖两种机制：记忆机制和反思机制。

记忆机制负责存储用户的历史状态、行动和上下文信息，这些数据可以帮助智能代理深入理解用户的兴趣和偏好。同时，用户的兴趣和偏好可以按时间分为短期记忆和长期记忆，以适应不断变化的推荐需求。这体现了智能代理"大脑"的记忆能力。除此之外，智能代理还能够依据常识知识（世界知识）进行自我反思，对收集到的用户偏好和行为以及当前推荐任务的上下文场景进行归纳总结。这一过程可以通过零样本、少样本学习或者思维链等提示方式完成，体现了智能代理"大脑"的反思能力。

Xu Huang 等人 [22, 23] 提出了一个高效整合推荐模型和大模型的智能代理框架 InteRecAgent，其基本框架如图 8-7 所示。InteRecAgent 将大模型作为"大脑"，传统推荐模型作为"工具"，在处理特定推荐任务时扩展大模型的能力。该框架构建了高效的任务执行流程，将传统的基于 ID 的推荐模型（例如矩阵分解）与大模型相结合，利用大脑模块和推荐模型的优势实现了更准确和高效的推荐。

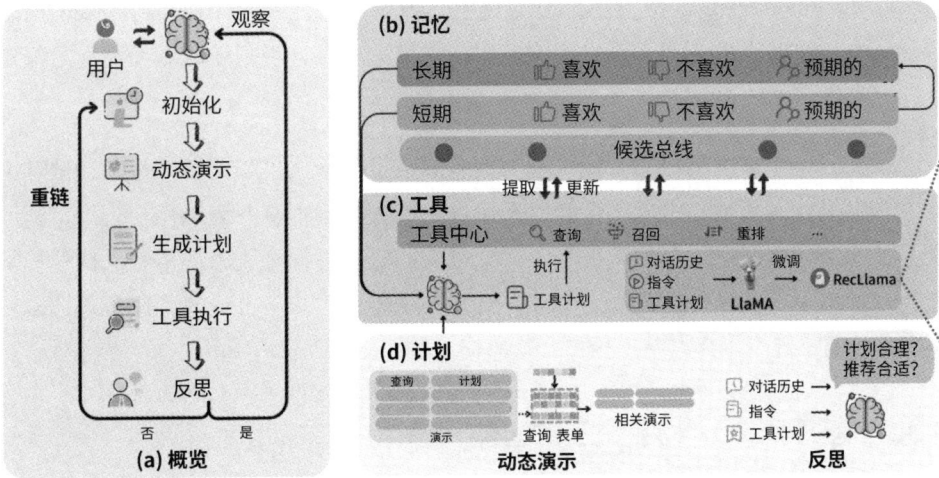

图 8-7 InteRecAgent 整体框架

InteRecAgent 基于用户的偏好和历史构建长期和短期画像，这是其记忆部分的核心。在 InteRecAgent 中，大模型会根据获取的用户意图和偏好，接收用户的当前输入、对话上下文、各种工具的描述和对应上下文的示例，制订工具的行动计划。工具执行器按照计划逐步调用工具（信息查询、物品检索和物品排序）并获取其输出结果，即从候选物品库中分析用户的长期和短期偏好的物品。InteRecAgent 采用计划提示模板来引导对话和工具使用，确保根据用户偏好获取建议，示例如下：

> **InteRecAgent 的计划提示模板：**
> 您的任务是与用户聊天并使用工具根据他的偏好获取建议 ...< 任务描述 >。
> 以下是一些可用的工具：< 工具描述 >。
> 您需要制订一个工具执行计划来处理用户查询。
> 以下是之前的对话：< 对话历史 >。
> 用户输入：< 查询内容 >
> 问：我需要使用工具吗？
> 思考：是的。现在我需要制订工具执行计划。
> 计划：{SQL 检索工具：<SQL 语句 >，排序工具：{ 模式：< 风格 >，喜欢：<...>}}

此外，InteRecAgent 的反思部分通过引入评论机制，评估计划和行动输出内容的合理性。如果输出合理，就直接响应用户并结束反思，否则就利用反馈指导行动者进行调整。

以上内容以基于用户的智能代理为例，展示了基于大模型的智能代理在推荐系统中的应用方式。基于用户的智能代理通过使用大模型理解并表示用户行为，帮助推荐系统更好地理解用户的特征和偏好。然而，这一过程可能忽视了物品侧建模的影响，以及用户与物品交互的重要性，这些都是推荐系统不可或缺的组成部分。接下来，我们将进一步探讨基于用户–物品交互的智能代理。

8.3.2　基于用户 – 物品交互的智能代理

传统推荐系统通常通过学习和更新用户和物品的隐藏向量，揭示用户对物品的偏好程度，这也是协同过滤的核心思想。在这一框架下，用户对物品的偏好和物品的潜在特性是两大关键因素，需要同时考虑。智能代理通过优化推荐系统对用户偏好和物品特性的理解，进一步提升推荐结果的准确性和个性化程度。

基于大模型的智能代理可以通过用户偏好和候选物品特征的提示，作为协同推荐器发挥作用。也可以从用户的长期偏好中检索特定偏好，实现更为个性化的推断[24]。用户对候选物品的实际选择将用于更新记忆，这一过程涉及"反思"，即正确选择的交互信息被存储，而错误选择则会触发修正机制。

Junjie Zhang 等人[24] 提出了一种基于智能代理的协同过滤方法——AgentCF，用于模拟推荐系统中的用户–物品交互，其框架示意图如图 8-8 所示。在这个方法中，智能代理分为用户代理和物品代理，都从用户–物品交互中学习，并通过协同学习方法进行优化。

AgentCF 通过促使用户代理与物品代理进行自主交互并更新记忆，利用大模型的决策和反思能力协同优化，以便更好地适应真实用户的偏好。该方法模拟了协同过滤的理念，通过更新每次用户和物品交互对应的记忆来捕捉用户的偏好。同时，用户代理具有短时记忆和长时记忆模块，以动态捕捉偏好变化；物品代理则维护一个统一的记忆模块，记录特征及历史偏好信息。

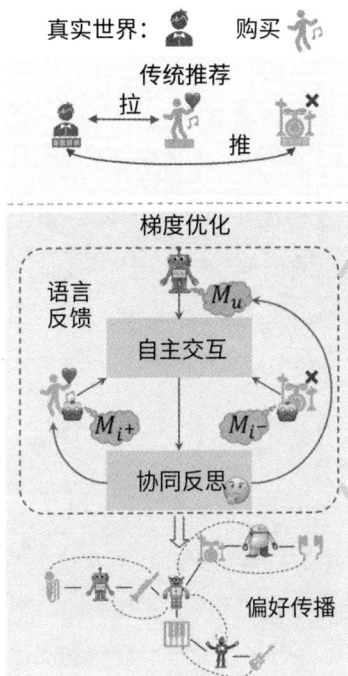

图 8-8 AgentCF 框架

在 AgentCF 中，智能代理在物品选择决策时需从正、负向物品中做选择，这一过程类似于传统推荐模型中的前向计算[25]。随后，智能代理通过与实际行为的比较进行"协作反思"，同步更新用户代理和物品代理的记忆，这一过程类似于传统模型中的反向更新[25]。

通过将传统推荐算法的思想应用于基于大模型的智能代理，AgentCF 能够更准确地整合用户偏好，提升用户-物品交互预测的拟合效果，从而推动智能代理对用户个性化需求的深入理解。

8.3.3 基于多智能代理协作的推荐系统

随着大模型智能代理在语义理解、规划和决策方面的能力不断增强，它们为推荐系统带来了新的潜力。推荐系统可以借助智能代理的能力来模拟用户偏好

或用户 - 物品交互，从而解决推荐任务中的理解问题。然而，单一智能代理（如 InteRecAgent）或仅针对用户及物品的智能代理（如 AgentCF）在应对不同的推荐任务时，不一定能充分考虑场景中的多种因素。单个智能代理往往简化了用户决策过程，忽视了推荐环境的因素，导致推荐系统难以适应高度复杂的推荐场景。

相对于单个智能代理，多智能代理致力于利用多个智能代理的协作，处理推荐场景中的不同任务。不同角色的代理可以协同工作，通过类似人类组织的工作流程，基于集体智能及其多样化能力，更好地完成复杂的推荐任务。下面我们介绍几个典型的智能代理角色和它们在推荐系统中的作用。

中心智能代理：根据推荐场景和上下文，理解推荐系统的业务目标，识别用户的需求和意图。它可以通过分析用户的查询、点击行为、浏览历史等信息来推断用户的兴趣和需求，并结合推荐系统的目标（点击率、浏览时长、下单额度等），为其他代理提供输入或指令。中心智能代理还负责接收来自其他智能代理的推理结果，进行进一步决策。此外，它还可以在推荐系统的非在线推理场景中担任监督者或者协同者，执行离线任务，如推荐数据预处理或候选物品生成等。

用户或物品特征工程的智能代理：负责收集、处理用户和物品的特征信息，并加以理解、加工，转换为更加完整或简要的特征信息。例如，它可以从业务系统各种模块数据中收集用户的个人信息、交互行为、购买历史等数据，以及物品的描述、评价、价格等信息，并使用各种特征工程技术（如编码、归一化、特征选择等）来处理这些信息，便于下游推荐任务的其他智能代理使用。

推荐物品召回的智能代理：根据推荐场景、用户的需求和物品的特征信息，从大量物品中召回一小部分可能符合用户需求的物品。可以通过组合多种召回策略（如基于内容的召回、基于协同过滤的召回、基于机器学习 / 深度学习的召回等）进行物品筛选，实现相对准确、具有多样性的召回结果。

推荐物品排序的智能代理：负责对召回的物品进行排序。根据当前场景和用户的不同层面的优先级，自组织地处理排序任务，例如初步排序可通过一些简单的模型或规则（如基于流行度的排序、基于价格的排序等）完成，然后再使用更复杂的模型（如深度学习模型）进行精确排序。精排后，智能代理还可以根据用户的实时反馈进行重排，以确保推荐结果更加个性化。

推荐结果智能代理：对推荐结果进行个性化展示，并提供推荐可解释性。例如，它可以根据用户偏好和上下文，调整推荐内容的展示方式，吸引用户的注意力，生成多模态的展示物料（如图片或视频），同时为每个推荐物品生成一段文本，解释为什么推荐某物品给用户，或者阐明这个物品与用户的关联关系。

在多智能代理系统中，各个智能代理可以独立工作，也可以与其他智能代理协同工作，以更好地完成复杂的推荐任务。这种多智能代理的设计模型使推荐系统更加灵活和强大，能够适应各种复杂的推荐场景。

Zhefan Wang 等人[26] 提出了一个多智能代理协作框架 MACRec，旨在通过多个不同代理的协作来增强推荐系统。MACRec 的框架如图 8-9 所示。这些代理包括管理器、用户或物品分析器、反思器、搜索器和任务解释器，它们各自承担不同的角色，共同决策推荐任务。其中，任务解释器负责描述可执行的推荐任务，给出具体的任务要求以指导管理器的后续运行。管理器作为多智能代理系统的核心，负责任务的规划、分配和管理。反思器评估管理器答案的质量，并提供改进的方法。用户或物品分析器负责理解用户特性、偏好、物品属性以及用户与物品的交互历史。搜索器则根据管理器的要求，使用搜索工具检索物品信息，并提供对应的结果资料。

在 MACRec 智能代理系统中，任务解释器首先将复杂任务简化，然后由管理器协调分析器进行深入分析。搜索器获取必要的物品信息，而管理器基于反馈生成答案，即按优先级排列的候选物品列表。反思器进一步评估并优化答案，调整格式或补全缺失信息，确保其满足任务需求，从而得到更精确的解决方案。

然而，尽管多智能代理系统在提升推荐效果和系统适应性方面表现出色，但它仍然面临一些挑战。例如，如何在推荐准确性和用户满意度之间找到平衡，如何在解决推荐偏见问题的同时保护用户隐私并赋予用户控制权，以及如何在跨领域情况下解决冷启动问题等，仍是亟待解决的难题。

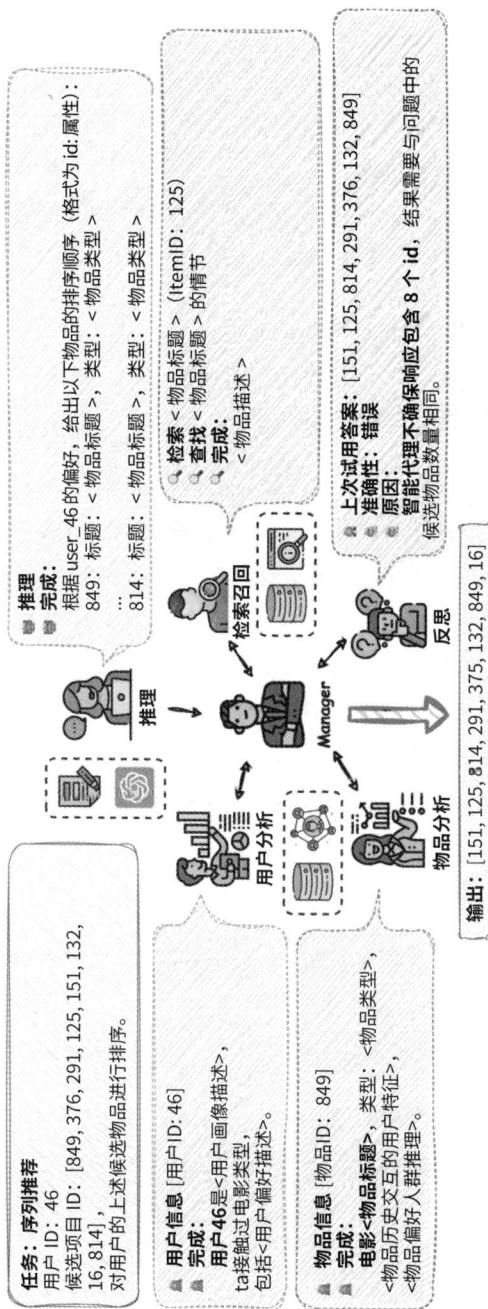

图 8-9 MACRec 的框架

Yubo Shu 等人 [27] 提出了 RAH（RecSys-Assistant-Human）框架，这一创新方法突破了传统推荐系统仅在系统和用户之间进行互动的局限。RAH 引入了用户的个性化助手，利用大模型根据用户行为来理解其个性，并据此为每个用户提供个性化的行动建议。该框架推动了两个关键的工作流程：推荐系统→助手→用户，以及用户→助手→推荐系统。前者侧重于助手为用户筛选个性化推荐内容，后者使助手能够从用户反馈中学习并相应地调整推荐策略。

如图 8-10 所示，RAH 框架由五个部分组成：感知代理、学习代理、行动代理、评估代理和反思代理。感知代理对信息输入进行初始处理，其主要任务是增强与给定物品相关的特征，从而提高推荐系统的整体理解能力。学习代理的任务是基于用户与物品的交互（如"喜欢""不喜欢"和用户评分）来识别用户的个性。行动代理负责根据学习到的个性化偏好生成响应行动。评估代理的核心功能是评估行动代理预测的行动的准确性。反思代理则负责定期审视和优化所学习到的个性化信息。

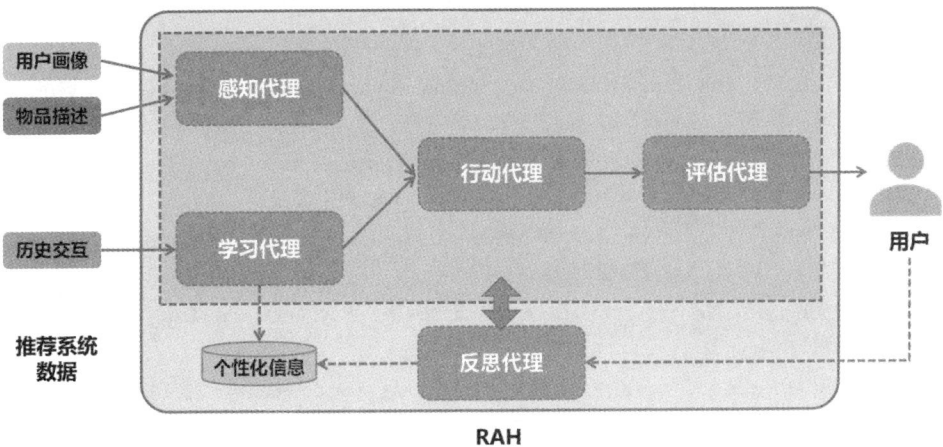

图 8-10　RAH 框架示意图

RAH 通过学习 - 行动 - 评估循环和反思机制来实现用户个性化的对齐。学习 - 行动 - 评估循环是学习代理与行动代理、评估代理进行迭代合作的过程，旨在掌握用户的个性。反思机制则致力于将新获得的个性与现有的个性无缝集成，以获得更准确和全面的用户个性化偏好。

8.4   小结

本章重点介绍了智能代理在推荐系统中的关键能力，并详细讲解了基于大模型智能代理的推荐方法。通过将推荐过程中的关键环节或模块转化为智能代理，结合大模型的赋能，推荐系统的功能得到了前所未有的扩展，不仅能够分析复杂的用户行为及群体规律，还能提供更加个性化的推荐。

通过本章的内容，我们可以看到，越来越多的研究和实践聚焦于智能代理在推荐系统中的应用，这些研究在日益复杂的互联网环境中发挥着越来越大的价值。展望未来，研究将更多地集中于探索如何利用大模型的开放世界知识和推理能力，并确保模型能够持续适应用户偏好的变化，以提升推荐系统的性能和用户体验。这将是推荐系统未来工作的重要方向，也是所有软件系统发展的重点。

参考文献

[1] Xi Z, Chen W, Guo X, et al. The Rise and Potential of Large Language Model Based Agents: A Survey[J]. ArXiv, 2023,abs/2309.07864.

[2] Cheng Y, Zhang C, Zhang Z, et al. Exploring Large Language Model based Intelligent Agents: Definitions, Methods, and Prospects[J]. ArXiv, 2024,abs/2401.03428.

[3] Wang L, Ma C, Feng X, et al. A Survey on Large Language Model based Autonomous Agents[J]. ArXiv, 2023,abs/2308.11432.

[4] Ahn M, Brohan A, Brown N, et al. Do As I Can, Not As I Say: Grounding Language in Robotic Affordances[C], 2022.

[5] Park J S, O'Brien J C, Cai C J, et al. Generative Agents: Interactive Simulacra of Human Behavior[J]. Proceedings of the 36th Annual ACM Symposium on User Interface Software and Technology, 2023.

[6] Zhong W, Guo L, Gao Q, et al. MemoryBank: Enhancing Large Language Models with Long-Term Memory[J]. ArXiv, 2023,abs/2305.10250.

[7] Miao N, Teh Y W, Rainforth T. SelfCheck: Using LLMs to Zero-Shot Check Their Own Step-by-Step Reasoning[J]. ArXiv, 2023,abs/2308.00436.

[8] Driess D, Xia F, Sajjadi M S M, et al. PaLM-E: An Embodied Multimodal Language Model[C], 2023.

[9] Huang R, Li M, Yang D, et al. AudioGPT: Understanding and Generating Speech, Music, Sound, and Talking Head[J]. ArXiv, 2023,abs/2304.12995.

[10] Zou A, Wang Z, Kolter J Z, et al. Universal and Transferable Adversarial Attacks on Aligned Language Models[J]. ArXiv, 2023,abs/2307.15043.

[11] Schick T, Dwivedi-Yu J, I R D, et al. Toolformer: Language Models Can Teach Themselves to Use Tools[J]. ArXiv, 2023,abs/2302.04761.

[12] Qiao S, Zhang N, Fang R, et al. AUTOACT: Automatic Agent Learning from Scratch via Self-Planning[J]. ArXiv, 2024,abs/2401.05268.

[13] Wu Q, Bansal G, Zhang J, et al. AutoGen: Enabling Next-Gen LLM Applications via Multi-Agent Conversation[C], 2023.

[14] Li G, Hammoud H, Itani H, et al. CAMEL: Communicative Agents for "Mind" Exploration of Large Scale Language Model Society[J]. ArXiv, 2023,abs/2303.17760.

[15] Chen W, Su Y, Zuo J, et al. AgentVerse: Facilitating Multi-Agent Collaboration and Exploring Emergent Behaviors in Agents[J]. ArXiv, 2023,abs/2308.10848.

[16] Xie T, Zhou F, Cheng Z, et al. OpenAgents: An Open Platform for Language Agents in the Wild[J]. ArXiv, 2023,abs/2310.10634.

[17] Huang C, Yu T, Xie K, et al. Foundation Models for Recommender Systems: A Survey and New Perspectives[J]. ArXiv, 2024,abs/2402.11143.

[18] Wang L, Zhang J, Yang H, et al. User Behavior Simulation with Large Language Model based Agents[C], 2023.

[19] Wang L, Zhang J, Chen X, et al. RecAgent: A Novel Simulation Paradigm for Recommender Systems[J]. ArXiv, 2023,abs/2306.02552.

[20] Zhang A, Sheng L, Chen Y, et al. On Generative Agents in Recommendation[J]. ArXiv, 2023,abs/2310.10108.

[21] Wang Y, Jiang Z, Chen Z, et al. RecMind: Large Language Model Powered Agent For Recommendation[J]. ArXiv, 2023,abs/2308.14296.

[22] Lian J, Lei Y, Huang X, et al. RecAI: Leveraging Large Language Models for Next-Generation Recommender Systems[J]. Companion Proceedings of the ACM on Web Conference 2024, 2024.

[23] Huang X, Lian J, Lei Y, et al. Recommender AI Agent: Integrating Large Language Models for Interactive Recommendations[J]. ArXiv, 2023,abs/2308.16505.

[24] Zhang J, Hou Y, Xie R, et al. AgentCF: Collaborative Learning with Autonomous Language Agents for Recommender Systems[J]. ArXiv, 2023,abs/2310.09233.

[25] Rendle S, Freudenthaler C, Gantner Z, et al. BPR: Bayesian Personalized Ranking from Implicit Feedback[J]. ArXiv, 2009,abs/1205.2618.

[26] Wang Z, Yu Y, Zheng W, et al. Multi-Agent Collaboration Framework for Recommender Systems[J]. ArXiv, 2024,abs/2402.15235.

[27] Shu Y, Zhang H, Gu H, et al. RAH! RecSys–Assistant–Human: A Human-Centered Recommendation Framework With LLM Agents[J]. IEEE Transactions on Computational Social Systems, 2023.

第 9 章

大模型推荐系统的评估与部署

推荐系统是人工智能领域的重要研究方向，旨在为用户提供个性化的推荐服务。自 ChatGPT 面世以来，大模型相关技术快速发展，将推荐系统与大模型相结合的工具和应用不断涌现。然而，评估推荐系统的准确性和效果依然是一个复杂且具有挑战性的问题。

9.1 大模型的评估方法

在大模型推荐系统中，评估模型性能的方式多种多样。本节将介绍对大模型本身能力的专门评估方法。评估大模型的性能主要从两个维度进行：一是评估大模型的基础能力，通常在广泛的自然语言处理任务上进行测试；二是评估大模型的高级能力，比如推理、解决复杂数学问题、编写代码以及回答专业领域问题等。下面我们对大模型中常见的指标和方法进行逐一介绍。

9.1.1 通用评估方法

(1) 交叉熵

交叉熵（cross entropy）[1] 是信息论中的一个概念，用于衡量模型预测概率分布与真实分布之间的差异。在信息论中，一件事情发生的概率越小，其不确定性就越大，所包含的信息量也就越大。若一件事情发生的概率为 1，即确定 100% 会发生，那么它的不确定性就为 0，信息量为 0。信息量的计算公式为：

$$I(x_0) = -\log(P(x_0))$$

其中，x_0 表示某个事件，$P(x_0)$ 表示该事件发生的概率。

熵就是在信息量的基础上求期望，其计算公式为：

$$H(x) = \sum_{i=1}^{n} P(x_i) I(x_i) = -\sum_{i=1}^{n} P(x_i) \log(P(x_i))$$

对于推荐系统，交叉熵一般用于衡量模型在给定测试数据上的预测准确性。交叉熵的计算公式为：

$$H(P,Q) = \sum_{i=1}^{m} p_i \cdot (-\log_2 q_i)$$
$$= -\sum_{i=1}^{m} (x_i \cdot \log_2 y_i + (1-x_i) \cdot \log_2(1-y_i))$$

其中，P 和 Q 是两个概率分布，以二分类任务为例，x_i 和 y_i 分别表示不同类别的概率，$y_i = 1 - x_i$。

交叉熵越小，表示模型的预测能力越强。在训练过程中，一般会使用梯度下降法来最小化交叉熵损失函数。具体地说，通过计算损失函数对用户和物品向量表示的偏导数，更新具体向量的数值。

(2) 困惑度

困惑度（perplexity）是指在大模型中，对于任意给定序列，下一个候选词的可选范围大小。困惑度越小，模型对生成的句子越有信心，即模型预测越精确。对于给定的文本序列 $W = w_1, w_2, \cdots, w_n$，每个词的平均交叉熵为：

$$H(W) = -\frac{1}{n} \log P(w_1, w_2, \cdots, w_n)$$

其中，w_i 表示第 i 个词，困惑度的计算公式为：

$$P(W) = 2^{H(W)} = \sqrt[n]{\frac{1}{P(w_1, \cdots, w_n)}}$$

(3) 人工评估

有研究[2]将评估方法分为自动评估和人工评估，自动评估是一种常见的评估方法，通常使用标准度量方法来评估模型的性能，如准确率、BLEU、ROUGE、BERTScore等。然而，大模型的能力已经超越了常规自然语言任务中常用的标准评估指标，在一些非标准情况下，当自动评估不适用时，人工评估成为更合适的选择。与自动评估相比，人工评估更接近实际应用场景，能够提供更全面和准确的反馈。论文 [3-7] 介绍了人工评估的具体方法和实践。

(4) 可信度评估

在 7.5 节中，我们已经探讨过大模型的安全问题。除了安全问题，大模型的幻觉、偏见、伦理等问题也备受关注，这些问题引发了企业和机构对大模型可信度的担忧。为此，论文 *TrustLLM: Trustworthiness in Large Language Models*[8] 提出了一个名为 TrustLLM 的统一框架，给出了关于大模型可信度的指导原则。该论文定义了大模型可信度的八个方面：真实性、安全性、公平性、稳健性、隐私性、机器伦理、透明度和可问责，并且进行了基准测试。TrustLLM 已经开源了用于快速评估大模型的工具，并且维护了一个大模型可信度表现的看板。

9.1.2   特定任务评估方法

(1) MMLU

大规模多任务语言理解（massive multitask language understanding，MMLU）是 Dan Hendrycks、Collin Burns、Steven Basart 等人在论文 *Measuring Massive Multitask Language Understanding*[9] 中提出的一种大模型评估方法，用于衡量大模型的多任务准确性。该测试涵盖了 57 个任务，包括基础数学、美国历史、计算机科学、人文、社会科学、法律等多个领域。MMLU 基准测试总计包含了 15 908 道多选题，能够全面地考察大模型的世界知识和问题解决能力。在 MMLU 基准测试中，有 MMLU-ZS（zero shot）和 MMLU-FS（few shot）两种特定的设置，分别用来衡量大模型的零样本和少样本学习能力。

(2) C-EVAL

C-EVAL 是中文大模型的测评基准，用于评估大模型的高级知识和推理能力 [10]，它由上海交通大学、清华大学和爱丁堡大学共同完成，是一个覆盖 52 个学科、四大方向、共计 13 948 道题目的中文知识和推理型测试集，如图 9-1 所示。

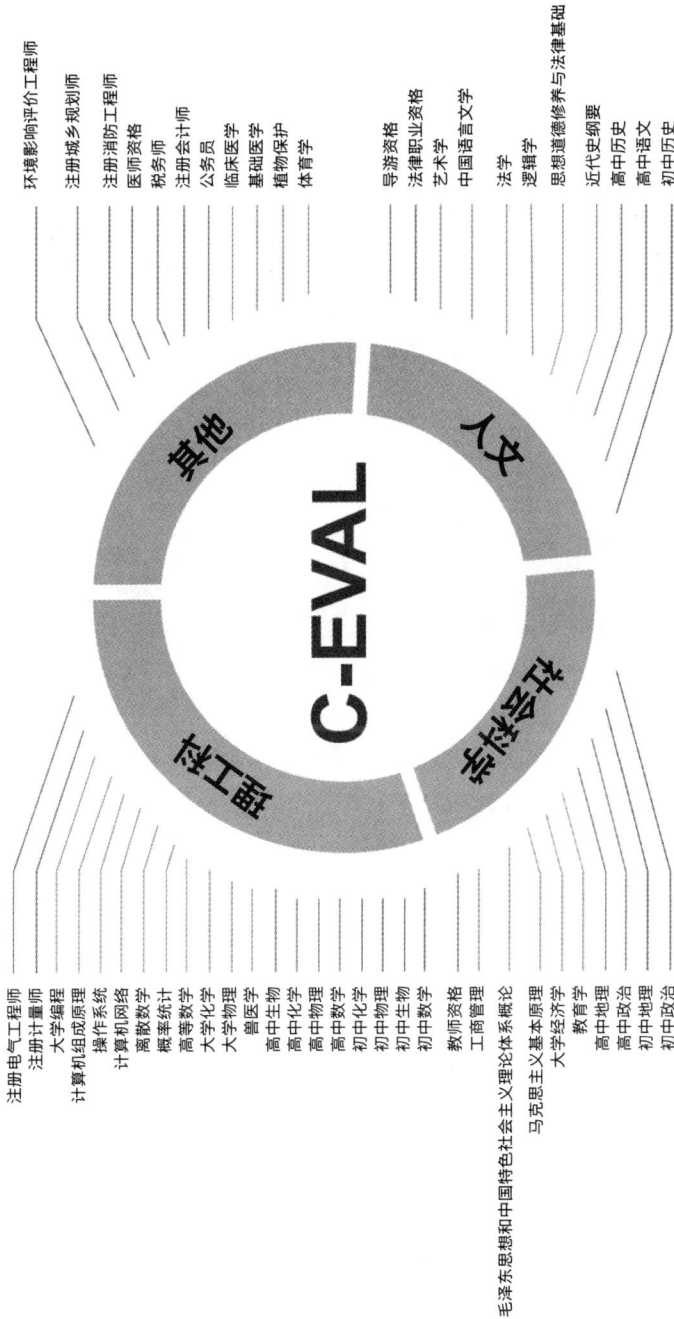

图 9-1 C-EVAL 的概览图（来源：ResearchGate）

此外，微软提出了一种全面评估大模型基础能力的方法——AGIEval[11]，该方法涵盖了法律、学术和数学等多个领域的测试，旨在衡量大模型的基本认知和问题解决能力，相关资料可在该项目的 GitHub 仓库中获取。

上述内容仅列举了大模型的部分评估指标。总而言之，大模型的评测主要包括以下几个方面：自然语言处理、知识学习能力（例如知识问答、逻辑推理、工具学习等）、领域模型（例如教育、医疗、电商、法律等行业应用）、对齐评测（例如公平性、伦理性、真实有效等）、安全性和稳健性等多个方面。在推荐系统中，既要利用大模型的通用知识能力，又要结合大模型的特定领域专业知识，利用大模型的思维链技术、零样本学习和少样本学习等能力，最大限度地发挥大模型在推荐系统中的优势。

9.2 推荐系统的评估方法

推荐系统评估的目标是通过一系列方法评估其效果，以衡量用户体验和产生收益。常见的评估方法包括离线评估、A/B 测试和在线评估，这些方法同样适用于基于大模型的推荐系统。

9.2.1 推荐系统离线评估指标

离线评估是衡量训练好的推荐模型质量的关键步骤，帮助我们判断模型是否具备上线投产的条件。通常，我们将样本数据划分为训练集和测试集，其中训练集用于训练模型，测试集则用于评估模型的预测误差。本节将详细介绍推荐系统中常见的离线评估指标。对于结合了大模型的推荐系统，可以通过比较以下离线指标的变化来衡量大模型给业务系统带来的收益。

(1) 混淆矩阵

混淆矩阵（confusion matrix）[12] 是一种评估分类模型性能的表格形式，它基于模型的预测值与真实值，将样本分为四类，并用 2×2 的矩阵表示，如表 9-1 所示。

表 9-1　二分类混淆矩阵示例

	模型预测为正例 (P)	模型预测为负例 (N)
实际为正例 (P)	TP	FN
实际为负例 (N)	FP	TN

其中，TP 表示真正例（true positive），指模型预测为正样本，且实际也为正样本；FP 表示假正例（false positive），指模型预测为正样本，但实际为负样本；FN 表示假负例（false negative），指模型预测为负样本，但实际为正样本；TN 表示真负例（true negative），指模型预测为负样本，且实际也为负样本。表 9-1 给出的是两个类别的混淆矩阵，多个类别同样也是有混淆矩阵的，三个类别的混淆矩阵如表 9-2 所示。

表 9-2　三个类别的混淆矩阵示例

	模型预测为类别 1 的样本量	模型预测为类别 2 的样本量	模型预测为类别 3 的样本量
实际为类别 1 的样本量	$n_{1,1}$	$n_{1,2}$	$n_{1,3}$
实际为类别 2 的样本量	$n_{2,1}$	$n_{2,2}$	$n_{2,3}$
实际为类别 3 的样本量	$n_{3,1}$	$n_{3,2}$	$n_{3,3}$

在混淆矩阵中，每一行之和表示该类别真实的样本量，每一列之和表示模型预测为该类别的样本量。混淆矩阵总结了分类问题的预测结果，通过计数值来汇总正确和不正确预测的数量，并按每个类别进行细分。从混淆矩阵中还可以衍生出更高级的分类指标，例如准确率、精确率、召回率、F1 值等，下文将分别介绍这些指标。

(2) 准确率、精确率、召回率

如果将推荐算法看作分类问题，可以使用准确率、精确率和召回率等指标来评估模型的性能。

准确率（accuracy）是评估推荐算法是否能准确预测用户兴趣偏好的指标。在分类任务中，准确率是指分类正确的样本占总样本个数的比例，公式如下：

$$ACC = \frac{TP + TN}{TP + TN + FP + FN}$$

准确率是分类问题中最简单、最直观的评价指标，但存在明显的缺陷。如果样本本身存在类别分布不平衡现象，例如有 99% 的样本为负样本，分类器只需要将所有样本预测为负，就能达到 99% 的准确率。因此，当类别分布极度不平衡时，占比大的类别成为影响准确率的直接因素。

精确率（precision）指模型预测为正的样本中，实际也为正样本的比例，计算公式如下：

$$Precision = \frac{TP}{TP + FP}$$

召回率（recall），也称查全率，指模型预测为正、实际也为正的样本占实际为正的所有样本的比例，计算公式如下：

$$Recall = \frac{TP}{TP + FN}$$

与精确率不同，召回率计算公式的分母为所有实际为正的样本。因此，这两个计算结果通常是相互矛盾的：精确率高时，召回率往往偏低；召回率高时，精确率往往偏低。只有在一些简单任务中，才可能同时实现较高的精确率和召回率。在实际应用中，通常会在精确率和召回率之间做出权衡。

(3) F1 值

F1 值是评估推荐模型效果的一个重要指标，它描述了召回率与精确率之间的关系。一般来说，F1 值越大，模型效果越好。F1 值的计算公式如下：

$$F1 = 2 / \left(\frac{1}{Precision} + \frac{1}{Recall} \right) = \frac{2 \times Precision \times Recall}{Precision + Recall}$$

(4) PR 曲线

PR 曲线是以精确率为 y 轴、召回率为 x 轴的关系曲线。对于同一个模型，通过调整分类阈值，可以得到不同的 PR 值，从而绘制出一条曲线。PR 曲线上的一个点代表"在某一阈值下，模型将大于该阈值的结果判定为正样本，将小于该阈值的结果判定为负样本时，排序结果对应的召回率和精确率"。PR 曲线反映了阈值变化下的精确率和召回率，曲线下的面积（AUC）越大，排序模型的性能越好。对于推荐系统来说，不能依赖单一指标，需要综合多个指标来评估推荐系统的表现。PR 曲线的示意图如图 9-2 所示。

图中的实线和虚线分别表示 LinearSVC 模型和随机水平模型的 PR 曲线。两条曲线相交的点称为平衡点（break-even point），表示精确率 P 值与召回率 R 值相等。

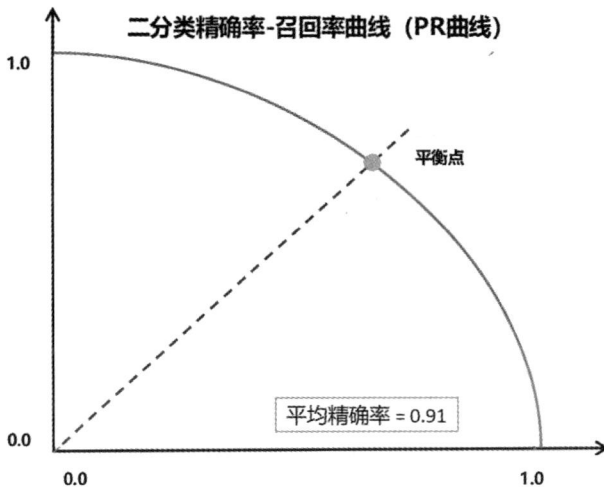

图 9-2　PR 曲线示意图

(5) ROC 曲线与 AUC 值

ROC（receiver operating characteristic）是根据混淆矩阵得到的真正例率（true positive rate，TPR）和假正例率（false positive rate，FPR）绘制出的一条曲线，其横坐标为 FPR，纵坐标为 TPR。ROC 曲线是通过不断改变模型的正样本阈值生成的。ROC 曲线示意图如图 9-3 所示。曲线下的面积越大，表示排序模型的性能越好。

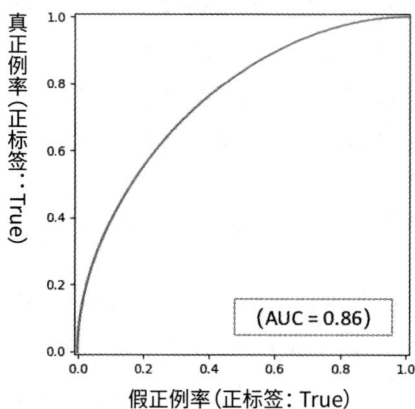

图 9-3 ROC 曲线示意图

真正例率和假正例率的计算公式如下：

$$TPR = \frac{TP}{TP + FN}$$

$$FPR = \frac{FP}{FP + TN}$$

AUC（area under curve）是推荐系统中离线模型评估的重要指标，表示随机抽出一对样本（一个正样本和一个负样本）时，训练好的模型预测正样本的概率值大于负样本概率值的概率。AUC 可以表示为：

$$AUC = P(P_{pos} > P_{neg})$$

AUC 实际上是 ROC 曲线下的面积大小，取值范围是 0.5~1。AUC 越大，代表模型将真正的正样本排在前面的可能性越大，模型的性能越好。相比于精确率、召回率、F1 值等指标，AUC 对正负样本比例不敏感，更关心排序的结果，特别适用于排序问题的效果评估。需要特别注意的是，对于推荐系统来说，离线 AUC 指标的提升不一定会带来线上效果的提升。

(6) NDCG

归一化折损累计增益（normalized discounted cumulative gain，NDCG）是一种

衡量推荐系统排序质量的指标。在介绍 NDCG 之前，我们先了解一下 CG 和 DCG。CG 是累计增益（cumulative gain），它通过累加前 K 个候选物品的相关度得分（增益）来评估推荐系统。CG 的计算公式为：

$$CG_p = \sum_{i=1}^{p} rel_i$$

其中，rel_i 表示 i 位置上物品的相关度，取值在 0 和 1 之间。在推荐系统中，可以取 Top-K 个物品，计算它们的相关度得分来评估模型的效果。

DCG 是折损累计增益（discounted cumulative gain），也就是在 CG 的基础上增加了折损因子，旨在强调排序中越靠前的物品对模型评估的影响越大。DCG 考虑到排序的先后顺序，如果相关度高的物品排在较后的位置，则会受到惩罚。DCG 的计算公式为：

$$DCG_p = \sum_{i=1}^{p} \frac{rel_i}{\log_2(i+1)} = rel_1 + \sum_{i=2}^{p} \frac{rel_i}{\log_2(i+1)}$$

DCG 虽然考虑了位置的折损，但是没有考虑到推荐列表中真正有效结果的个数。因此，我们引入 NDCG，即归一化后的 DCG，它通过将真实 DCG 与理想情况下的最大 DCG（IDCG）进行比较得到。IDCG 是按照最佳排序方案计算得到的 DCG，其计算公式为：

$$IDCG_p = \sum_{i=1}^{|rel|} \frac{2^{rel_i} - 1}{\log_2(i+1)}$$

NDCG 为真实 DCG 与 IDCG 的比值，其计算公式为：

$$NDCG_p = \frac{DCG_p}{IDCG_p}$$

(7) HR@K

命中率（hit rate，HR）反映了推荐候选集中是否包含了用户真正点击的物品。HR@K 表示在模型给出的前 K 个物品中，目标物品被命中的概率，也称为 Top-K 命中率。HR@K 是推荐系统中非常普遍的指标，常见的形式有 HR@5 和 HR@10。

HR@K 的计算公式为：

$$HR@K = \frac{\text{Top-}K\text{列表中命中目标物品的个数}}{\text{测试集中目标物品的总数}}$$

例如，测试集中有三个用户，这三个用户点击的商品个数分别是 10、12、8，推荐模型得到的 Top-10 推荐列表中，与三个用户点击对应的商品个数分别是 6、5、4，那么此时 HR@10 的值是：

$$HR@10 = \frac{(6+5+4)}{(10+12+8)} = 0.5$$

(8) RMSE 与 MAPE

均方根误差（root mean square error，RMSE）是衡量预测值和真实值之间偏差的一种常用指标。它计算的是真实值与预测值偏差的平方和与观测次数 m 比值的平方根，计算公式为：

$$RMSE = \sqrt{\frac{1}{m}\sum_{i=1}^{m}(y_i - \hat{y}_i)^2}$$

其中，y_i 为第 i 个真实值，$\hat{y}_i$ 为第 i 个预测值，m 是观测次数。RMSE 通过所有样本的真实评分和预测评分的均方根差异来衡量推荐的准确度，反映了模型的平均偏差程度。但它的一个显著缺点是当某些样本点的偏差非常大时（即离群点），即使这些离群点的数量很少，也会对 RMSE 造成较大影响，导致评估指标变差。

平均绝对百分比误差（mean absolute percent error，MAPE）是所有单个预测值与真实值的绝对差之和的平均值，可以反映预测值误差的绝对大小。MAPE 对每个样本点的误差进行了归一化处理，表示的是预测误差的百分比，因此降低了个别离群点带来的绝对误差影响。当 MAPE 值为 5 时，表示预测结果与真实结果的平均偏离程度为 5%。MAPE 的计算公式如下：

$$MAPE = \frac{1}{n}\sum_{i=1}^{n}\left|\frac{y_i - \hat{y}_i}{y_i}\right| \times 100\%$$

其中，y_i 是第 i 个样本的真实标签，$\hat{y}_i$ 是第 i 个样本的预测值，n 是样本总数。

RMSE 与 MAPE 都可以用来衡量模型的预测精度，但是它们对于误差的处理方式不同。RMSE 对于较大的误差会给予更大的惩罚（因为误差在计算时被平方了），而 MAPE 则是线性处理所有误差。相比 RMSE，MAPE 具有更强的稳健性。

(9) 对数损失函数

在推荐系统的二分类任务中，离线模型的性能经常用对数损失函数来评估。对于二分类任务（例如点击率预估模型、转化率预估模型等），对数损失函数的计算公式为：

$$\text{LogLoss} = -\frac{1}{N}\sum_{i=1}^{N}\left(y_i\log p_i + \left(1-y_i\right)\log\left(1-p_i\right)\right)$$

以点击预估场景为例，y_i 表示样本 i 是否点击的真实情况，p_i 表示模型预测该样本被点击（正样本）的概率，N 为样本总数。

(10) 平均精度均值

平均精度均值（mean average precision，mAP）是另一个在推荐系统和信息检索领域常用的评估指标。该指标其实是对平均精度（average precision，AP）的再次平均。如果推荐系统对测试集中的每个用户都进行样本排序，那么每个用户都会计算出一个 AP 值，再对所有用户的 AP 值进行平均，就得到了 mAP。

(11) 覆盖率与多样性

覆盖率是评估推荐系统能覆盖多少物品或用户的指标。一般来说，覆盖率越高，说明推荐系统能为更多的用户提供服务，或者能推荐更多的物品。

多样性指标评估的是推荐列表中物品种类的丰富度。由于用户兴趣多样化，推荐系统在为用户推荐时需要尽量保证推荐物品的多样性，避免单一类别的物品推荐过多。

(12) 离线仿真评估方法

离线仿真评估方法[13]通过在离线环境下模拟在线推荐系统行为，使得评估过程更接近于真实的在线环境，因此可以更准确地反映出推荐系统在实际应用中的表现。在离线仿真评估中，需要模拟在线的用户动态行为，例如点击、购买等，然后根据这些模拟的动态行为来评估推荐系统的性能。

对于基于大模型的推荐系统，可以围绕上述指标对其推荐性能进行评估，并与现有推荐模型或预训练推荐模型进行指标对比，客观衡量大模型的推荐效果。在多任务的评估中，结合不同任务的提示输入进行相关指标评估，能够更准确地反映大模型在多任务场景中的表现。

9.2.2　推荐系统在线评估指标

在线评估是在模型上线并提供推荐服务的过程中，评估真实用户体验和转化效果的指标，如转化率、购买率、点击率等。在线评估通常结合 A/B 测试进行，先将新模型应用于一部分用户，如果效果符合预期，再逐步推广至所有用户，最后对整体效果进行业务评估。

在线 A/B 测试

虽然离线评估在推荐系统中至关重要，但它无法完全模拟在线环境，因此需要通过在线 A/B 测试进一步验证模型的性能。A/B 测试是一种随机实验，通常将用户随机分为实验组和对照组，对比两组在各项指标上的表现。A/B 测试的优点在于，它能够更客观地反映出模型在真实环境中的效果。

在进行 A/B 测试时，需要注意对比样本的独立性和采样方式的无偏性。同一个用户在测试全程中只能被分到同一个组，以避免干扰并提高测试的准确性。

A/B 测试的评价指标应与在线业务的核心指标保持一致。例如，电商类推荐模型的评价指标可能包括点击率、转化率和客单价；新闻类推荐模型的评价指标可能包括留存率、平均停留时长和平均点击次数；视频类推荐模型的评价指标可能包括播放完成率、平均播放时长和播放总时长。

总的来说，在线 A/B 测试是不可或缺的重要步骤，它能够更准确、更客观地评估模型的性能，从而更好地优化推荐系统。对于大模型推荐系统，可以通过 A/B 测试将新模型与现有推荐模型进行对比，以客观地衡量大模型的推荐效果。

在线业务评估

在线业务评估是在推荐系统实际运行过程中，通过观察用户的真实行为来评估模型性能的一种方法。在线业务评估关注的是模型在实际环境下的表现，包括点击率、转化率、平均推荐位置、负反馈次数、用户满意度、停留时长、用户留存率、播放完成率、用户下载量以及活跃用户数等。通过这些指标，能够直观地发现模型的优点和不足，从而对模型进行优化和改进。同时，还可以根据评估结果，对未来的商业方向和算法策略进行规划和调整。

本节将详细介绍每个指标的含义和计算方法，并结合具体的推荐数据进行说明。

(1) 与业务相关的指标

1. 点击率

点击率（click through rate，CTR）是用于衡量推荐系统召回能力的常用指标。根据推荐场景的不同，点击率可以进一步分为页面访问量点击率（page view CTR）、独立访客数点击率（unique visitor CTR）和曝光点击率。点击率的计算公式为：

$$\text{CTR} = \frac{\text{点击数}}{\text{曝光数}} \times 100\%$$

当推荐系统能够准确推荐用户感兴趣的内容时，CTR 就会更高。例如，某个商品在 10 000 次曝光中获得了 110 次点击，那么该商品的 CTR 为 1.1%。

2. 转化率

转化率（conversion rate，CVR）是指用户在点击推荐内容后执行某一目标操作（如购买、收藏、转发、分享、下载、提交表单等）的比例，通常用于衡量推荐系统的效果和商业价值。转化率通常低于点击率，因为转化行为通常发生在用户行为漏斗的更下方。转化率的计算公式为：

$$CVR = \frac{\text{转化数}}{\text{点击数}} \times 100\%$$

以是否付费作为转化目标为例，如果某一本图书曝光了 100 次，其中有 25 次发生了点击行为，而有 1 次发生了购买行为并且用户付费成功，那么这本书的转化率为 4%，点击率为 25%。

3. 平均推荐位置

平均推荐位置（average recommendation position）表示推荐物品在推荐列表中的平均位置，通常用来衡量推荐系统的排序质量。计算方法是将所有推荐物品的位置相加，再除以推荐列表的总数，计算公式为：

$$\text{平均推荐位置} = \frac{\sum \text{推荐物品位置}}{\text{推荐物品数}}$$

如果某个物品在 10 个推荐列表中的位置分别为 1、2、3、4、5、6、7、8、9、10，该物品的平均推荐位置为 5.5。

4. 播放完成率

播放完成率是指用户观看或播放完整个推荐物品的比例，常用于衡量视频类推荐内容的吸引力和用户参与度。对于这类内容而言，停留时长受视频本身时长的锚定效应影响，即使用户不感兴趣，在长视频上的平均停留时长也会比短视频的平均停留更长一些。因此，播放完成率能在一定程度上弥补由于视频时长的不同对平均停留时长的影响。播放完成率的计算公式为：

$$\text{播放完成率} = \frac{\text{完播次数}}{\text{曝光数}} \times 100\%$$

例如，某个视频曝光了 1000 次，其中有 100 次用户观看了完整的视频，则播放完成率为 10%。

5. 负反馈次数

负反馈次数是指用户对推荐物品的不感兴趣或不喜欢的次数，通常用来衡量推荐系统的用户体验。如果某个用户在一次推荐中关闭了 3 个推荐物品，那么该用户的负反馈次数为 3。

(2) 与产品价值相关的指标

1. 用户满意度

用户满意度是指用户对推荐系统的整体满意程度。可以通过用户调查、问卷、反馈或评分来评估。

2. 人均使用时长

人均使用时长，也称停留时长，是指用户在某个推荐物品页面停留的平均时间，通常用于衡量用户在推荐系统上的活跃程度。对于内容消费型产品，仅靠点击率并不能准确反映推荐的真正效果，点击率高不代表用户会产生真正的消费，用户可能只是因为素材的趣味性、标题的吸引力或者是误触等原因而点击。如果用户点击后立刻跳出页面，那么说明这个推荐实际上是失败的。因此，停留时长能够更加真实地反映推荐内容是否让用户感兴趣，其计算公式为：

$$停留时长 = \frac{\sum 用户停留时间}{访问次数}$$

不同的推荐场景下，停留时长的定义可能略有差别。例如，对于音频和视频类推荐，播放时长可能是核心推荐指标。如果用户在某个推荐视频上停留了 30 秒，那么停留时长则为 30 秒。但需要注意的是，应当将同一时长区间的视频进行比较才有意义，把时长为 30 分钟和时长为 5 分钟的视频放在一起评估停留时长是不公平的。

3. 用户留存率

用户留存率是指在一段时间（按天、按周、按月等）内继续使用推荐系统的用户比例，通常用于衡量推荐系统的用户忠诚度和黏性，计算公式为：

$$用户留存率 = \frac{留存用户数}{总用户数} \times 100\%$$

例如，在 5 月初某公众号的用户数为 1000，到了 5 月底其用户数变为了 900，那么该公众号的用户留存率为 90%。

4. 每日活跃用户数

每日活跃用户数（daily active user，DAU）是指在一段时间内使用推荐系统的独立用户数量，通常用于衡量推荐系统的用户参与度和用户群体的覆盖范围。

除了上述提到的指标，还有一些其他指标也可以用于衡量推荐系统在线效果，例如退出率、平均推荐时长、人均点击次数、重复点击率等。具体使用哪些指标进行评估，应根据具体的业务目标和推荐场景综合考虑。

(3) 收益分析相关指标

对于交易类系统（如电商、广告等），推荐系统带来的收益是衡量其商业价值的重要指标，能够直观反映推荐系统对物品销售或广告收入的贡献。对于结合大模型的推荐系统，有以下几种常见的收益指标。

1. 投资回报率

投资回报率（return on investment，ROI）是一种衡量投资利润的指标，它反映了推荐系统在带来收益方面的效益。投资回报率的计算公式为：

$$ROI = \frac{收益 - 成本}{成本} \times 100\%$$

2. 平均订单价值

平均订单价值（average order value，AOV）是指每个订单的平均交易金额。这个指标有助于了解用户在每次交易中的花费水平。平均订单价值的计算公式为：

$$AOV = \frac{总销售额}{订单数量}$$

3. 平均每用户收入

平均每用户收入（average revenue per user，ARPU）是指每个用户为平台带来的平均收入。这个指标有助于了解每个用户对业务的具体贡献。平均每用户收入的计算公式为：

$$ARPU = \frac{总收入}{用户数量}$$

4. 毛商品交易额

毛商品交易额（gross merchandise volume，GMV）是指在没有考虑任何形式的折扣或者退款的情况下，通过平台进行的所有交易总额。这个指标有助于了解平台的交易规模。

总的来说，在线业务评估是一个动态的过程，既能够反映模型的当前表现，也能为模型的改进提供方向。在实际应用中，需要根据具体的业务需求和场景选择合适的评估指标，全面评估推荐系统的效益，确保系统不仅在技术上高效，而且在商业价值和用户体验上也是成功的。

其他推荐评估指标

除了传统的性能指标，推荐系统的评估还需要关注可解释性、隐私性、时效性和公平性等维度。具体定义和实现方法已经在第 7 章中进行了详细讨论。

随着大模型技术的不断发展，推荐系统的评估也将面临新的挑战和机遇。一方面，大模型可以为推荐系统提供更丰富的语义理解和推理能力，从而改善推荐结果的质量。另一方面，大模型本身也需要进行评估和监控，以确保其生成内容的合理性和可靠性。因此，推荐系统的评估与大模型的评估逐渐相互关联，形成一个统一的评估体系。

9.3 大模型的部署

在推荐系统领域，大模型的部署不仅是一项技术挑战，更是一项关键决策。凭借强大的理解和生成能力，大模型在个性化推荐中展现了前所未有的精确度。然而，从概念验证到实际应用的部署过程中，还面临着一系列复杂的技术和操作障碍。

首先，推荐系统的核心任务是理解用户的需求和偏好，这要求大模型能够准确捕捉到用户行为的细微差别。因此，在部署大模型时，必须确保模型能够处理大量用户数据，并能敏感地解析自然语言中的歧义。此外，部署后需要持续进行模型的优化和迭代，以保证大模型始终适应用户需求的变化。

其次，成本效益分析是大模型部署中不可忽视的一环。大模型的计算资源消耗巨大，直接影响部署和运维的成本。在保证推荐质量的同时，需要在成本和性能之间寻找最佳平衡点。例如，一个未经优化的大模型可能需要数以千计的 GPU 来训练，而通过量化技术，可以在控制精度损失的前提下，显著减少所需的计算资源。

再者，用户体验是推荐系统成功的关键。用户期望获得快速、准确且个性化的推荐，因此，大模型在处理请求时需要满足低延迟要求。与此同时，数据安全和隐私保护也是部署过程中必须严格遵守的底线和原则。在处理用户的数据时，必须确保遵守相关的法律法规，采取加密、匿名化等保护措施，保障用户的隐私不受侵犯。

最后，为了确保推荐系统的稳定性和可靠性，在条件允许的情况下，需要建立一个完善的监控和维护体系，包括对模型性能的实时监控、异常检测、自动扩展等，以应对不断变化的用户需求和市场环境。

本节将结合实际部署中的关键因素，介绍推荐系统中常用的大模型部署框架。

9.3.1　高性能和批处理部署框架

高性能和批处理部署框架适用于需要处理大量数据和请求的场景，特别是在用户基数大、请求频率高的推荐场景中。这种类型的框架能够快速处理大量用户查询和交互，生成个性化推荐。这类框架的代表是 vLLM。

vLLM 是一个优化大模型的开源推理框架，由加州大学伯克利分校开发，它的设计考虑了现代硬件架构，特别是 GPU 加速，以实现快速的模型推理。vLLM 支持多种高吞吐量解码算法，包括并行采样、波束搜索等，结合 PagedAttention 算法有效地管理注意力的键和值，显著提升了吞吐量。vLLM 提供了简洁的 API 和文档，简化了部署和维护流程，非常适合大模型算法研究人员使用，并且支持 Hugging Face Transformers 中的各种生成式 Transformer 模型，表 9-3 列举了 vLLM 支持的部分模型。

表 9-3　vLLM 支持的模型类型（来源：vLLM 官方文档）

模　　型	Hugging Face 模型示例	是否支持 LoRA
Aquila & Aquila2	BAAI/Aquila-7B, BAAI/AquilaChat-7B, etc.	✓
Baichuan & Baichuan2	baichuan-inc/Baichuan2-13B-Chat, baichuan-inc/Baichuan-7B, etc.	✓
BLOOM, BLOOMZ, BLOOMChat	bigscience/bloom, bigscience/bloomz, etc.	
ChatGLM	THUDM/chatglm2-6b, THUDM/chatglm3-6b, etc.	✓
DeciLM	Deci/DeciLM-7B, Deci/DeciLM-7B-instruct, etc.	
Falcon	tiiuae/falcon-7b, tiiuae/falcon-40b, tiiuae/falcon-rw-7b, etc.	
Gemma	google/gemma-2b, google/gemma-7b, etc.	✓
GPT-2	gpt2, gpt2-xl, etc.	
GPT-J	EleutherAI/gpt-j-6b, nomic-ai/gpt4all-j, etc.	
GPT-NeoX, Pythia, OpenAssistant, Dolly V2, StableLM	EleutherAI/gpt-neox-20b, EleutherAI/pythia-12b, OpenAssistant/ oasst-sft-4-pythia-12b-epoch-3.5, databricks/dolly-v2-12b, stabilityai/ stablelm-tuned-alpha-7b, etc.	
InternLM	internlm/internlm-7b, internlm/internlm-chat-7b, etc.	✓
LLaMA, Llama 2, Meta Llama 3, Vicuna, Alpaca, Yi	meta-llama/Meta-Llama-3-8B-Instruct, meta-llama/Meta-Llama-3-70B-Instruct, meta-llama/Llama-2-13b-hf, meta-llama/Llama-2-70b-hf, openlm-research/open_llama_13b, lmsys/vicuna-13b-v1.3, 01-ai/Yi-6B, 01-ai/Yi-34B, etc.	✓
Mistral, Mistral-Instruct	mistralai/Mistral-7B-v0.1, mistralai/Mistral-7B-Instruct-v0.1, etc.	✓
Mixtral-8x7B, Mixtral-8x7B-Instruct	mistralai/Mixtral-8x7B-v0.1, mistralai/Mixtral-8x7B-Instruct-v0.1, mistral-community/Mixtral-8x22B-v0.1, etc.	✓
OPT, OPT-IML	facebook/opt-66b, facebook/opt-iml-max-30b, etc.	
Phi	microsoft/phi-1_5, microsoft/phi-2, etc.	✓
Phi-3	microsoft/Phi-3-mini-4k-instruct, microsoft/Phi-3-mini-128k-instruct, etc.	
Qwen	Qwen/Qwen-7B, Qwen/Qwen-7B-Chat, etc.	
Qwen2	Qwen/Qwen2-beta-7B, Qwen/Qwen2-beta-7B-Chat, etc.	✓
Qwen2MoE	Qwen/Qwen1.5-MoE-A2.7B, Qwen/Qwen1.5-MoE-A2.7B-Chat, etc.	
StableLM	stabilityai/stablelm-3b-4e1t/ , stabilityai/stablelm-base-alpha-7b-v2, etc.	

vLLM 的 PagedAttention 算法允许在非连续的内存空间中存储键和值，将每个序列的 KV 缓存分成多个块，在注意力计算过程中，PagedAttention 内核能够高效地识别和提取这些块，从而减少 60% 到 80% 的内存资源消耗。

vLLM 的本地部署非常简单，只需要几行代码就能实现大模型的部署和调用。vLLM 提供了两种部署调用方式，第一种是通过 Python 接口调用大模型类实现批推理，代码示例如下：

```
from vllm import LLM

# 提示示例
prompts = [" 你是一个电商推荐系统，你需要深度了解用户的偏好，为他们推荐个性化商品……"]
# 创建一个大模型实例
llm = LLM(model="meta-llama/Llama-2-7b-hf")
# 根据提示生成文本
outputs = llm.generate(prompts)
```

第二种方式是通过与 OpenAI 兼容的服务器 API，实现大模型的在线服务。代码示例如下。

服务器执行如下代码：

```
$ python -m vllm.entrypoints.openai.api_server --model meta-llama/Llama-2-7b-hf
```

客户端执行如下代码：

```
$ curl http://localhost:8000/v1/completions \
    -H "Content-Type: application/json" \
    -d '{
        "model": "meta-llama/Llama-2-7b-hf",
        "prompt": "San Francisco is a",
        "max_tokens": 7,
        "temperature": 0
    }'
```

vLLM 的最大优势在于其快速的文本生成速度以及高吞吐量服务。然而，vLLM 在添加自定义模型时并不友好，如果所用的模型架构与 vLLM 中现有模型不同，扩展性较弱，那么部署过程会变得更加复杂。

9.3.2　灵活性和兼容性部署框架

灵活性和兼容性部署框架提供了强大的定制能力，支持在不同环境下部署大模型，包括 CPU、边缘设备，以及 Android 和 iOS 的手机终端。这类框架允许开发者根据具体需求定制模型，适应不断变化的业务需求。OpenLLM 便是这类部署框架的代表。

OpenLLM 是一个开放的、可扩展的框架，专门用于构建、训练、部署和推理大模型，支持几乎所有常用的开源大模型。通过简单的代码，OpenLLM 能够在不同的大模型之间实现切换，使开发人员方便地在本地和云端运行任何开源大模型，并使用自己的数据进行微调。

OpenLLM 支持的部分模型如表 9-4 所示。

表 9-4　OpenLLM 支持的部分模型（来源：OpenLLM 项目仓库）

模　　型	是否支持 CPU	是否支持 GPU	模型型号
Baichuan	✓	✓	baichuan-inc/baichuan2-7b-base baichuan-inc/baichuan2-7b-chat baichuan-inc/baichuan2-13b-base baichuan-inc/baichuan2-13b-chat
ChatGLM	✓	✓	thudm/chatglm-6b thudm/chatglm-6b-int8 thudm/chatglm-6b-int4 thudm/chatglm2-6b thudm/chatglm2-6b-int4 thudm/chatglm3-6b
Gemma	✓	✓	google/gemma-7b google/gemma-7b-it google/gemma-2b google/gemma-2b-it

（续）

模　　型	是否支持 CPU	是否支持 GPU	模型型号
Llama	✓	✓	meta-llama/Llama-2-70b-chat-hf meta-llama/Llama-2-13b-chat-hf meta-llama/Llama-2-7b-chat-hf meta-llama/Llama-2-70b-hf meta-llama/Llama-2-13b-hf meta-llama/Llama-2-7b-hf NousResearch/llama-2-70b-chat-hf NousResearch/llama-2-13b-chat-hf NousResearch/llama-2-7b-chat-hf NousResearch/llama-2-70b-hf NousResearch/llama-2-13b-hf NousResearch/llama-2-7b-hf
Mistral	✓	✓	HuggingFaceH4/zephyr-7b-alpha HuggingFaceH4/zephyr-7b-beta mistralai/Mistral-7B-Instruct-v0.2 mistralai/Mistral-7B-Instruct-v0.1 mistralai/Mistral-7B-v0.1
OPT	✓	✓	facebook/opt-125m facebook/opt-350m facebook/opt-1.3b facebook/opt-2.7b facebook/opt-6.7b facebook/opt-66b
Phi	✓	✓	microsoft/Phi-3-mini-4k-instruct microsoft/Phi-3-mini-128k-instruct microsoft/Phi-3-small-8k-instruct microsoft/Phi-3-small-128k-instruct microsoft/Phi-3-medium-4k-instruct microsoft/Phi-3-medium-128k-instruct
Qwen		✓	qwen/Qwen-7B-Chat qwen/Qwen-7B-Chat-Int8 qwen/Qwen-7B-Chat-Int4 qwen/Qwen-14B-Chat qwen/Qwen-14B-Chat-Int8 qwen/Qwen-14B-Chat-Int4

接下来，我们以 Phi-3 为例，介绍 OpenLLM 的部署过程。

首先，检查当前环境中的 GPU 以及存储资源（此步骤可以根据需要选择性执行），代码示例如下：

```python
import psutil
import torch

ram = psutil.virtual_memory()
ram_total = ram.total / (1024**3)
print('MemTotal: %.2f GB' % ram_total)

print('=============GPU 信息 =============')
if torch.cuda.is_available():
    !nvidia-smi
else:
print('GPU NOT available')
```

然后，安装 OpenLLM 以及需要的工具。代码示例如下：

```
!pip install -U -q  openllm openai langchain
!apt install tensorrt
```

使用以下命令开启 LLM 服务：

```
!nohup openllm start microsoft/Phi-3-mini-4k-instruct --trust-remote-code --port
8001 > openllm.log 2>&1 &
```

接下来，可以使用以下命令请求 LLM 服务：

```
!curl -k -X 'POST' -N \
  'http://127.0.0.1:8001/v1/generate_stream' \
  -H 'accept: text/event-stream' \
  -H 'Content-Type: application/json' \
  -d '{"prompt":"你是一个电商推荐系统,你需要深度了解用户的偏好,为他们推荐个性化商品……",
"llm_config": {"max_new_tokens": 256}}'
```

OpenLLM 提供了多种部署方法，以上示例只是其中一种。简言之，OpenLLM 支持各种开源大模型，包括基于业务特定数据微调的大模型，并且可以通过 BentoML 简化云部署过程。在灵活性和兼容性方面，OpenLLM 提供了更多选择和更强的定制能力。

以上选择了业界关注度较高的两个框架作为示例介绍，它们在性能、灵活性、资源利用和硬件支持等方面各有侧重，详细对比如表 9-5 所示。

表 9-5　两种大模型部署框架对比

框架	优化技术	兼容性	可扩展性	社区支持（截至 2025.7）	开源时间	提出者
vLLM	PagedAttention、SqueezeLLM、GPTQ、AWQ、FP8 KV Cache	GPU、CPU	支持集成其他工具，如 LlamaIndex、LangChain	star 数目超 50K 贡献者数量超 1200	2023.6	加州大学伯克利分校
OpenLLM	AWQ、GPTQ、SqueezeLLM	GPU、CPU	支持集成其他工具，如 LlamaIndex、LangChain	star 数目超 11K 贡献者数量超 1200	2023.6	BentoML 公司

不同的框架在技术上各有差异，在实际部署框架时，通常可以从以上几个方面综合考虑。

9.4　大模型的压缩

由于大模型的参数量庞大，解码阶段需要大量显存资源，因而在实际应用中的部署成本非常高。为了减少大模型的显存占用并使它能够在资源有限的环境中 [14] 使用，通常需要对大模型进行压缩。常用的大模型压缩方法包括 [15] 模型蒸馏、模型量化和模型剪枝等。第 6 章已经介绍了模型蒸馏方法，本节将重点讨论模型量化和模型剪枝。

在大模型的实际部署过程中，量化是提升效率和减少资源消耗的重要技术。通过将浮点数转换为整数，可以加快推理速度、减少内存占用，并使模型在资源受限的设备上运行。OpenLLM 支持多种量化技术，例如通过 LLM.int8() 将大模型权重转换为 8 位整数（int8）格式；通过 SpQR 引入稀疏量化表示，实现了近无损权重压缩；使用 AWQ 实现激活层的感知权重量化；使用 GPTQ 将权重矩阵分组进行量化；使用 SqueezeLLM 实现密集和稀疏的权重量化。

9.4.1　大模型的量化

模型量化是指将浮点数转换为整数的过程[16]，通过降低权重和激活精度来减小大模型的大小。量化可以在不显著降低大模型准确性的前提下，减少大模型的内存占用并加速推理。在实际应用中，推荐系统对推荐模型的响应效率往往有较高要求，模型量化是一种关键的优化方法，尤其是对于参数众多的大模型。

大模型本质上是神经网络，模型以张量（数字的多维数组）的形式存储在 GPU 或 RAM 的内存中。根据存储的数据类型不同（如 Float64 或 Float16 等），内存的占用量也会有所不同。在神经网络中，高精度通常与高准确性和更稳定的训练过程相关联，但同时也意味着更多的计算资源消耗，因为它需要更多的硬件和更昂贵的硬件。因此，大模型并非总是需要使用 Float64 来保持良好的性能。业界已经开发了对应的硬件和框架来支持低精度计算。例如，Nvidia T4 加速器采用了 Tensor Cores 技术，能够高效处理低精度计算，效率明显高于 K80；Google 的 TPU 引入了 bfloat16，这是一种针对神经网络优化的特殊原始数据类型。

以 Nvidia A100 为例，它提供了 40 GB 和 80 GB 两种配置。如表 9-6 所示，对于一个 Llama-2-70b 模型，其未量化版本大约需要 138 GB 的内存，至少需要 2 个 A100 GPU，并且需要分布在多个 GPU 上，意味着更多的协同开销和基础设施维护成本。相比之下，Llama-2-70b 的量化版本只需要大约 40 GB 的内存，仅需一个 A100，从而显著降低了推理的成本。

表9-6　Llama2 各模型量化前后的对比

模　　型	原始大小（FP16）	量化大小（INT4）
Llama-2-70b	138 GB	40.7 GB
Llama-2-13b	26.1 GB	7.3 GB
Llama-2-7b	13.5 GB	3.9 GB

大模型的量化方法主要分为以下两类。

训练后量化（post-training quantization，PTQ）[17]：在模型训练完成后，将权重转换为低精度格式，这种方法无须重新训练。尽管 PTQ 操作简单且易于实现，但由于权重值的精度损失，可能会降低模型的推理精度。

量化感知训练（quantization-aware training，QAT）[18]：与 PTQ 不同，QAT 在训练阶段就集成了权重转换过程，因此能在保证模型推理精度的同时进行量化，但训练过程中对计算资源的需求更大。QLoRA[19] 是一种广泛使用的 QAT 技术。

在本节中，我们将以 GPTQ 为例，介绍对应的实现方法。

在 Hugging Face 上有许多使用 GPTQ、NF4 或 GGML 量化的模型版本。读者可以根据具体用例选择最适合的方法。

```
!pip install transformers
!pip install auto-gptq

from transformers import AutoModelForCausalLM, AutoTokenizer
import torch

model_id = ""

tokenizer = AutoTokenizer.from_pretrained(model_id, torch_dtype=torch.float16,
device_map="auto")

model = AutoModelForCausalLM.from_pretrained(model_id, torch_dtype=torch.float16,
device_map="auto")
```

如果需要自行量化模型，可以使用 Auto-GPTQ 等方法，并通过特定推荐场景的数据集进行微调。GPTQConfig 中的参数用于修改量化过程中的位数，在实践中可以根据需要进行调整，以便最大化性能。

```
!pip install transformers
!pip install auto-gptq
```

```
from transformers import AutoModelForCausalLM, AutoTokenizer, GPTQConfig

model_id = ""

tokenizer = AutoTokenizer.from_pretrained(model_id)

# 加载量化配置
quantization_config = GPTQConfig(bits=4, dataset = "c4", tokenizer=tokenizer)

model = AutoModelForCausalLM.from_pretrained(model_id, device_map="auto",
quantization_config=quantization_config)
```

9.4.2 大模型的剪枝

模型剪枝的目标是移除神经网络中冗余或不重要的组件（如神经元或权重），从而实现用小网络替代大网络。对于大模型，剪枝方法主要分为两类：结构化剪枝和非结构化剪枝。结构化剪枝（structured pruning）[20]通过移除整个结构组件（如神经元、通道或层）来简化大模型，同时保持网络结构。这种需要深入理解模型的架构以及不同部分对整体性能的贡献，具有较高风险。非结构化剪枝（unstructured pruning）[21]旨在移除单个冗余的神经元或链接，往往会遇到不规则的稀疏结构问题。结构化剪枝可以直接部署到各种边缘设备，而非结构化剪枝则需要额外的软件或硬件支持来完成任务。

以下是几种典型的非结构化剪枝方法。

SparseGPT[22]：一种新的、高效的一次性剪枝方法，它将剪枝问题简化为一组极大规模的稀疏回归问题，可以在几小时内对大型 GPT 模型（如 175B 参数）进行剪枝，并且几乎不损失精度，无须任何微调。SparseGPT 能够实现至少 50% 的稀疏度，且与权重量化技术（如 4 位权重量化）结合使用时，能进一步压缩模型。这种方法不需要传统的再训练，但仍然需要对权重进行复杂的更新。

LoRAPrune[23]：一种结合 LoRA 与剪枝的推理框架，旨在实现参数的高效微调和在通用硬件平台上的直接加速，从而提高大模型在下游任务上的性能。LoRA 在模型的每一层中插入可训练的低秩矩阵 A 和 B，并通过它们的乘积 BA 来更新模型权重。LoRAPrune 不仅对预训练大模型的权重进行剪枝，而且在无须计算 BA 的情况下，修剪 LoRA 矩阵 A 中的相应权重。在剪枝和微调后，LoRA 的权重可以与预训练权重无缝合并，确保在推理过程中不需要额外的计算。与 LLM-Pruner 相比，LoRAPrune 只使用了 52.6% 的内存，但在 WikiText2 上的困惑度降低了 4.81，在 PTB 上降低了 3.46。

Wanda[24]：一种通过评估权重和激活来实现对大模型精准剪枝的方法，能够在不调整剩余权重的情况下实现高度稀疏。Wanda 将权重的幅度与输入激活的范数相乘来评估每个权重的重要性，其中激活是通过少量校准数据估算得出的。该方法通过局部比较移除优先级较低的权重，计算效率高，内存开销小，且无须重训练或更新权重。相比标准幅度剪枝，Wanda 的剪枝效果可以媲美 SparseGPT，但计算成本更低。

以下是几种典型的结构化剪枝方法。

GUM（globally unique movement）[25]：一种基于全局移动和局部唯一性分数来剪枝网络组件的剪枝方法，旨在最大化网络组件灵敏度和唯一性。在这种方法中，灵敏度反映了移除网络组件对模型输出的影响程度，而唯一性反映了网络组件提供的信息与其他组件的差异程度。GUM 实现了较高的压缩率，并在多个自然语言生成任务上展现了良好的性能。

LLM-Pruner[26]：一种专为大模型设计的结构化剪枝方法，其主要目标是减少对原始训练语料库的依赖，通过自动结构剪枝实现大模型的快速压缩。LLM-Pruner 提出了一种依赖性检测算法，用于识别模型内的所有依赖结构。一旦识别出耦合结构，就采用一种有效的重要性估计策略，在任务不可知的设置下选择最优的剪枝组。然后，执行快速恢复阶段，使用有限的数据对剪枝模型进行后训练。LLM-Pruner 已在三个大模型（包括 Llama、Vicuna 和 ChatGLM）上进行了验证，即使去掉 20% 的参数，剪枝模型仍能保持原模型 94.97% 的性能。

此外，Hanjuan Huang 等人 [27] 借鉴了 Tishby[28] 的深度学习理论，探索了模型的可解释性方向，提出了一种专门针对大模型的剪枝方法。通过对表示层中神经元内容的理解，可以找出并剔除冗余的神经元，同时保留那些包含关键信息的神经元。

该方法使用基于互信息（mutual information，MI）的估计器来发现两组随机变量之间的关系，以衡量网络神经元中存储的信息，从而决定如何进行压缩过程。当两个神经元拥有高 MI 值时，它们共享重叠信息，可以剔除其中一个而不会造成太大的信息损失，最终生成小规模模型。这种方法不需要标记信息来决定剪枝策略，因此减轻了处理大模型时的负担。

9.5　基于 LangChain 搭建大模型推荐系统

在大模型领域，LlamaIndex 和 LangChain 是两个最常见的框架，它们有效提升了大模型的交互能力。LangChain 适用于需要长时间对话的场景，如聊天机器人和虚拟助手，因为它允许模型在多轮对话内保持上下文连贯性。相比之下，LlamaIndex 专为特定的大模型交互场景设计。本节将以 LangChain 框架为例，介绍如何快速搭建基于大模型的推荐系统。

LangChain 是一个用于开发大模型驱动应用程序的框架。它提供了内存、推理和与外部系统交互的组件，使得开发者能够专注于应用逻辑，无须担心与大模型集成的复杂性。LangChain 框架示意图如图 9-4 所示，它由多个开源库构成：提供核心抽象和表达式语言的 langchain-core、包含第三方集成库的 langchain-community、为 OpenAI 和 Anthropic 模型提供独立轻量级包的 langchain-openai 和 langchain-anthropic，以及用于构建认知架构的核心包 langchain。此外，LangGraph 用于构建多参与者应用，LangServe 用于部署 REST API，LangSmith 则作为开发者平台，用于调试、测试和监控大模型应用。

LangChain 框架使得构建大模型驱动的应用程序（如聊天机器人、问答系统和摘要工具）变得更加简单，它简化了大模型应用程序生命周期的各个阶段。

- ❏ 开发：使用 LangChain 的开源组件快速构建大模型的应用程序。利用第三方集成和模板快速启动应用程序。
- ❏ 产品化：使用 LangSmith 监控和评估链，确保链可以持续优化并高效部署。
- ❏ 部署：使用 LangServe 将任何链转化为 API，从而提升应用程序的灵活性。

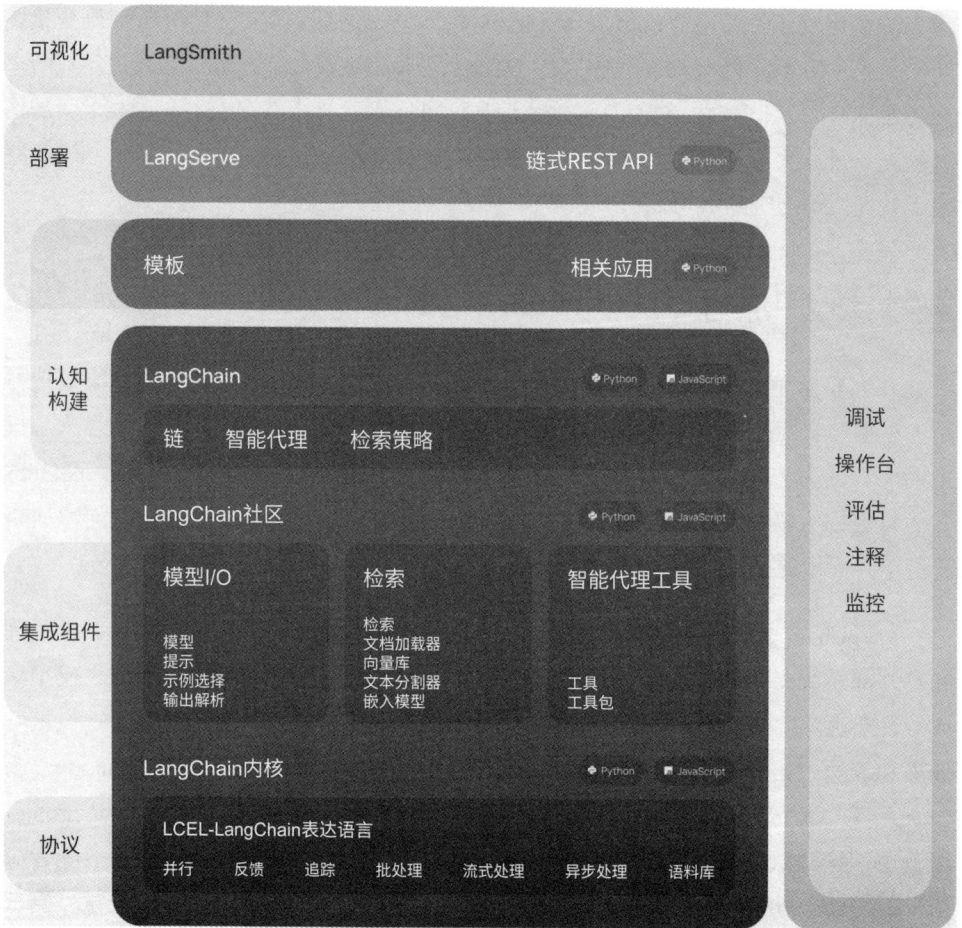

图 9-4　LangChain 框架示意图

9.5.1　搭建推荐召回

　　我们已经在前面的内容中介绍过，向量检索是一种常见的相似产品的推荐方法。随着产品的添加或更新，数据库中的向量嵌入也会自动更新。通过结合大模型和向量搜索，我们可以快速搭建一个端到端的产品召回系统，利用类似产品的向量嵌入进行检索。

本节将以电商场景为例，介绍如何利用 LangChain 构建一个基于向量检索的产品召回系统。推荐任务的目标是通过产品名称、产品描述和价格等信息生成向量，并根据这些向量进行相关产品的检索。每个产品的信息会被加载到向量数据库中，并附带一个嵌入向量。构建流程的示意图如图 9-5 所示。

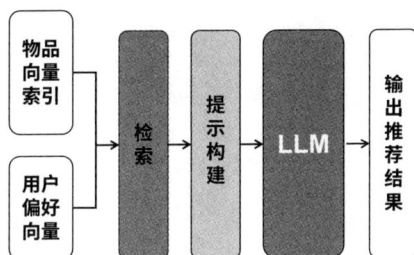

图 9-5　使用向量搜索、LangChain 和 OpenAI 构建推荐系统

(1) 配置环境并初始化大模型

首先，导入用于向量检索和大模型交互的库，并进行大模型的初始化，示例代码如下：

```python
from openai import OpenAI
from langchain_openai import ChatOpenAI

from langchain.chains import RetrievalQA
from langchain.prompts import PromptTemplate

from langchain_community.callbacks import get_openai_callback

llm = ChatOpenAI(
    model_name=" ",
    temperature=0,
    api_key=
)
```

(2) 为物品库生成向量

接着，我们需要将产品表头字段的内容转换为向量。通常，产品 ID（唯一标识）、产品名称、类别、描述、库存信息、URL 等是识别和推荐产品时最有用的字段。获得这些文本后，我们可以使用预训练的词向量模型（如 BERT、Word2Vec 或 FastText等），将每个字段的文本转换为向量表示，将文本映射到高维空间中的向量，以便计算它们之间的相似度。基于 BERT 模型生成物品向量的示例代码如下：

```
from transformers import BertTokenizer, BertModel

# 步骤 1：加载预训练的 BERT 模型和分词器
tokenizer = BertTokenizer.from_pretrained("bert-base-uncased")
model = BertModel.from_pretrained("bert-base-uncased")

# 步骤 2：加载产品相应的字段及内容
item_list = [
    # 全部产品信息，包含"产品名称","品牌名称","产品类别","产品描述"等字段
]

# 步骤 3：对每个字段进行 BERT 嵌入
for item in item_list:
    for field in ["产品名称", "品牌名称", "产品类别", "产品描述"]:
        text = item[field]
        inputs = tokenizer(text, return_tensors="pt", padding=True,
truncation=True)
        with torch.no_grad():
            embeddings = model(**inputs).last_hidden_state.mean(dim=1)
# 使用平均池化
        item[field + "_embedding"] = embeddings.tolist()
# 步骤 4：将嵌入向量存入数据库
...
```

(3) 构建候选物品

由于大模型的输入长度有限，因此不能直接处理输入物品池中的所有物品。我们可以根据用户的历史交互数据（如产品名称或描述文本）来检索潜在相似产品。通过计算用户查询产品的嵌入向量与数据库中产品的嵌入向量的相似度，我们可以快速得到相关产品。查询相似产品的示例代码如下：

```
# 根据历史产品名称进行查询
query_item_name = "要查询的产品名称"

# 计算查询产品的嵌入向量
query_inputs = tokenizer(query_item_name, padding=True, truncation=True, return_
tensors="pt", max_length=128)
with torch.no_grad():
    query_embedding = model(**query_inputs).last_hidden_state.mean(dim=1)

# 计算与数据库中产品的相似度（使用余弦相似度）
similarity_scores = torch.cosine_similarity(query_embedding, embeddings, dim=1)

# 根据相似度排序并返回前几个候选产品
top_k = 100
top_indices = similarity_scores.argsort(descending=True)[:top_k]
candidate_items = df.iloc[top_indices][" 产品名称 "].tolist()
```

(4) 构建提示模板

为了让大模型生成推荐结果，我们需要构建一个合适的提示模板，它将用户的历史交互数据和相关候选产品作为参数，以便生成个性化推荐列表。构建提示模板的示例代码如下：

```
# 构建提示模板
prompt = """请你完成如下推荐任务，所有产品前都标有产品编号，请根据用户交互历史，选择 "
+ str(count) + " 个最推荐的候选产品给用户。
用户的历史交互产品有：{ history_items }。
候选产品有：{ candidate_items }。
推荐结果请返回与这些产品对应的产品名称。"""
```

(5) 使用 LangChain 和 FastAPI 向大模型发送提示

最后，我们将使用 LangChain 和 FastAPI 框架将提示发送到大模型，以获取推荐结果。示例代码如下：

```
# candidate_products 为候选物品列表
# history_products 为用户历史交互过的物品列表
```

```
PROMPT = PromptTemplate(template= prompt , input_variables=[" history_products ",
" candidate_products "])

rec_chain = RetrievalQA.from_chain_type(llm=llm,  chain_type="stuff",
retriever=docsearch.as_retriever(), return_source_documents=False, chain_type_
kwargs={"prompt": PROMPT})

# 请求并获取回应
with get_openai_callback() as cb:
    result_product_list = rec_chain({"query": query})
```

以上示例中，通过使用 LangChain 框架，我们将电商产品的文本信息转化为嵌入向量，并将它们存储在向量数据库中。然后通过相似度计算，基于历史交互数据检索出最相关的产品，并使用提示模板促使大模型生成相似的产品描述，从而召回相关度高的产品，用于后续的推荐。

9.5.2　构建推荐智能代理

LangChain 作为一个强大框架，内置了多种工具，可轻松集成到 React 应用中，提供个性化推荐。本节将介绍如何使用 LangChain AI 为 React 应用构建推荐系统，包括基于传统推荐模型的集合方法，以及如何调用推荐服务 API。

我们以音乐推荐为例，介绍如何基于 LangChain 使用 ReAct 智能代理调用推荐 API。

(1) 自定义音乐工具

首先，我们定义一个名为 MusicTool 的音乐推荐器工具。该工具通过使 API 搜索指定歌手的热门歌曲，并从中随机选择一定数量的歌曲作为推荐结果返回。用户可以输入喜欢的歌曲名称和希望获得的推荐歌曲数量，作为该工具接收的参数。定义音乐推荐器工具的示例代码如下：

```
from langchain.pydantic_v1 import BaseModel, Field
from langchain.tools import BaseTool
```

```python
# 主要执行
mc = MusicClient()

class MusicInput(BaseModel):
    songs: list = Field(description=" 用户喜欢的歌曲 ")
    num_rec: int = Field(description=" 用户希望获得的推荐歌曲数量 ")

class MusicTool(BaseTool):
    name = " 音乐推荐器 "
    description = " 基于用户输入的歌曲推荐相似歌曲 "
    args_schema = MusicInput

    @staticmethod
    def retrieve_result(song_name: str, num_result: int) -> list:
        song_like = mc.search(q='song:' + song_name, type='song')
        # 根据歌曲名称识别对应的歌曲 ID
        song_id = song_like['id']['song_name']
        # 根据歌曲 ID, 召回相似的歌曲
        rec_result = mc.song_similar(song_id)
        rec = [result['name'] for result in rec_result['song_name'][:num_result]]
        return rec

    # 执行
    def _run(self, songs: list, num_result: int) -> list:
        rec_songs = [result for rec in Music.retrieve_result(song, 5)]
        # 汇总推荐歌曲并随机选择指定数量
        final_rec = random.sample(rec_songs, num_rec)
        return final_rec

tools = [MusicTool()]
```

(2) 设置大模型

这里我们使用 Claude 大模型作为示例，执行智能代理的推理任务。首先，实例化模型服务，指定模型 ID，并设置大模型的相关参数，包括最大采样标记数 max_tokens_to_sample、top_k 值、top_p 值以及温度 temperature。这些参数用于调整生成文本的行为和质量。示例代码如下：

```
from langchain.llms import Bedrock
from langchain.agents import initialize_agent, Tool
from langchain.agents import AgentType
# 指定模型 ID 和参数
model_id = " 模型 ID"
model_params = {"max_tokens_to_sample": 1000,
                "top_k": 100,
                "top_p": 0.95,
                "temperature": 0.5}
llm_brian = Bedrock(
    model_id=model_id,
    model_kwargs=model_params
)
```

(3) 创建智能代理和进行推理

将前面定义的工具和大模型结合，创建一个 ReAct 智能代理类型，并根据用户的请求进行推理。示例代码如下：

```
agent = initialize_agent(tools, llm_brian, agent=AgentType.STRUCTURED_CHAT_ZERO_
SHOT_REACT_DESCRIPTION, verbose = True)
print(agent.run(""" 我喜欢的歌曲是 < 歌曲列表 >，请你帮我推荐 < 数量 > 首相关的歌曲。"""))
```

在本节中，我们介绍了如何使用 LangChain 为音乐推荐系统构建一个智能代理。通过自定义的工具（如 MusicTool），并将它与 LangChain 框架结合，我们能够根据用户输入生成个性化的推荐结果。

9.6　小结

本章详细探讨了大模型推荐系统的评估与部署。首先概述了大模型的评估方法，并强调了在实际应用中精准衡量模型性能的重要性。接着，深入讨论了推荐系统的多种评估方法，包括离线评估指标、在线评估指标以及其他相关评估指标，全面构建了推荐系统效能的评估体系。

在推荐系统的大模型部署方面，本章介绍了两种关键的部署框架：高性能和批处理部署框架以及灵活性和兼容性部署框架。我们对这两种框架进行了对比分析，指出它们各自的优点和适用场景。此外，本章还探讨了大模型压缩技术，如量化和剪枝，这些方法有助于减小模型大小，提高运行效率，从而使大模型在通用设备上的部署更为方便。

最后，本章通过多个具体案例展示了如何利用 LangChain 工具构建基于大模型的推荐系统，涉及推荐召回、检索增强推荐以及构建推荐智能代理的具体步骤和方法。这不仅为读者提供了实战指导，也展示了大模型在推荐系统中的广泛应用潜力。

参考文献

[1] Zhang Z, Sabuncu M R. Generalized Cross Entropy Loss for Training Deep Neural Networks with Noisy Labels[J]. ArXiv, 2018,abs/1805.07836.

[2] Chang Y, Wang X, Wang J, et al. A Survey on Evaluation of Large Language Models[J]. ArXiv, 2023,abs/2307.03109.

[3] Askell A, Bai Y, Chen A, et al. A General Language Assistant as a Laboratory for Alignment[J]. ArXiv, 2021,abs/2112.00861.

[4] Bang Y, Cahyawijaya S, Lee N, et al. A Multitask, Multilingual, Multimodal Evaluation of ChatGPT on Reasoning, Hallucination, and Interactivity[J]. ArXiv, 2023,abs/2302.04023.

[5] Ziems C, Held W B, Shaikh O, et al. Can Large Language Models Transform Computational Social Science?[J]. ArXiv, 2023,abs/2305.03514.

[6] Liang P, Bommasani R, Lee T, et al. Holistic Evaluation of Language Models[J]. Annals of the New York Academy of Sciences, 2023,1525:140-146.

[7] Bubeck S E B, Chandrasekaran V, Eldan R, et al. Sparks of Artificial General Intelligence: Early experiments with GPT-4[J]. ArXiv, 2023,abs/2303.12712.

[8] Sun L, Huang Y, Wang H, et al. TrustLLM: Trustworthiness in Large Language Models[J]. ArXiv, 2024,abs/2401.05561.

[9] Hendrycks D, Burns C, Basart S, et al. Measuring Massive Multitask Language Understanding[J]. ArXiv, 2020,abs/2009.03300.

[10] Huang Y, Bai Y, Zhu Z, et al. C-EVAL: A Multi-Level Multi-Discipline Chinese Evaluation Suite for Foundation Models[J]. ArXiv, 2023,abs/2305.08322.

[11] Zhong W, Cui R, Guo Y, et al. AGIEval: A Human-Centric Benchmark for Evaluating Foundation Models[J]. ArXiv, 2023,abs/2304.06364.

[12] Ting K M. Confusion Matrix[C], 2010.

[13] Li L, Chu W, Langford J, et al. Unbiased offline evaluation of contextual-bandit-based news article recommendation algorithms[C], 2010.

[14] 赵鑫, 李军毅, 周昆, 等. 大语言模型[M]. RUC AI Box, 2024.

[15] Zhu X, Li J, Liu Y, et al. A Survey on Model Compression for Large Language Models[J]. ArXiv, 2023,abs/2308.07633.

[16] Gholami A, Kim S, Dong Z, et al. A Survey of Quantization Methods for Efficient Neural Network Inference[J]. ArXiv, 2021,abs/2103.13630.

[17] Nagel M, Amjad R A, van Baalen M, et al. Up or Down? Adaptive Rounding for Post-Training Quantization[J]. ArXiv, 2020,abs/2004.10568.

[18] Esser S K, McKinstry J L, Bablani D, et al. Learned Step Size Quantization[J]. ArXiv, 2019,abs/1902.08153.

[19] Dettmers T, Pagnoni A, Holtzman A, et al. QLoRA: Efficient Finetuning of Quantized LLMs[J]. ArXiv, 2023,abs/2305.14314.

[20] Blalock D W, Ortiz J J G, Frankle J, et al. What is the State of Neural Network Pruning?[J]. ArXiv, 2020,abs/2003.03033.

[21] Zhang M, Chen H, Shen C, et al. Pruning Meets Low-Rank Parameter-Efficient Fine-Tuning[J]. ArXiv, 2023,abs/2305.18403.

[22] Frantar E, Alistarh D. SparseGPT: Massive Language Models Can Be Accurately Pruned in One-Shot[J]. ArXiv, 2023,abs/2301.00774.

[23] Zhang M, Chen H, Shen C, et al. LoRAPrune: Pruning Meets Low-Rank Parameter-Efficient Fine-Tuning[C], 2023.

[24] Sun M, Liu Z, Bair A, et al. A Simple and Effective Pruning Approach for Large Language Models[J]. ArXiv, 2023,abs/2306.11695.

[25] Santacroce M, Wen Z, Shen Y, et al. What Matters In The Structured Pruning of Generative Language Models?[J]. ArXiv, 2023,abs/2302.03773.

[26] Ma X, Fang G, Wang X. LLM-Pruner: On the Structural Pruning of Large Language Models[J]. ArXiv, 2023,abs/2305.11627.

[27] Huang H, Song H, Science H P D O, et al. Large Language Model Pruning[C], 2024.

[28] Tishby N, Pereira F C, Bialek W. The information bottleneck method[J]. ArXiv, 2000,physics/0004057.

第 10 章
总结与展望

本书深入探讨了大模型在推荐系统中的应用，分为几个核心部分展开详细讲解。

首先，本书回顾了推荐系统的基础知识，介绍了传统的推荐方法，包括基于协同过滤的方法、基于特征的推荐方法和基于序列的推荐方法。

接下来，我们深入讨论了大模型的基础知识，包括它的基本原理、模型架构、训练方法，以及大模型在推荐系统中的应用。大模型不仅能够提供强大的特征工程能力，还能够与图结合，此外，大模型还有效缓解了传统推荐系统面临的冷启动问题，并能够基于蒸馏技术，提高推荐算法的训练效率，从整体上提升推荐系统的性能。

尽管大模型在推荐系统中展现了巨大的潜力，但仍面临许多挑战，例如推荐系统的可解释性、公平性、隐私性、时效性和遗忘性等。本书深入探讨了这些挑战，提醒开发者在应用大模型时综合考虑这些问题，以确保推荐系统的稳定性。

为了应对更复杂多变的推荐场景，本书还介绍了基于大模型智能代理的推荐系统。此外，本书还介绍了大模型推荐系统的评估与部署，并结合具体案例展示了如何基于 LangChain 构建大模型推荐系统。

总的来说，大模型在推荐系统中的应用是一个机遇与挑战并存的方向。随着大模型技术的不断发展，我们有望开发出更强大、更智能、更公平的推荐系统。然而，开发者需要时刻关注潜在的风险，如数据泄露、模型偏见和系统安全等问题，以确保推荐系统的安全和可靠。本书希望能够为读者提供有价值的参考或启示，期待看到更多的研究者和开发者加入这个领域，共同推动大模型在推荐系统中的应用创新。

10.1　大模型是银子弹吗

在软件工程中，"银子弹"用来比喻一种可以显著提高软件生产力的万能方法。这个概念源自 Fred Brooks 在 1987 年发表的经典论文 *No Silver Bullet: Essence and Accidents of Software Engineering*。在论文中，Fred Brooks 强调了软件工程的复杂性，并指出"没有任何一项技术或方法可以让软件工程的生产力在十年内提高十倍"。也就是说，真实的"银子弹"是不存在的。

对于复杂的推荐系统而言，大模型的引入确实带来了一些显著的改进。在推荐任务中，大模型可帮助增强用户画像，并通过分析用户的文本反馈、搜索历史等，更深入地挖掘用户兴趣。除此之外，借助灵活的提示方式，大模型能够执行多种推理任务，如召回、排序、冷启动等，从而提升推荐的准确性和新颖性。

然而，通过本书的阅读可以发现，尽管大模型在推荐系统中已经取得了一些成果，但仍面临着各种挑战，且无法面面俱到地解决推荐系统中的所有问题。如何提高模型的泛化能力、如何更好地理解和捕捉用户的长短期兴趣，以及如何应对开放性问题等，仍是亟待解决的关键问题。因此，我们不能将大模型视为推荐系统的"银子弹"。

这一观点并非与本书的写作主题相悖。恰恰因为这一观点，作者才开始着手本书的写作。我们不能将大模型视为推荐系统的"银子弹"，而应该将其看作一种有用的工具，能够针对具体问题进行分析和优化，帮助推荐系统更好地理解用户、物品和推荐场景，从而实现更精准的推荐。

提示工程是一种在大模型中使用的重要技巧，它使得大模型能够根据输入的提示灵活处理多种任务，从而使得推荐系统的构建更加高效，本书中所介绍的方法或框架或多或少都涉及了提示工程的相关内容。然而，它们也不是优化大模型的"万能公式"，如果大模型没有经过充分的领域训练，可能会产生幻觉，生成误导用户的结果，即"一本正经地胡说八道"。一个精心设计的提示或指令仅仅是大模型应用的起点，大模型本身还需要克服一系列困难，结合各种有效方法进行优化，这也是本书第 4 章到第 8 章所探讨的内容。通过对大模型的有效运用，许多问题可以迎刃而解，但这绝不是一蹴而就的过程。

展望未来，随着技术的不断进步和研究的深入，我们期待大模型在推荐系统中的应用更加深入，发挥更大的作用。但是必须时刻谨记，任何技术都不可能单独解决所有问题。在设计和优化推荐系统时，需要综合考虑用户需求、业务场景、技术限制等多方面因素，并在进行充分的效果验证后再逐步上线投产。

10.2　开放性问题

在推荐系统中应用大模型时，需要关注以下几个开放性问题。本书第 7 章已对其中部分问题展开了探讨，但终究不够深入，期待未来可以看到更多相关研究和改进方法。

数据隐私：大模型需要大量的数据进行训练，其中可能涉及用户的个人信息。如何在保护用户隐私的同时，有效地利用这些数据进行模型训练和优化？如何防止相关隐私信息泄露？

公平性和歧视：大模型的输出可能会受到训练数据的影响，如果训练数据存在偏见，那么模型可能会对特定群体产生不公平的影响。如何确保大模型的公平性，并减少潜在的歧视性推荐？

安全问题：大模型通常基于开源预训练模型进行微调，以适应特定任务。在这个过程中，开发者需要特别注意模型的安全性。例如，应注意是否存在"投毒数据"——恶意用户可能会插入此类数据，以攻击或误导模型的行为。因此，在使用开源预训练模型时，开发者需要谨慎评估，确保模型既能提供有价值的服务，也能确保用户的安全性。

误导性信息的传播：如果大模型的推荐结果包含误导性信息，可能会对用户产生负面影响。如何防止误导性信息的传播，并确保推荐内容的准确性和可靠性？

文化和道德规范：不同文化和社区可能有不同的道德规范和价值观，这可能会影响大模型的推荐结果。如何确保大模型能够尊重并适应不同的文化背景，避免违背道德规范？

以上问题需要我们深入研究和探讨，以确保大模型在推荐系统中的应用在带来价值的同时，又符合伦理道德规范，从而确保用户权益不被损害。同时，我们应鼓励开放研究，共享研究结果，以共同解决这些复杂的问题。这需要 AI 研究人员、企业、机构和社区的共同努力，唯有如此，才能推动大模型的可持续发展。

10.3　关于大模型与推荐的 60 个问题

下面的问题可以帮助读者更好地了解大模型推荐系统，同时对本书内容进行简单的回顾。

1. 推荐系统的基本工作原理是什么？
2. 推荐系统的基本工作流程包含哪些步骤？
3. 推荐系统中常见的模型有哪些？
4. 什么是推荐的冷启动问题？如何解决？
5. 推荐系统中的协同过滤方法如何工作？
6. 什么是基于序列的推荐方法？它与深度学习等方法有何区别？
7. 什么是推荐系统的特征工程？
8. 为什么推荐系统需要将多路召回、粗排和精排结合使用？
9. 嵌入技术在推荐模型和特征工程中的作用是什么？
10. 什么是 NLP 和语言模型？
11. Transformer 模型的架构是怎样的？其核心优势是什么？
12. 什么是注意力机制？
13. Transformer 模型有哪些变体？
14. 什么是预训练模型？它的作用是什么？
15. 什么是大模型？它和传统语言模型的区别是什么？
16. 如何构建大模型？关键步骤有哪些？
17. 常用的开源大模型有哪些？
18. 什么是大模型的提示工程？
19. 什么是全模型微调？什么是参数高效微调？两者有什么区别？
20. 提示学习和指令微调的区别是什么？

21. 检索增强生成（RAG）是什么？它与大模型之间存在什么关系？
22. 推荐系统如何利用大模型，有哪些具体的应用？
23. 推荐领域常用的预训练大模型有哪些？
24. 如何将预训练大模型应用于推荐系统的推理任务？
25. 基于大模型的推荐召回是如何进行的？
26. 基于大模型的序列推荐是如何进行的？
27. 基于大模型的推荐排序是如何进行的？
28. 如何将推荐系统中的协同信息与大模型的语义知识相结合？
29. 大模型如何帮助推荐系统解决冷启动问题？
30. 大模型的编码器规模越大，推荐的效果就越好吗？
31. 多模态大模型与大模型的关系是什么？它在推荐系统中起到什么作用？
32. 在推荐系统中，是否只能自己开发、部署大模型？
33. 图推荐技术与大模型推荐技术应该如何融合？
34. 推荐系统中有哪些场景适合应用哪些智能代理？
35. 推荐系统中的大模型如何持续学习？
36. 对于中小企业来说，在推荐系统中应用大模型面临哪些挑战？
37. 智能代理与大模型技术应该如何融合？
38. 如何在推荐系统中平衡模型性能与资源成本？
39. 如何优化大模型在多任务推荐中的表现？
40. 跨域推荐解决了什么问题？大模型如何处理跨域推荐？
41. 如何提升大模型推荐系统的可解释性？
42. 如何解决大模型推荐系统中的偏见问题并提升推荐公平性？
43. 如何提升大模型推荐系统的隐私性？
44. 如何提升大模型推荐系统的时效性？
45. 如何解决大模型推荐系统的遗忘问题？
46. 大模型如何与现有的推荐模型进行有效结合？
47. 如何利用大模型提取物品特征？
48. 如何利用大模型构建用户画像？
49. 有哪些常见的在线学习推荐算法？

50. 如何解决大模型推荐系统中的增量学习灾难性遗忘问题？

51. 如何评估推荐系统的效果？有哪些常见的指标？

52. 如何平衡大模型给推荐系统带来的成本与效率？

53. 大模型处理用户 ID、物品 ID 类型数据的方法有哪些？

54. 如何让大模型具备增量学习能力？

55. 如何部署大模型？有哪些常见的框架？

56. 为什么要压缩大模型？有哪些常见的压缩方法？

57. 大模型如何帮助推荐系统理解用户的长期兴趣和短期兴趣？

58. 大模型如何帮助推荐系统处理用户偏好的变化？

59. 如何通过大模型改进推荐系统的上下文理解能力？

60. LangChain 是什么？它与大模型的关系是什么？如何将 LangChain 结合到推荐系统中？